工业和信息化
精品系列教材 · 虚拟现实技术

虚拟现实技术导论

微课版

王康 肖蓉 赖晶亮 聂长浪 / 主编

Introduction to Virtual Reality Technology

人民邮电出版社
北京

图书在版编目（CIP）数据

虚拟现实技术导论 : 微课版 / 王康等主编. -- 北京 : 人民邮电出版社, 2023.9（2024.4重印）
工业和信息化精品系列教材. 虚拟现实技术
ISBN 978-7-115-61134-5

Ⅰ. ①虚… Ⅱ. ①王… Ⅲ. ①虚拟现实一教材 Ⅳ. ①TP391.98

中国国家版本馆CIP数据核字(2023)第020848号

内 容 提 要

虚拟现实（VR）技术与增强现实（AR）技术很早就有，但一直未能进入大众的视野。这些年随着软硬件的发展，VR/AR 技术才取得长足的进步，开始逐步影响人们的生产与生活，并被列入国家战略性新兴产业发展规划。

本书介绍 VR/AR 技术的发展和现状，并根据目前的业界状况，选择 Unity3D 引擎作为主要开发工具进行讲解。在 VR 方面，本书介绍 VR 在 HTC VIVE 等主流 VR 硬件上的应用开发流程，以及在国产 Nibiru 平台中开发 VR 一体机应用的方法；在 AR 方面，本书介绍使用国产 EasyAR 开发工具制作经典 AR 应用的方法。

为了方便非计算机类专业人员使用本书学习 VR/AR 开发，本书专门介绍了 Unity3D 中的可视化逻辑编程工具，读者可以不写任何代码实现大部分的功能。

本书适合作为高职高专中所有对 VR/AR 技术有需求的专业的教材，也适合想了解和开发 VR/AR 工程的相关从业人员使用。

◆ 主　　编　王　康　肖　蓉　赖晶亮　聂长浪
责任编辑　初美呈
责任印制　王　郁　焦志炜

◆ 人民邮电出版社出版发行　　北京市丰台区成寿寺路 11 号
邮编　100164　　电子邮件　315@ptpress.com.cn
网址　https://www.ptpress.com.cn
固安县铭成印刷有限公司印刷

◆ 开本：787×1092　1/16
印张：14.25　　2023 年 9 月第 1 版
字数：371 千字　　2024 年 4 月河北第 2 次印刷

定价：59.80 元

读者服务热线：(010)81055256　印装质量热线：(010)81055316
反盗版热线：(010)81055315
广告经营许可证：京东市监广登字 20170147 号

前 言 PREFACE

党的二十大报告提出：我们要坚持教育优先发展、科技自立自强、人才引领驱动，加快建设教育强国、科技强国、人才强国。VR/AR 技术是多学科、多领域技术交叉融合的产物。近年来国内外知名企业，诸如华为、阿里巴巴、苹果、谷歌、三星、索尼、HTC 等，纷纷布局 VR/AR 产业。随着软件和硬件平台的不断发展、进步，VR/AR 在内容上逐渐丰富，产业规模快速扩大，在电子商务、远程教育、医疗、建筑工程、仓储物流、文化娱乐等各行各业中得到了越来越多的应用。

与产业规模和应用范围都快速扩大的情况不相匹配的是，目前社会对 VR/AR 的整体认知还比较有限，无论是对 VR/AR 应用模式的认知，还是对开发技术的了解，都不够。

所以，本书的一个重要目的，就是想让读者了解 VR/AR 的技术特点、VR/AR 应用开发的常用工具，以及一些常用的 VR/AR 应用的开发过程，从而对 VR/AR 形成总体的认知，以此为各行各业的专业人士更好地在行业中使用或者开发 VR/AR 应用打下良好的基础。

本书共 7 章，第 1 章是对 VR、AR、MR 的总体介绍；第 2 章和第 3 章是对 VR/AR 开发常用工具 Unity 的基本使用方法等的介绍；第 4 章是对可视化编程工具 Bolt 的介绍，主要考虑到非计算机类专业的人员在制作各自行业的应用时不会编写程序的问题，使用 Bolt 工具就可以在不编写程序的情况下实现各种功能；第 5 章是 VR 开发实例，主要介绍目前常用的 HTC VIVE 和 Oculus Quest 平台，以及国产的 Nibiru 平台的使用方法，并通过机械装配、虚拟样板间、三维游戏这 3 个常见类型的 VR 应用实例制作过程，介绍具体的 VR 开发技术；第 6 章是 AR 开发实例，主要介绍使用常用的 EasyAR 平台开发制作 AR 应用的方法，并通过两个常见类型的 AR 应用实例制作过程，介绍具体的 AR 开发技术；第 7 章介绍了虚拟现实技术的创新机制、创新实践以及创新大赛。

为了帮助读者更好地使用本书，本书提供了与课程配套的实例、PPT 等资源，读者可登录人邮教育社区（www.ryjiaoyu.com）下载。

由于编者水平有限，书中难免出现一些疏漏和不足之处，殷切希望广大读者批评指正。同时，恳请读者发现不妥或疏漏之处后，能于百忙之中及时与编者联系，编者将不胜感激。

编 者

2022 年 10 月

目录 CONTENTS

第 1 章　VR、AR、MR 技术概论

虚拟现实（Virtual Reality，VR），是指创建数字内容来取代用户所在的真实世界环境。增强现实（Augment Reality，AR），是指将创建的数字内容叠加到用户所在的真实世界环境中。混合现实（Mixed Reality，MR），是指将数字内容与真实世界环境融合在一起。VR、AR、MR 的技术革新，给我们工作、生活涉及的诸多领域带来翻天覆地的改变。

作为公认的“下一代交互方式”，VR、AR、MR 技术产业浪潮正席卷全球。在各大科技“巨头”纷纷介入的形势下，VR、AR、MR 技术在不同领域的应用愈加普及。各级政府纷纷针对各个领域推出不同力度的扶持政策，以推动 VR、AR、MR 技术产业的快速发展。与此同时，人们在生活、工作中也越来越多地使用虚实交互工具。使用虚实交互工具的概念图如图 1-1 所示。

图 1-1　使用虚实交互工具的概念图

学习目标

- 掌握 VR、AR、MR 的特征和区别，了解 VR 技术的原理和体系。
- 能够理解和说明 VR、AR、MR 技术的应用场景。
- 形成新兴技术迁移应用的信息素养。

1.1　VR 技术简介

VR、AR、MR 技术作为综合多种科学技术的计算机领域新技术，已经涉及众多研究和应用领域，被认为是 21 世纪重要的发展学科以及影响人们生活的重要技术之一。VR、AR、MR 技术的发展，首先从 VR 技术开始，逐渐演化到 AR、MR 技术，在这个过程中形成 VR、AR、MR 的技术体系，并应用在社会的各行各业。

VR 技术是 20 世纪 90 年代流行起来的一种新型信息技术，它以计算机技术为主，综合三维图形技术、多媒体技术、仿真技术、传感技术、显示技术、伺服技术等多种高科技的发展成果，利用计算机等设备来创造一个逼真的且提供三维视觉、触觉、嗅觉等多种感官体验的虚拟世界，从而使处于虚拟世界中的人产生身临其境的感觉。在这个虚拟世界中，人们可直接观察周围及物体的内在变化，与其中的物体进行自然的交互，并能实时产生与真实世界中相同的感觉，VR 技术可使人与计算机融为一体，从而“指导”我们的现实生活。

1.1.1　VR 发展历史

1.1.1

VR 技术的概念和研究目标的形成与相关科学技术（特别是计算机科学技术）的发展密不可分。人们甚至尝试过很多方式，用足以以假乱真的方式再现现实。VR 的起源可以追溯到 17 世纪末或 18 世纪初。现实主义艺术家创作了作品，比如战争场景和更多不同主题的全景绘画，这些作品填满人们的视野，这之后才有对 VR 技术化的实质推进。

1. 科学幻想

早在 20 世纪 30 年代，作家斯坦利 • G.温鲍姆（Stanley G.Weinbaum）就在其小说《皮格马利翁的眼镜》中提到了这样一种 VR 眼镜，当人们戴上它时，可以看到、听到虚拟世界里面的角色感受到的事物，犹如真实地生活在其中一般。历史证明，科幻小说是启发科学发展的“先头部队”。

2. 早期研究

在 1957 年，美国摄影师莫顿 • 海利格（Morton Heilig）发明了第一台原始 VR 设备 Sensorama（1962 年提交专利），这台设备被认为是 VR 设备的“鼻祖”。它非常大，屏幕固定，拥有 3D 立体声、3D 显示、震动座椅、风扇（模拟风吹）以及气味生成器等功能及设备。第一台原始 VR 设备 Sensorama 如图 1-2 所示。可见早期人们对 VR 的理解，就已经不限于视觉方面的内容。

图 1-2　第一台原始 VR 设备 Sensorama

1965 年，美国计算机科学家伊万 • 萨瑟兰（Ivan Sutherland）发表论文“The Ultimate Display”（终极显示）。1968 年，萨瑟兰发明了非常接近于现代 VR 设备概念的第一款头戴式 VR 显示器 Sutherland，其因为重量大，需要由一副机械臂吊在人的头顶，所以也被称为“达摩克利斯之剑”。第一款头戴式 VR 显示器 Sutherland 如图 1-3 所示。

这个 VR 设备，通过超声和机械轴，实现了初步的姿态检测功能。当用户的头部姿态变化时，计算机会实时计算出新的图形并将其显示给用户。可以说，现代的 VR 眼镜，都是对“达摩克利斯之剑”的技术革新。Sutherland 的诞生，标志着头戴式 VR 设备与头部位置追踪系统的诞生，为现今的 VR 技术奠定了坚实基础。

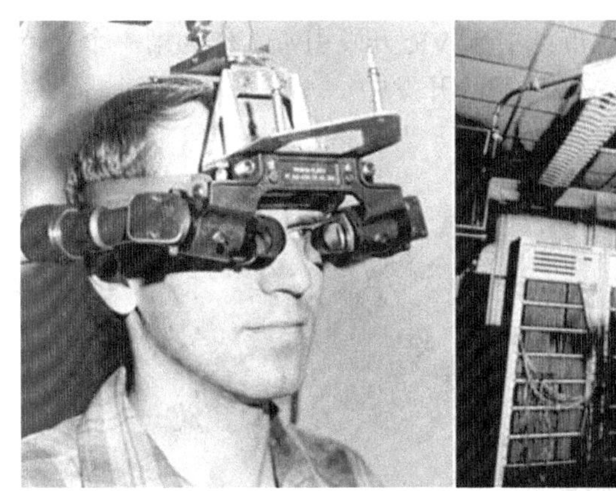
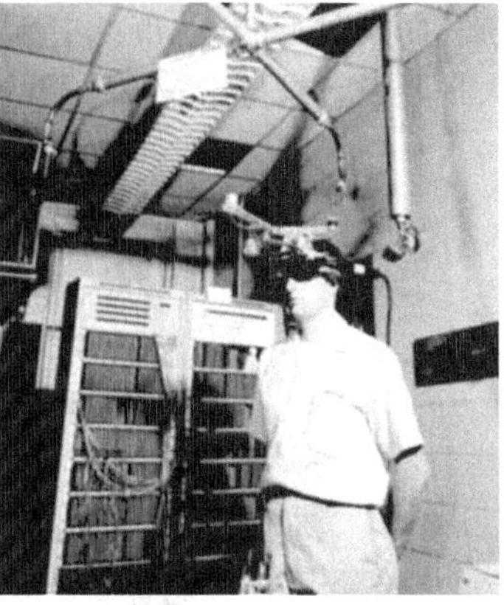

图 1-3　第一款头戴式 VR 显示器 Sutherland

3. 概念产生和理论形成

20 世纪 70 年代至 20 世纪 80 年代，是整个虚拟技术理论和概念形成的时期，组成虚拟头盔的各种组件在技术上已经十分成熟。1987 年，著名计算机科学家杰伦·拉尼尔（Jaron Lanier）利用各种组件“拼凑”出第一款真正投放市场的 VR 商业产品，这款 VR 头盔看起来有点像 Oculus 头盔（目前市场主流的 VR 头盔之一），但 10 万美元的天价阻碍了其普及之路。

4. 第一次 VR 热潮

20 世纪 90 年代，VR 技术的理论已经非常成熟，但对应的 VR 头盔依旧是概念性的产品，展现了 VR 产品的尴尬之处——笨重、功能单一、价格昂贵。游戏公司任天堂 1995 年推出的 Virtual Boy 游戏主机如图 1-4 所示。它由头戴式变成了三脚架支撑形式，画面显示单一色彩——红色，仅仅在市场上生存了大约 6 个月就销声匿迹，VR 游戏的首次尝试也随之“烟消云散”，但这为 VR 硬件进军个人用户市场打开了一扇门。

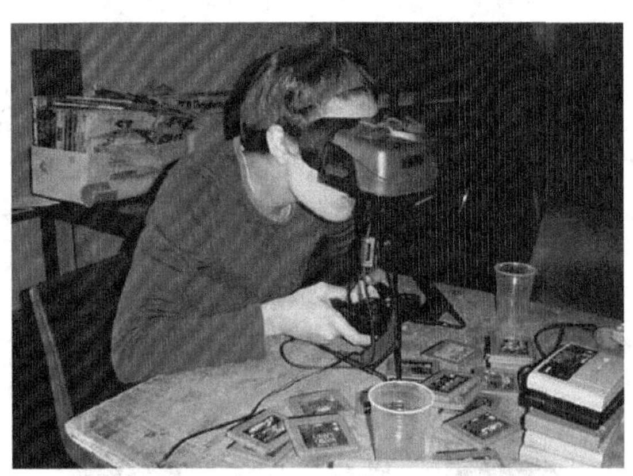

图 1-4　游戏公司任天堂 1995 年推出的 Virtual Boy 游戏主机

5. VR 热潮重启

2012 年，Oculus 公司推出一款头戴式显示器（后文简称“头显”）Oculus Rift，如图 1-5 所示。Oculus 通过国外知名众筹网站 Kickstarter 募资开发费用，后来其被脸书公司以 20 亿美元的天价收购。而当时 Unity（市场主流 VR 开发引擎）作为第一个支持 Oculus 产品的引擎，吸引了大批开发者投身于 VR 项目的开发中。

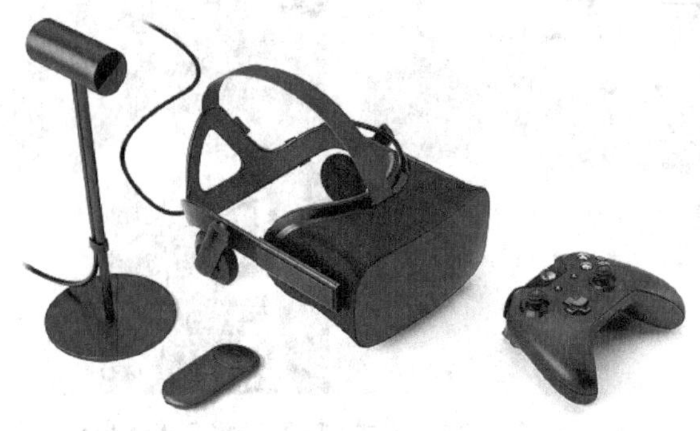

图 1-5　头戴式显示器 Oculus Rift

2014 年谷歌公司发布了 Google Cardboard VR 眼镜（谷歌卡板，是谷歌推出的廉价 VR 眼镜），如图 1-6 所示，这让消费者能以非常低廉的价格，通过在盒子里面插入手机来体验 VR 世界，直接点燃了"Mobile VR"（移动端 VR）产品"超级营销大战"。

图 1-6　Google Cardboard VR 眼镜

HTC VIVE VR 头显如图 1-7 所示，这是由 HTC 与 Valve 公司联合开发的一款 VR 头显，其在 2015 年世界移动通信大会（Mobile World Congress，MWC）上被正式发布。2016 年，索尼子公司推出了 PS VR（一款 VR 头显），随后大量的厂家开始研发自己的 VR 设备，"VR 元年"正式开始。

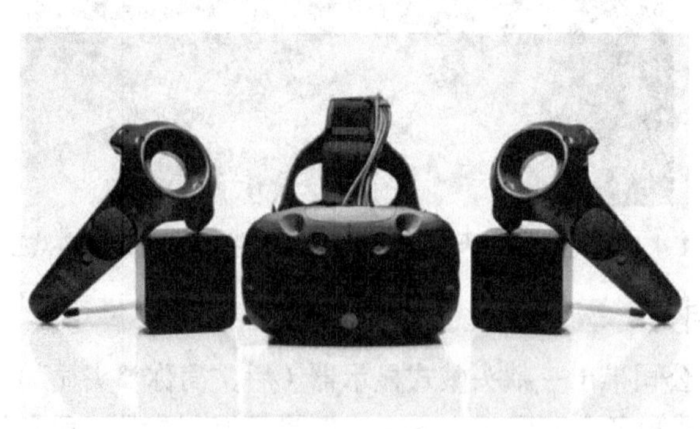

图 1-7　HTC VIVE VR 头显

VR 技术的发展跌宕起伏，但大部分新技术，从概念出现到最终普及，都会经历起伏的过程。业界有一条专门描述这个过程的曲线，即技术成熟度曲线（Hype Cycle），VR 技术成熟度曲线如图 1-8 所示。了解技术成熟度曲线，可以使我们在新技术的应用过程中有效地把握时机，做出正确的判断。

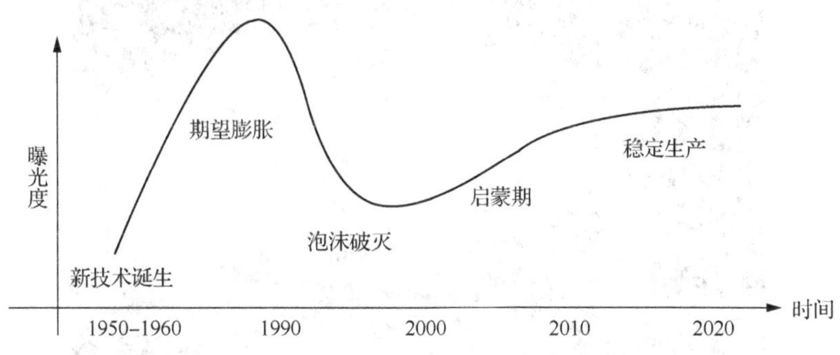

图 1-8　VR 技术成熟度曲线

1.1.2　VR 技术特征

1.1.2

VR 技术已经逐渐影响我们的日常生活。通过观察你会发现，其实身边已经有许许多多 VR 应用。例如，现在街边随处可见的 VR 体验馆，商场里普遍的收费 VR 游戏区，许多移动设备端的购物软件也加入了 VR 购物模式，购房选房平台也加入了 360° VR 全景看房……由此可见，VR 离我们的生活不远，甚至可以说正在渗透我们生活的各个方面。

与传统的模拟技术相比，VR 技术的特点是：用户能够进入由计算机系统生成的交互式的三维虚拟环境，可以与之进行交互。VR 技术通过用户与仿真环境的相互作用，并利用人类本身对其所接触事物的感知和认知能力，启发用户的思维，让用户全方位地获取事物的各种空间信息和逻辑信息。

VR 技术有 3 个主要特征：沉浸性（Immersion）、交互性（Interactivity）和想象性（Imagination）。VR 技术的 3I 特征如图 1-9 所示。

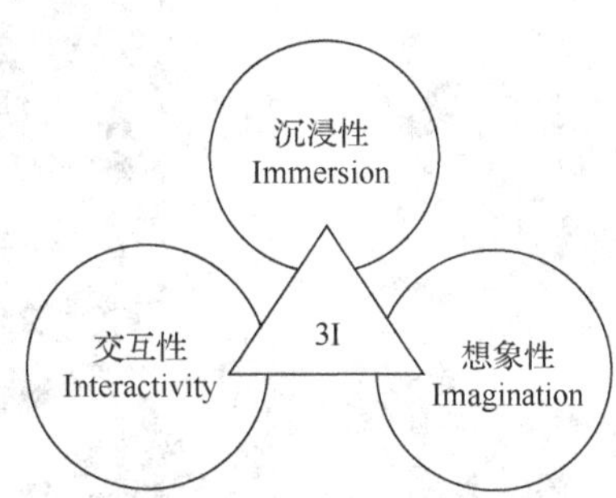

图 1-9　VR 技术的 3I 特征

1. 沉浸性

沉浸性是指用户感受到被虚拟世界所包围，好像完全置身于虚拟世界中一样。VR 技术主要的技术特征是让用户觉得自己是计算机系统所创建的虚拟世界中的一部分，使用户由观察者变成参与者，沉浸其中，并参与虚拟世界的活动。VR 沉浸性示例如图 1-10 所示。

理想的虚拟世界应该使用户难以分辨真假，使用户能全身心地投入计算机创建的三维虚拟环境。由于相关技术，特别是传感技术的限制，目前 VR 技术所具有的沉浸功能仅限于视觉、听觉、触觉等方面。

图 1-10　VR 沉浸性示例

2. 交互性

交互性是指用户对模拟环境内物体的可操作程度和从环境得到反馈的自然程度（包括实时性）。例如，用户可以借助 VR 系统中的特殊硬件设备（如数据手套、力反馈装置等）去直接抓取模拟环境中虚拟的物体。这时手有握着东西的感觉，并可以感受到物体的重量，在用户视野中，被抓的物体也能立刻随着手的移动而移动。VR 交互性示例如图 1-11 所示。用户在 VR 系统中自然交互，可以产生如同在真实世界中一样的感觉。

图 1-11　VR 交互性示例

3. 想象性

想象性指虚拟环境是人想象出来的，同时这种想象会体现出设计者相应的思想。VR 技术应具有广阔的可想象空间，可拓宽人类的认知范围，不仅可再现真实存在的环境，还可以构想客观不存在的，甚至是不可能产生的环境。VR 想象性示例如图 1-12 所示。

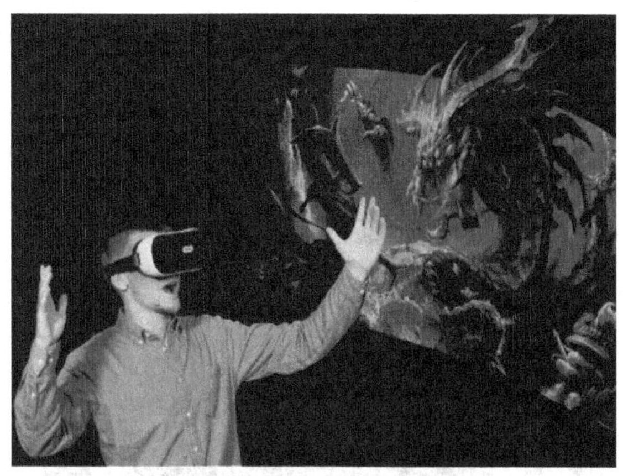

图1-12 VR想象性示例

1.1.3 VR技术体系

VR技术的目标是由计算机生成虚拟世界，用户可以进行视觉、听觉、触觉、嗅觉、味觉等方面全方位的交互，并且系统能进行实时响应。VR技术的实现过程包括创建虚拟世界、呈现虚拟世界、感知虚拟世界、与虚拟世界交互。相对应的VR技术体系如图1-13所示，主要有环境建模技术、立体呈现技术、检测感知技术、自然交互技术等。

1.1.3

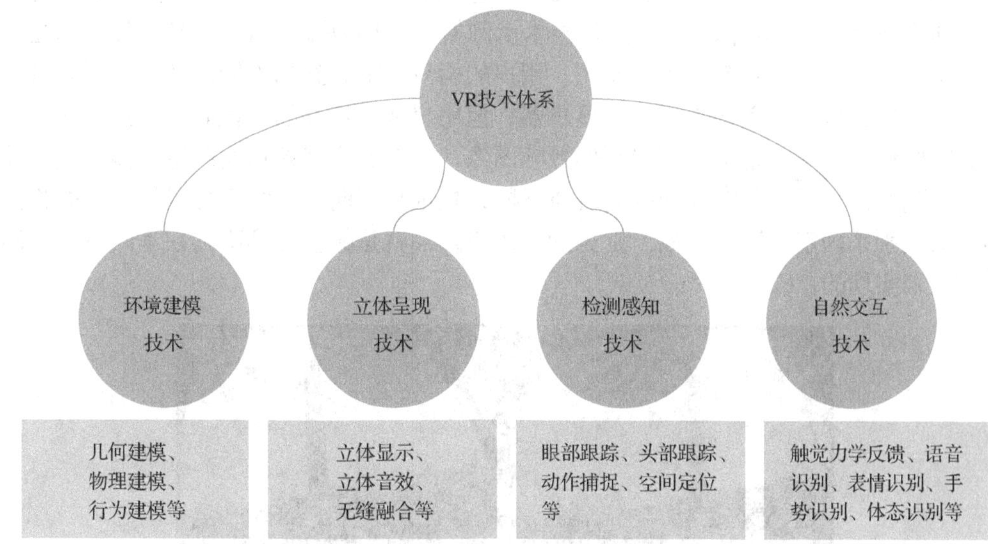

图1-13 VR技术体系

1. 环境建模技术

虚拟环境建模的目的是设计出反映研究对象与环境的真实、有效模型。环境建模技术一般是指三维视觉建模，主要包括几何建模、物理建模、行为建模等。

在VR技术中，营造虚拟环境是基础。要建立虚拟环境，首先要建模，然后在其基础上进行实时绘制、立体显示，形成一个虚拟的世界。环境建模技术示例如图1-14所示。建模先要获取实际三维环境的三维数据，并根据应用的需要，“叠加”物理模型和行为模型的要求，进而建立相应的虚拟模型。只有设计出能反映研究对象真实、有效的模型，VR 系统才有可信度。

图 1-14　环境建模技术示例

2. 立体呈现技术

人类从客观世界获得的信息中，80%以上来自视觉。视觉通道是人类感知外部世界、获取信息的非常重要的传感通道，也是多重感知的 VR 系统中很重要的环节。在视觉显示技术中，实现立体呈现技术是较为复杂与关键的，立体呈现技术是 VR 的重要支撑技术。

目前的立体呈现技术，基本上是基于双目视差原理实现的。人所看到的立体影像，是由于人体两眼间有距离而有视差，产生有细微差距的画面，这两个画面在大脑中融合，产生有空间立体感的物体影像。立体呈现技术示例如图 1-15 所示。在 VR 技术体现的立体呈现技术中，双目立体视觉起了很大作用。用户的两只眼睛看到的不同图像，分别来自两个不同的显示器，也有的系统采用单个显示器，但用户戴上特殊的眼镜后，一只眼睛只能看到奇数帧图像，另一只眼睛只能看到偶数帧图像，这能形成视差从而产生立体感。此外，由于声音到达两只耳朵的时间或距离有所不同，在水平方向上，我们可以靠声音的相位差及强度的差别来确定声音的方向。常见的立体声效果就是靠左右耳听到在不同位置录制的不同声音来实现的。

图 1-15　立体呈现技术示例

3. 检测感知技术

为了实现尽可能好的沉浸感，理想的 VR 技术应该具有人所具有的一切感知功能。由于相关技术，特别是传感技术的限制，目前大多数 VR 技术所具有的感知功能仅限于视觉、听觉、触觉等几种功能。

其中，视觉是人类感知世界的重要通道。目前人们对视觉的研究比较深入，现有的 VR 系统也能够实现非常逼真的视觉沉浸感。VR 系统要带给人沉浸感，就要做到能让人在虚拟空间里“自然”运动，这需要通过运动跟踪来改变场景的呈现内容。目前的 VR 设备主要是利用空间定位技术来捕捉人身体的运动，用惯性传感器来捕捉人头部的运动。人在转动头部时，视角会发生相应的变化。如果只跟踪头部不跟踪眼部，容易使人眩晕，而眼部跟踪技术以眼部的变化来控制场景的变化，可以解决这一问题。空间定位器设备和头部、眼部跟踪头盔如图 1-16 所示。

图 1-16　空间定位器设备和头部、眼部跟踪头盔

此外，用户想要获得完全的沉浸感，真正“进入”虚拟世界，动作捕捉系统是必需的。人处于虚拟世界，光学动作捕捉系统可以确定参与者头部、四肢等的位置与方向，并通过准确地跟踪、测量参与者的动作，将这些动作实时检测出来，以便将相应数据反馈给显示系统和控制系统。光学动作捕捉系统示例如图 1-17 所示。

图 1-17　光学动作捕捉系统示例

4. 自然交互技术

VR 技术强调自然交互性，即人处在虚拟世界中，与虚拟世界进行交互，甚至意识不到计算机的存在，也就是在计算机系统提供的虚拟环境中，人可以使用眼睛、耳朵、手势和语音等直接与之进行交互，这就是虚拟环境下的自然交互技术。人们研究 VR 的目标是实

现“计算机应该适应人，而不是人适应计算机”，人机接口的改进应该基于相对不变的人类特性。较为常用的交互技术主要有触觉力学反馈、语音识别、表情识别、手势识别、体态识别等。

比如，在一个 VR 系统中，用户可以看到一个虚拟的杯子。用户可以设法去抓住它，但是用户的手没有真正接触杯子的感觉，并有可能穿过虚拟杯子的“表面”，而这在现实生活中是不可能的。解决这一问题的常用装置是触觉手套，在手套内层安装一些可以振动的触点来模拟实现触觉。触觉手套如图 1-18 所示。

图 1-18　触觉手套

又如，肢体动作是人类的重要表达方式，体态识别技术完成了将动作数字化的工作，提供了新的人机交互手段，比传统的键盘、鼠标手段更直接、方便，不仅可以实现手势识别，还能使操作者以自然的动作直接控制计算机，并为最终实现可以理解人类动作的计算机系统和机器人提供技术基础。体感试衣如图 1-19 所示，可以运用体态识别技术体验穿衣搭配的效果。

图 1-19　体感试衣

1.1.4　VR 系统的分类

1.1.4

在实际应用中，根据 VR 技术在沉浸程度和交互程度上的不同，可以将 VR 系统划分为 3 种：沉浸式 VR 系统、桌面式 VR 系统和分布式 VR 系统。其中，桌面式 VR 系统因技术非常简单，需投入的成本也不高，在实际中应用较广泛。

1. 沉浸式 VR 系统

沉浸式 VR 系统利用头盔显示器和数据手套等各种交互设备把用户的视觉、听觉和其他感觉封闭起来，使用户真正成为 VR 系统内部的参与者，并能利用这些交互设备操作和驾驭虚拟环境，产生一种身临其境、全身心投入和沉浸其中的感觉。

常见的沉浸式 VR 系统有：基于头盔式显示器的 VR 系统、投影式 VR 系统、遥在系统（一种远程控制系统，常用于 VR 系统与机器人技术）。本文前述较多案例采用基于头盔式显示器的 VR 系统，图 1-20 和图 1-21 所示的分别是投影式 VR 系统和遥在系统。沉浸式 VR 系统把现实世界与虚拟世界隔离，使参与者从听觉到视觉都能投入虚拟环境。

图 1-20　投影式 VR 系统

图 1-21　遥在系统

2. 桌面式 VR 系统

桌面式 VR 系统（见图 1-22）也称窗口 VR 系统，是指利用个人计算机（Personal Computer，PC）或图形工作站等设备，采用立体图形、自然交互等技术，产生三维空间的交互场景，可将计算机的屏幕作为观察虚拟世界的一个窗口，通过各种输入设备实现与虚拟世界的交互。

桌面式 VR 系统使用的硬件设备主要是立体眼镜和一些交互设备（如数据手套、空间定位器设备等）。立体眼镜有助于增强用户观看计算机屏幕中虚拟三维场景的立体效果，它所带来的立体效果能使用户产生一定程度的沉浸感。有时，为了增强桌面式 VR 系统的效果，在桌面式 VR 系统中还可以加入专业的投影设备，以达到增大屏幕观看范围的目的。

图 1-22　桌面式 VR 系统

3. 分布式 VR 系统

分布式 VR（Distributed VR，DVR）系统是 VR 技术与网络技术发展和结合的产物。DVR 系统的目标是在沉浸式 VR 系统的基础上，将分布于不同地点的多个用户或多个虚拟世界通过网络连接在一起，使多个用户同时加入一个虚拟空间（空间具有真实感，有三维立体图形、立体声）。用户通过联网的计算机与其他用户进行交互，共同参与虚拟体验，以达到协同工作的目的，可将虚拟体验提升到一个更高的境界。

VR 系统运行在分布式计算机系统中有两方面的优势：一方面是能充分利用分布式计算机系统提供的强大计算能力；另一方面是有些应用本身具有分布特性，如多人通过网络进行游戏和虚拟战斗模拟等。这种技术目前在消费电子领域的应用比较少见，主要是在军事、城市建设等领域有着长期的发展。

1.2 AR 技术简介

AR 技术是指在虚拟场景中叠加现实场景信息，以增强计算机对环境的认知能力，是以虚拟场景为主、现实场景作为补充的技术。这种技术的目标是在屏幕上把虚拟世界叠加到现实世界中，并在两者之间进行互动。

1.2.1 AR 发展历史

1.2.1

1990 年，波音公司的研究员汤姆 • 考德尔（Tom Caudell）创造了“AR”这个术语。考德尔和他的同事设计了一个辅助飞机布线系统，用于代替笨重的示例图板。这个头戴设备将布线图或者装配指南投射到特殊的可再用方板上。这些 AR 投影可以通过计算机快速地更改，机械师再也不需要手动重新改造或者制作示例图板。

1998 年，AR 技术第一次出现在大众平台上。当时，有电视台在橄榄球赛电视转播时使用 AR 技术将得分线叠加到屏幕中的球场上。此后，AR 技术开始用于天气预报，天气预报制作者将计算机图像叠加到现实图像和地图上。从那时起，AR 真正地开始了爆炸式的发展。

2000 年，布鲁斯 • H.托马斯（Bruce H.Thomas）在澳大利亚南澳大学可穿戴计算机实验室开发了第一款手机室外 AR 游戏——ARQuake。2008 年左右，AR 开始用于地图等手机应用上。2016 年，任天堂等公司共同推出了《Pokémon Go》，其在美国上线后迅速席卷全球，对 AR 的普及起到了巨大的推动作用。

1.2.2　AR 系统结构

1.2.2

典型的 AR 系统结构如图 1-23 所示，它由虚拟场景生成单元、（透射式）头盔显示器、头部跟踪器和（虚实融合）交互设备等构成。其中，虚拟场景生成单元负责虚拟场景的建模、管理、绘制和其他外设的管理；头盔显示器负责显示虚拟场景和真实场景融合后的信号；头部跟踪器用于跟踪用户视线；交互设备用于实现感官信号及环境控制操作信号的输入和输出。首先，头盔显示器采集真实场景的视频或者图像，将其传入后台的处理单元进行分析和重构，并结合头部跟踪器的数据来分析虚拟场景和真实场景的相对位置，实现坐标系的对齐并进行虚拟场景的融合计算；接着，交互设备采集外部控制信号，实现对虚实结合场景的交互操作。系统融合后的信息会实时地显示在头盔显示器，并展现在人的视野中。

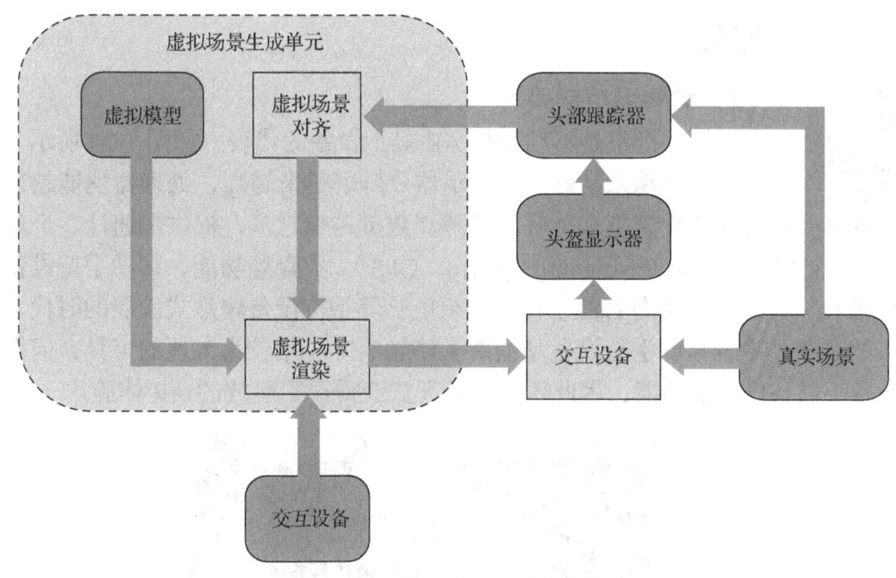

图 1-23　典型的 AR 系统结构

1.2.3　AR 技术特征

1.2.3

AR 技术有 3 个特征：虚实结合、实时交互、三维注册。

1. 虚实结合

虚实结合是指在现实环境中加入虚拟对象，可以把计算机产生的虚拟对象与用户所处的真实环境融合，做到虚中有实、实中有虚。与 VR 技术不同的是，AR 技术不会把用户与真实世界隔开，而是将计算机生成的虚拟物体和信息叠加到真实世界中，以实现对真实场景更直观、深入地了解和解读，在有限的时间和有限的场景中实现对现实相关知识领域的理解。增强的信息可以是非几何信息，如与真实物体相关的视频、文字，也可以是几何信息，如虚拟的三维物体信息和场景信息。

2. 实时交互

实时交互是指实现用户与真实世界中的虚拟信息的自然交互。通过 AR 系统中的交互设备，人们以自然的方式与 AR 环境进行交互操作，这种交互要满足实时性。不管用户身处何地，都能通过系统迅速识别真实世界的事物，系统也可在设备中合成该事物的图像，并通过传感技术将可视化信息反馈给用户。

3. 三维注册

AR 中的三维注册是指将计算机产生的虚拟物体与用户所处真实场景实现全方位对准。在 VR 中，三维注册是指呈现给用户的虚拟环境及其变化要与用户的各种感官的真实感知相匹配。

AR 系统实时检测用户头部的位置和方向，根据这些信息确定所要添加的虚拟信息在真实坐标中的位置，使得用户眼前的真实景象和虚拟景象保持同步。例如宜家家居的应用，当人的位置变化时，虚拟的桌椅、沙发能够出现在人周围合适的位置，而非在原有的位置不变或出现不匹配的情况。

1.2.4 AR 主要显示方式

1.2.4

1. 移动手持显示

智能手机正是移动手持 AR 显示设备的代表，如图 1-24 所示。这类设备正在变得越来越好——显示器分辨率越来越高，处理器性能越来越强，相机成像质量越来越好，传感器数量越来越多，提供加速计、全球定位系统（Global Positioning System，GPS）、罗盘等功能，移动手持设备成为天然的 AR 平台。人们正经历着智能手机、平板电脑等手持设备爆炸式发展的时代，这将会促进 AR 的普及。尽管移动手持设备是消费者接触 AR 应用较为方便的工具，但由于大部分手持设备不具备可穿戴功能，因此用户一般无法获得双手解放的 AR 体验。

图 1-24　移动手持 AR 显示设备

2. 可穿戴显示

可穿戴显示要使用一种可以佩戴、类似眼镜的头戴 AR 显示器，如图 1-25 所示。可穿戴显示器一般包含一套小型显示器，有两个内嵌镜头和半透明镜。其在飞行仿真、工程设计以及教育训练等多个领域都有广泛的运用。用户的现实世界视角被 AR 设备“截取”，增强后的画面重新显示在用户视野中。AR 画面透过眼镜镜片，或者通过眼镜镜片反射，进入用户眼球视网膜从而成像。头戴式 AR 设备可以让用户自然地体验 AR，并且能够为用户提供很大的视场角，给予用户强烈、真实的“身在该处”的感觉。人们熟知的 Google Glass（谷歌公司出产的 AR 设备产品）属于这一类设备。

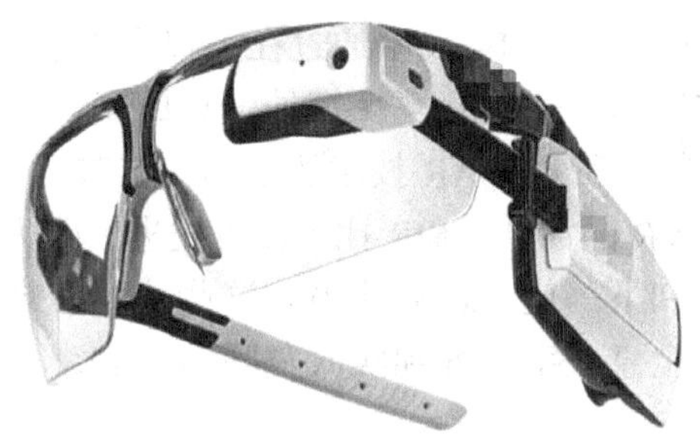

图 1-25　头戴 AR 显示器

3. 空间显示

空间显示示例如图 1-26 所示。空间显示技术是利用包括全息投影在内的视频投影技术，直接将虚拟数字信息显示在真实的环境中。这种技术对应的系统不同于一般只适合个人使用的 AR 系统，而是将 AR 与周围环境相结合，可供多个用户共同使用。这种技术适用于图书馆，可以同时为一群人提供 AR 信息。这种技术也可以将控制组件投影到相应的实体模型上，方便工程师的交互操作。

图 1-26　空间显示示例

1.3　MR 技术简介

MR 技术是 AR 技术的进一步发展，该技术包括 AR 和 VR，可以用于创建介于真实世界和虚拟世界之间的一种新的可视化环境。

1.3.1　MR 发展历史

1. 概念形成

MR 来源于“智能硬件之父”加拿大多伦多大学教授史蒂夫 • 曼（Steve Mann）提出的介导现实（Mediated Reality），从范围上来说它是介导现实的子集。在 20 世纪七八十年代，为了增强视觉效果，让眼睛在任何情境下都能够“看到”周围环境，曼设计出可穿戴智能硬件，这被看作是对 MR 技术的初步探索。

1.3.1

MR 技术是在 VR 及 AR 基础上延伸的又一新型技术，其融合了两者的优点，使得现实场景与虚拟场景更加无缝结合。MR 技术通过在虚拟环境中引入现实场景信息，在虚拟世界、现实世界和用户之间搭起一个交互反馈的信息回路，以增强用户体验的真实感。根据曼的理论，智能硬件最后都会从 AR 技术逐步向 MR 技术过渡。MR 是下一个大的虚拟交互范式，它是 AR 和 VR 的混合。MR 比 VR 更先进，因为它结合若干类型的技术，包括传感器、先进的光学和下一代的计算能力。这些技术集成到一个设备中，这个设备将会为用户提供叠加增强全息数字内容到实时空间的功能，可创造令人难以置信和令人兴奋的场景。

2. 引发关注

2015 年，MR 技术公司 Magic Leap 通过一段鲸鱼从篮球场高高跃起的视频震惊了整个世界，视频画面如图 1-27 所示。因此，Magic Leap 被视为 MR 技术的领导者之一，该项技术将计算机图形集成到现实世界中，主要研发方向就是将三维图像投射到人的视野中。

图 1-27　鲸鱼从篮球场跃起的视频画面

1.3.2　MR 技术体系

1.3.2

VR 和 MR 的产业链有大量重叠，技术体系也是如此。MR 技术体系也要支持实时环境扫描、实时三维建模、与全息图像交互的功能，主要包含图像识别与重构、同步定位与地图构建、全息影像等内容。

1. 图像识别与重构

图像识别即计算机系统快速和精确地分析图像并识别其中特征。

MR 技术把现实的物体虚拟化，需要先用摄像头捕捉画面，但摄像头捕捉到的是二维画面，画面扁平且没有立体感，需要把二维图像通过计算机重构成三维虚拟图像，这就是 3D 建模。现实物体只有虚拟化之后，才能很好地融合进虚拟的 3D 世界。

2. 同步定位与地图构建

同步定位与地图构建（Simultaneous Localization and Mapping，SLAM）是一套用于定位一个人同时映射环境的技术。

SLAM 是 MR 应用的关键。为了使 MR 技术在新的、未知的或不断变化的环境中发挥作用，需要不断地创建这些环境的地图，然后定位和跟踪一个人在其中的运动，即采用图像识别和深度传感器数据的 SLAM 算法来计算用户在物理世界中的位置。当然除了硬件，还有很多公司基于硬件检测到的数据做算法分析，能够实现对运动的实时跟踪。

3. 全息影像

MR 是可以把全息影像（Holographic）和现实场景融合起来，让虚拟与现实进行交互的技术。

全息影像技术也可以称为虚拟成像技术，它的原理是通过虚拟成像硬件，利用光的干涉和衍射记录再现物体真实的三维图像。换个说法，全息影像就是用户戴上 MR 头戴显示设备时出现在其周围世界中的数字对象（由光和声音组成）。全息影像技术与 VR 技术主要的不同在于 VR 技术展示出的是完全虚拟的景象，而全息影像则是在真实场景中呈现的虚拟景象，虚实混合在一起，难以区分。开发者可对全息影像进行编程，来实现与用户的视线、手势或语音的交互。开发者可在 MR 空间中的特定位置放置全息影像，用户可绕着特定位置走近或远离，而全息影像的位置保持不变。开发者也可将全息影像设置为跟随用户，无论用户在哪里，全息影像都能与用户保持一定的相对距离。开发者甚至可添加空间定位点，让应用程序记住放置全息影像的位置，有效地将全息影像固定在原地便于回来查看。

1.3.3　MR 主流产品及差异

MR 技术作为一种通用性技术在近几年迅速发展，在很多行业内都能找到具体的应用场景。基于 MR 技术的全息展示和空间定位等特性，在工业、设计、展览、建筑、医疗、教育等行业中都具有显著的业务需求。目前市场上主流产品是微软的 HoloLens 和 Magic Leap 的 Magic Leap 1。这类 MR 眼镜设备都是为了使用户看到现实中不存在的物体与现实世界融合在一起的图像，并与其交互。从技术上可以简单地将其分成两个部分：对现实世界的感知（Perception），头显呈现虚拟的影像（Display）。

1.3.3

Magic Leap 的感知部分与微软 HoloLens 的并没有太大差异，都是采用空间感知定位技术。在操作上，Magic Leap 也与微软 HoloLens 类似，用户的所有操作都依靠手势来完成，而且设备上的传感器能识别用户用手指发出的各种命令，还能用导波管在真实世界中添加虚拟的 3D 图像。

两者之间主要的不同体现在显示部分，Magic Leap 是用光纤向视网膜直接投射整个数字光场，产生所谓的电影级的现实（Cinematic Reality）。而 HoloLens 则采用一个半透玻璃，从侧面实施数字光学处理器（Digital Light Processor，DLP）的投影显示，是一个二维显示器。

Magic Leap 是将光场直接投射于用户的视网膜，人们通过 Magic Leap 看到的物体和现实生活中真实的物体并没有什么区别，也不会有信息损失。从理论上来说，Magic Leap 的设备使用者是无法区分虚拟物体和现实物体的。Magic Leap 与 HoloLens 最明显的区别在于技术实现的效果。人眼可以直接聚焦（主动、选择性聚焦），即用户需要看近的物体，近的物体就实、远的物体就虚。注意，Magic Leap 不需要任何的人眼跟踪技术，因为投射的光场还原了所有的信息，用户看到的物体全部与真实的物体一样，同时拥有较高的分辨率。因此可以完全解决用户使用设备时的视角问题、眩晕感问题等，用户可以用与自然观察世界完全相同的方式去体验。

1.4 VR、AR、MR 的关系

1.4

VR 技术曾被认为是下一代通用技术和下一代互联网的入口，是引领全球新一轮产业变革的重要力量，是经济发展的新增长点，目前已经在工业、军事、医疗、航天、教育、娱乐等领域有较为成熟的应用。国内通称的 VR 产业包括 VR、AR、MR 等技术及其产业应用，但本书此部分涉及 VR 时仅指 VR 技术。总的来说，VR 涉及纯虚拟的封闭场景，而 AR 是在真实场景中叠加虚拟元素，MR 是实时数字化的现实场景融合虚拟物体，说明如下。

VR 技术是利用 VR 设备模拟产生一个三维虚拟空间，提供视觉、听觉、触觉等的模拟，让使用者如同身临其境一般。简而言之，就是“无中生有”。在 VR 中，用户只能体验到虚拟世界，无法看到真实环境。

AR 技术是 VR 技术的延伸，能够把计算机生成的虚拟信息（物体、图像、视频、声音、系统提示信息等）叠加到真实场景中并与人实现互动。简而言之，就是“锦上添花”。在 AR 中，用户既能看到真实世界，又能看到虚拟事物。

MR 技术是 AR 技术的升级，将虚拟世界和真实世界合成一个无缝衔接的虚实融合世界，其中的物理实体和数字对象满足真实的三维投影关系。简而言之，就是“实幻交织”。在 MR 中，用户难以分辨真实世界与虚拟世界的边界。

简单来说，VR 中的场景和人物全是假的，是把人的意识带入一个虚拟世界。AR 中的场景和人物一半真一半假，是把虚拟的信息带入现实世界。MR 中的场景有真有假，不易区分，虚拟世界与真实世界混合在一起。VR、AR、MR 的关系如图 1-28 所示。

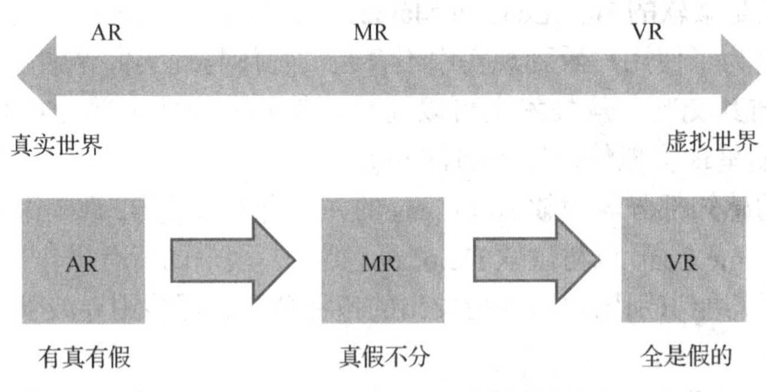

图 1-28　VR、AR、MR 的关系

为进一步明确三者之间的差别，可分别选取 Oculus Rif、Google Glass 和 HoloLens 进行外观比较。这 3 款产品都是引起了公众对于 3R（VR、AR、MR）技术的兴趣的产品，未来也极有可能成为各自领域内最成功的消费级产品。

1. Oculus Rift

Oculus Rift 是一款为电子游戏设计的头显，如图 1-29 所示。它将 VR 接入游戏，使得玩家们能够身临其境。Oculus Rift 具有两个目镜，每个目镜的分辨率为 640×800，两个目镜的视觉合并之后拥有 1280×800 的分辨率，并且具备陀螺仪控制的视角是这款设备的一大特色，可使游戏的沉浸感大幅提升。虽然 Oculus Rift 最初是为游戏打造的，但是 Oculus 已经决心将其应用到更广泛的领域，包括观光、电影、医药、建筑、空间探索等。

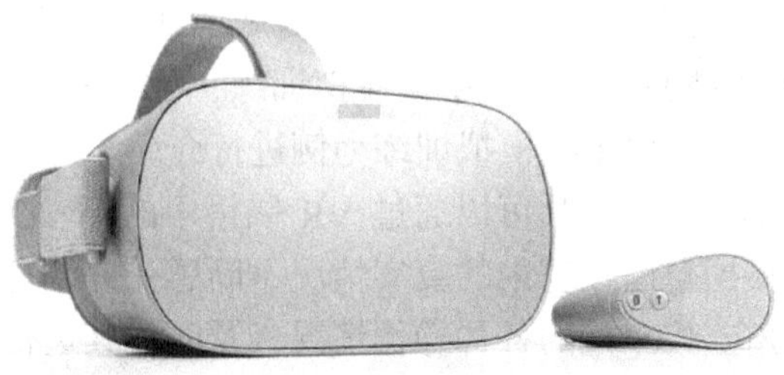

图 1-29 Oculus Rift

2. Google Glass

谷歌发布的企业版 Google Glass（谷歌眼镜）如图 1-30 所示。谷歌为其设计了安全镜框，使其看起来更像真正的眼镜。Google Glass 提供一个 640×360 分辨率的光学显示模块（Optical Display Module），可以在现实世界中添加 AR 内容，另外 Google Glass 提供了智能语音助手来帮助用户完成日常作业任务。

3. HoloLens

HoloLens 是微软公司开发的一款 MR 头显，如图 1-31 所示。HoloLens 的目的是使用户在产品的使用过程中拥有良好的交互体验，它将某些计算机生成的效果叠加于现实世界中。用户戴上眼镜仍然可以行走自如，随意与人交谈。眼镜将会追踪用户的移动和视线，进而生成适当的虚拟对象，通过光线将其投射到用户眼中。因为设备能感知用户的方位，用户可以通过手势与虚拟 3D 对象交互。

图 1-30 Google Glass

图 1-31 HoloLens

1.5 VR、AR、MR 的应用

VR、AR、MR 业务形态丰富，产业潜力大，社会效益高，以 VR 为代表的新一轮科技和产业革命蓄势待发。虚拟经济与实体经济的结合，会给人们的生产方式和生活方式带来革命性的变化。VR、AR、MR 与各行各业的融合创新应用主要集中在军事演练、工业生产、医疗健康、教育培训、文化娱乐、房产建设、商业营销等领域，VR 正在加速向人们生产与生活的领域渗透，“VR、AR、MR+”时代已开启。

1.5

1.5.1 军事演练

军事演练是VR技术的重要应用领域之一，也是VR技术应用较早、较多的一个领域。VR技术应用于军事演练，带来了军事演练观念和方式的变革，推动了军事演练的发展。目前，VR技术在军事演练领域的应用包括单兵模拟训练、网络化作战演练、虚拟战场环境模拟、武器装备的研制等，下面以单兵模拟训练为例进行介绍。

利用VR技术训练伞兵时，伞兵可以通过VR眼镜中的第一视角配合软件模拟跳伞。在此过程中，伞兵可以根据自己在空中的真实情况不断感受并调整空中姿态。与此同时，导调员则可以从第三视角监控伞兵的各种操作情况，及时对其进行指导，帮助其更好地掌握技术。

1.5.2 工业生产

在工业生产领域，VR、AR、MR技术成了智能制造领域的重点发展技术，是智能制造核心信息设备领域的关键技术之一。使用VR、AR、MR技术可以在智能制造的各个环节中获取信息、实时通信，以实现动态交互、决策分析和控制。按生产环节看，VR、AR、MR技术可在需求分析、总体设计、工艺设计、生产制造、测试实验、使用维护等环节提供支撑，有助于实现工业产品“设计-制造-测试-维护”的智能化和一体化的应用。

VR结合工业生产的应用场景包括产品设计、工厂规划、运行维护、汽车抬头显示、远程协作等，下面进行介绍。

1. 产品设计

“VR+产品设计”可提供沉浸式空间，实现产品的多人同步设计，“所见即所得”的设计方式极大地降低了设计难度，提高了设计效率。例如，汽车厂家凭借VR技术可视化、可交互的特点，在与真实汽车同比例的虚拟空间中，动态调整设计细节与总体原型，同时进行各类路试、碰撞测试、风洞测试，通过虚拟设计、生产模拟、工艺分析与虚拟试验，大幅缩短新车研发周期，降低研发成本。产品设计如图1-32所示。

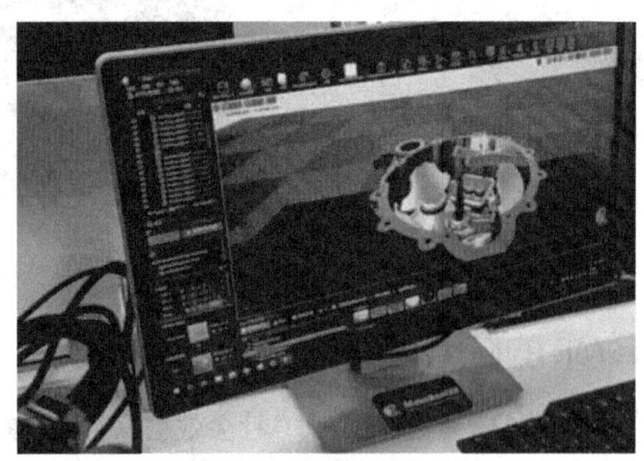

图1-32 产品设计

2. 工厂规划

在工厂规划阶段，通过VR设备，设计师与其他参与项目的人员可以在虚拟的厂房中观测与审核工厂运行效果。在厂房设计阶段，设计师和管理者可以在同一环境下讨论工程布局与行走路线布局。工厂规划如图 1-33 所示。这样可以预知工人与工程师等在工厂中是否可以舒适、高效地工作。通过工厂规划，公司可以最大化地提高生产线投产后的能效。

图 1-33 工厂规划

3. 运行维护

MR 技术可以用于在日常工作的真实环境中为员工提供他们最为需要的信息，包括岗位操作培训、设备维护手册讲解、物联网（Internet of Things，IoT）数据展示以及远程专家指导等。员工在使用头戴式 MR 眼镜的时候，完全不影响他们对身边真实环境的观察能力，还能解放出双手进行操作。MR 工业运维如图 1-34 所示。

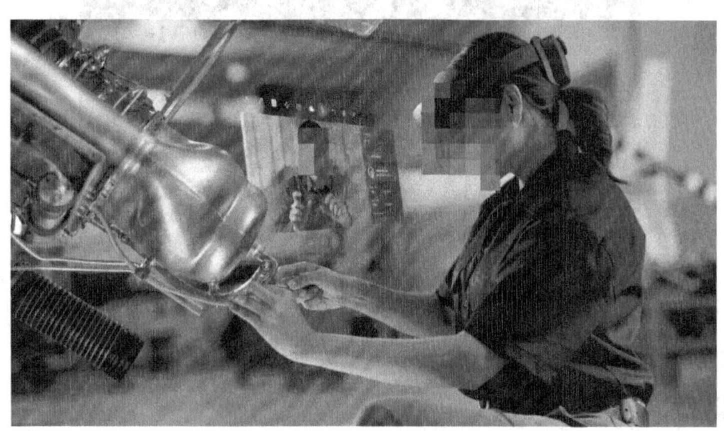

图 1-34 MR 工业运维

4. 汽车抬头显示

抬头显示（Heads-Up Display，HUD）是 AR 在汽车市场上的突破性应用，可以将汽车行驶信息及交通信息投射在挡风玻璃上，在行驶过程中，驾驶员不需要转移视线。AR 导航如图 1-35 所示。宝马、沃尔沃、雪佛兰、雷克萨斯等的众多车型都采用了 HUD 技术。HUD 正在成为智能座舱与驾驶安全的新标签。

图 1-35　AR 导航

5. 远程协作

在很多方面，VR 技术代表着计算机辅助设计技术的自然演化。“VR+远程协作”可以帮助用户突破物理限制，让多个用户进入同一个虚拟仿真环境进行协同评审，如图 1-36 所示。5G 网络的超快通信速度能帮助制造业企业实现全球化的异地协同，电影中的全球化协同场景终将实现。

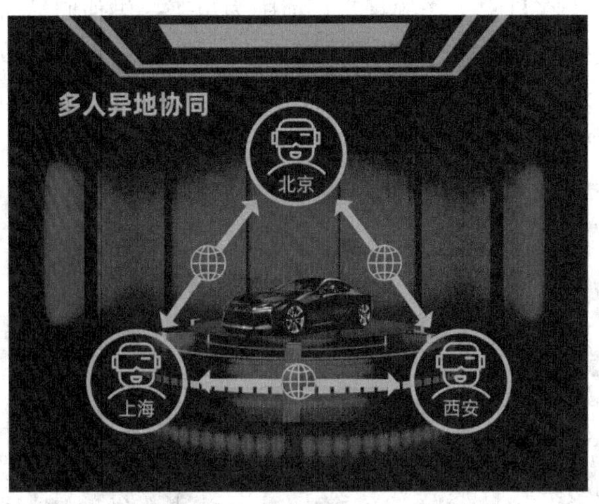

图 1-36　“VR+远程协作”

1.5.3　医疗健康

医疗健康领域对于 VR、AR、MR 技术有着巨大的应用需求，这对 VR、AR、MR 技术的发展提供了强大的推动力，同时也提出了严峻的挑战。目前，VR、AR、MR 技术不仅初步应用于手术培训、解剖教学、医疗影像，而且在远程会诊、手术规划及导航、远程协作、心理治疗和康复训练手术等方面也有应用，已成为医疗过程中不可替代的重要技术。

1. 手术培训

“VR+手术培训”将医学教学与学习的体验提升到了一个新高度，如图 1-37 所示。过去只有少数临床医学学生才能获得见习机会，观察医生实施手术的具体过程。然而随着 VR 技术的发展，VR 技术使医生的操作视频可以全球观看，医学院的学生也可以使用 VR 眼镜来模拟手术实践。

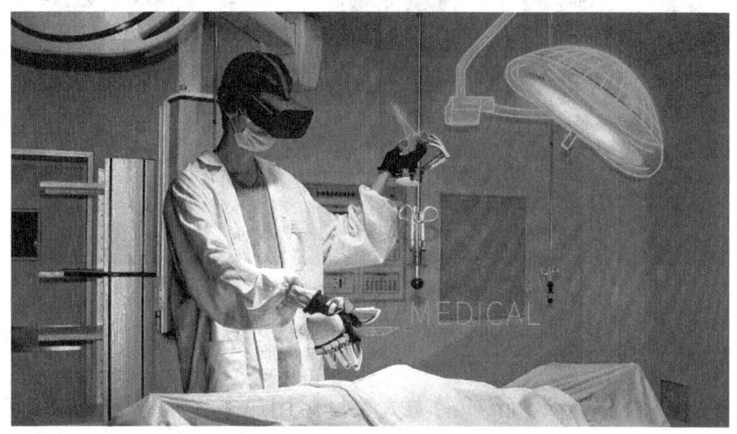

图 1-37　“VR+手术培训”

2. 解剖教学

以往的解剖教学和教科书在教学内容传达方面有局限性。而在 VR 中学习，情况可以得到改善，教师可以从皮肤层、骨骼、身体各个角度等方面开展教学，每一个部位都可以独立移动，因此医学生可以了解肌肉、神经和器官之间的关系，如果有需要，还可以将它们放大到微观层面。VR 解剖教学如图 1-38 所示，这是一种非常直观、便利的教学方式。

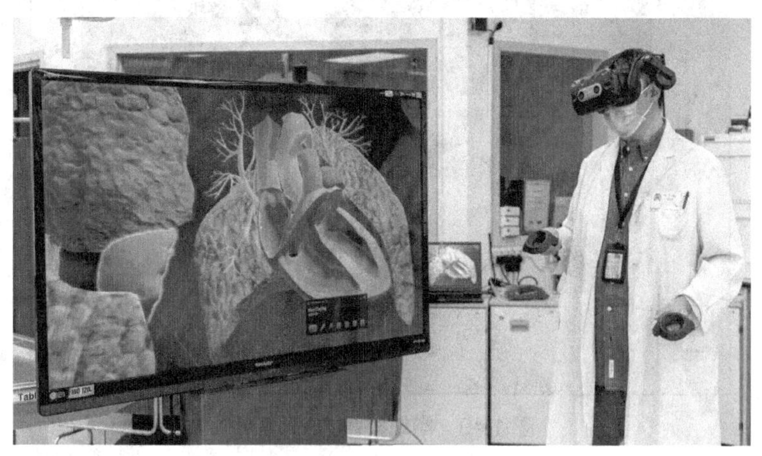

图 1-38　VR 解剖教学

3. 医疗影像

MR 技术在医疗场景中也有着广阔的发展空间。如在手术过程中，医疗影像数据可以被方便地转化为 3D 模型，技术支持者利用 MR 全息化地展示这些模型，可以将平面的影像立体化，有助于医生准确地判断空间位置。MR 医疗影像如图 1-39 所示。这种立体化的“读片”技术可以显著提升年轻医生读片的准确度，同时也能方便医生就相关病情与患者或其家属进行直观沟通。

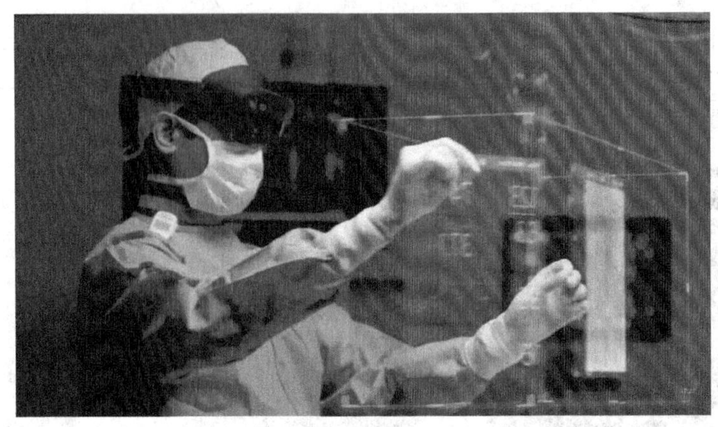

图 1-39　MR 医疗影像

1.5.4　教育培训

“VR、AR、MR+教育培训”市场潜力大、目标用户多、涵盖范围广。包括面向中小学的基础教育等常规教育、面向行业人员的职业培训，以及面向大众的安全教育等，还带来了教材变革，未来有望成为基础的教育工具。

1. 常规教育

在中小学的常规教育中，VR 技术的应用以 VR 课件、VR 课堂为主，如图 1-40 所示，直观的教学内容、丰富的互动性、游戏化的教学方式成为 VR 技术提升教学效果的要点。

图 1-40　常规教育的 VR 应用

2. 职业培训

职业培训主要关注技能培训和操作能力，但一些复杂的操作技能，如汽车维修，培训时很难给予学生充足的实际上手时间。同时，在学生进行实际操作的时候需要教师一直指导其操作，以免发生人员伤害或设备毁损的情况。MR 技术可以将培训教学内容虚拟化，并将培训教学内容与教学现场的环境和实物叠加，通过虚实结合的方式辅助学生掌握操作方法，MR 技能培训如图 1-41 所示。而且虚拟化的培训内容可以反复播放，能满足学生独立学习的需求。

图 1-41　MR 技能培训

3. 安全教育

无论是在网上频繁进行灾害防范宣传，还是在学校、社区、企业中进行大规模的安全演练，都要付出相当高的成本。而且基于安全考虑，一般的演练都无法使人们感受真实的灾害情景，人们的防范意识并没有得到真正的提高，在耗费了大量人力、财力、物力的同时可能并没有起到应有的效果。VR 技术的出现及其应用于公共安全教育，有望从根本上改变这一现状。VR 技术可构造出特定的安防培训场景，将传统的教学元素（如图形和数据）嵌入生动的虚拟环境，通过模拟特定的危险情景，激发体验者的紧张感并提升专注度，强化演练效果，VR 安全教育如图 1-42 所示。

图 1-42　VR 安全教育

4. 教材变革

AR 可以将静态的文字、图片等立体化，增加阅读的互动性、趣味性。AR 读本如图 1-43 所示。

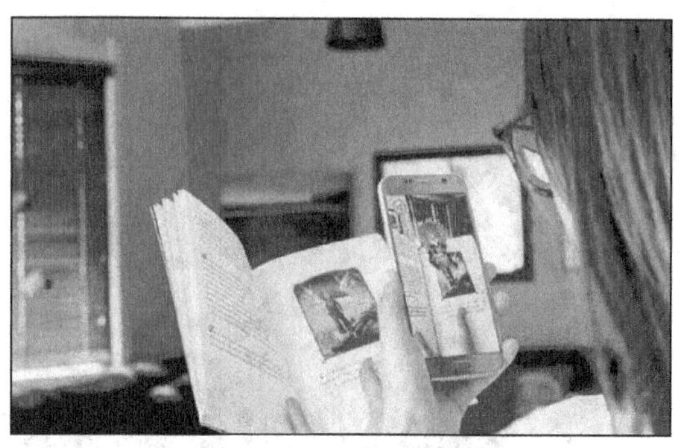

图 1-43　AR 读本

1.5.5 文化娱乐

“VR、AR、MR+文化娱乐”重在提升大众消费体验，应用领域包括社交、影视、直播、旅游、文博、游戏等。下面以直播、文博、游戏为例介绍 VR、AR 技术在文化娱乐方面的应用。

1. 直播

VR 直播是 VR 与直播的结合，如图 1-44 所示。与传统电视播放相比，VR 直播最大区别是让观看者身临其境般地来到现场，能实时、全方位体验。VR 直播与我们常见的新闻现场直播、春晚直播的不同之处在于其具备 3 个特点：全景、3D 以及交互。VR 直播采用 360° 全景的拍摄设备捕捉超清晰、多角度的画面，每一帧画面都展现 360° 的全景，观看者可选择从上下左右任意角度观看，体验逼真的沉浸感。VR 直播跳出了传统平面视频的视角框定，给观看者呈现前所未有的视觉盛宴。在 VR 直播中，是由观看者决定看到的内容，而不是内容决定观看者能看什么。

图 1-44　VR 直播

随着 5G 的加速推进，VR 直播逐渐成了企业营销标配。目前，VR 直播在电子商务、体育赛事、综艺节目等领域应用火爆，未来也会有更多的领域融入 VR 技术。

2. 文博

文博也是 VR 技术的一个重要应用领域。现在 VR 技术已经成为数字博物馆/科技馆、大型活动开/闭幕式彩排仿真、沉浸式互动游戏等的核心支撑技术。在数字博物馆/科技馆方面，利用 VR 技术可以进行各种文献、手稿、照片、录音、影片和藏品等文物的数字化展示，VR 文博如图 1-45 所示。

图 1-45　VR 文博

对这些文物、展品高精度图的建模也不断给 VR 建模方法和数据采集设备提出了更高的要求，推动了 VR 技术的发展。许多国家都积极开展这方面的工作，如美国大都会艺术博物馆、英国大英博物馆、俄罗斯艾尔米塔什博物馆和法国卢浮宫等都建立了自己的数字博物馆。我国也开发并建立了大学数字博物馆、中国数字科技馆以及虚拟敦煌、虚拟故宫等。

3．游戏

AR 游戏可以让位于不同地点的玩家，结合 GPS 和陀螺仪，以真实世界为游戏背景，加入虚拟元素，使游戏虚实结合。任天堂的《Pokémon GO》就是一款火爆全球的 AR 游戏，AR 游戏如图 1-46 所示。

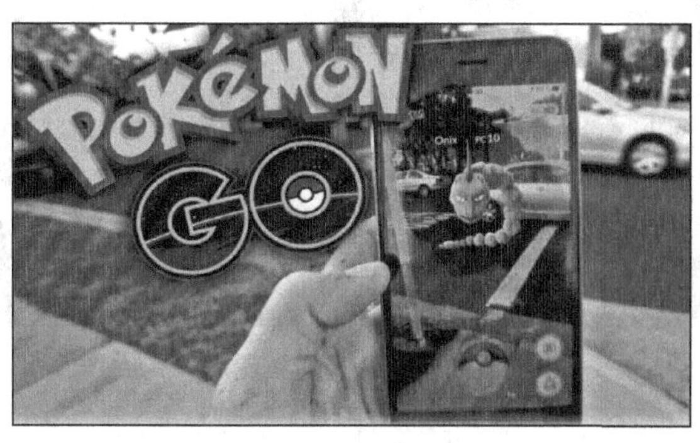

图 1-46　AR 游戏

1.5.6　房产建设

在房产建设中，在施工之前需要有可视化效果以展示各种设计效果。可视化效果如果只停留在图纸上，想要真正发现规划中的问题非常困难。而“VR、AR、MR+房产建设”可按照规划以及总体效果图展示设计效果，再通过人机交互就可使人们提前感受房产建设的情况，有助于正确施工。

1．建筑规划

建筑行业很大程度上是由空间定义的。最近几年建筑设计方式从使用 2D 文档到依靠建筑信息模型（Building Information Model，BIM）的过渡是自然的演变。如果 MR 与 BIM 能够完美结合，把“虚”的 BIM 数据和“实”的施工场景进行叠加、对比，那么人们甚至可以在建筑施工现场评估工程进度和施工精确度，这也会为建筑工程行业的智能化推进带来巨大的想象空间。MR 建筑规划如图 1-47 所示。

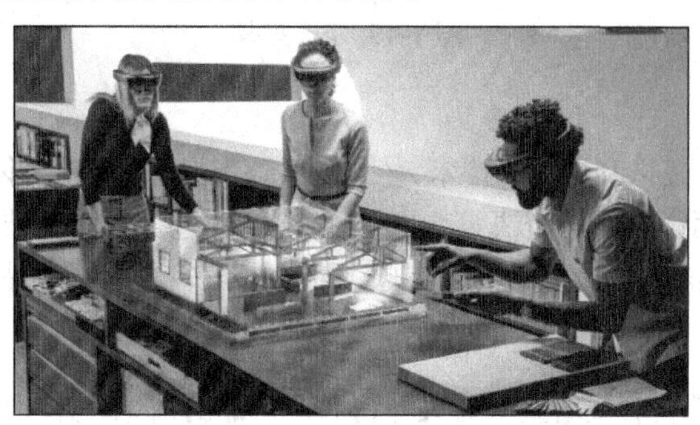

图 1-47　MR 建筑规划

2. 房产开发

“VR+房产开发”是 VR 和传统企业结合的成功案例。VR 对于传统房地产营销方式的变革绝不只是对样板间展示的颠覆，“VR+地产”已经体现在城市空间、楼盘全场景、景观、精装样板间的 VR 体验，VR 远程看房如图 1-48 所示。针对为住宅地产、商业地产、养老地产、文旅地产等这些不同地产业态打造专项的全场景解决方案，在 VR 交互中植入互动元素，使用户可以更深入地体验房产的细节。

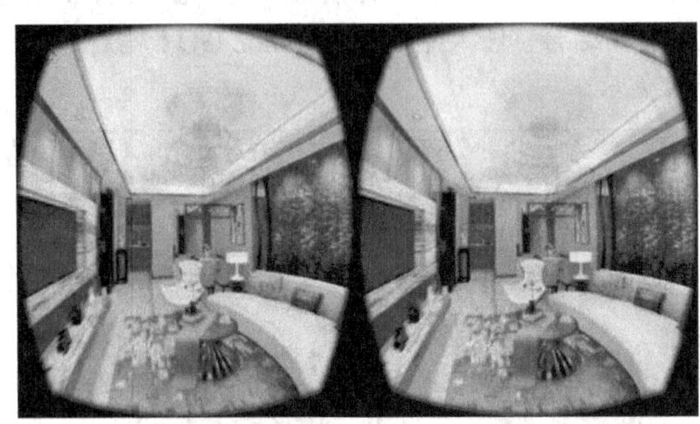

图 1-48　VR 远程看房

3. 家具装饰

在智能手机和 AR 结合的方面，苹果公司（后文简称“苹果”）走在了前列。在 iPhone X 手机中，苹果植入了三维识别传感器，能够实现对周围空间和物体进行识别和建模，用户可以用手机测量周围空间，或是对家具进行模拟摆放，AR 家装如图 1-49 所示。

图 1-49　AR 家装

1.5.7　商业营销

“VR+商业营销”是指利用 VR 技术，使消费者获得逼真的感官体验，充分调动消费者的“感性基因”，从而影响其消费决策。VR/AR 电商通过三维建模技术、VR/AR 设备以及交互体验，可以带给消费者更好的消费体验。MR 则更多地用于产品展览和展示。

1. 电子商务

AR 技术可以让消费者实时查看有关零售店内产品的信息，并使用计算机视觉技术和店内跟踪来帮助消费者找到需要的商品，AR 购物如图 1-50 所示。

图 1-50 AR 购物

2. 展览应用

在 MR 技术刚出现的时候，较多的应用就是展览和展示。从功能上讲，MR 技术应用于展览行业的最大优势，是交互式的全息可视化内容所能带给观众的冲击。MR 技术非常适合展示体积庞大、结构复杂、精密、昂贵的产品，这些产品不便于携带和拆解，很难让观众看到实物或者了解其内部结构。通过 MR 技术为这些产品制作 3D 全息化的内容，就可以非常方便地在任何地方、任何场合展示产品的细节，MR 展览展示如图 1-51 所示。

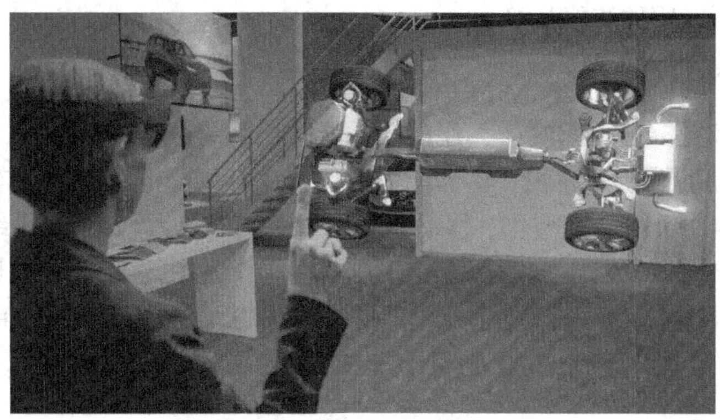

图 1-51 MR 展览展示

1.6 VR、AR、MR 的发展趋势

VR、AR、MR 是新一代信息通信技术的重点，具有产业潜力大、技术跨度大、应用空间广的特点。目前，业内也将 VR、AR、MR 统称为扩展现实（Extended Reality，XR），XR 在关键技术与产业应用方面呈现出一些新的发展趋势。

1.6

1.6.1 XR 与其他前沿技术

XR 和 5G、人工智能、云计算等前沿技术不断融合、创新、发展，催生新的业态和服务。

1. 5G+XR

从技术特点来看，5G是基础性、平台性的技术，和XR技术相融合，能催生出种类丰富的XR应用。5G能解决XR产品因为带宽不够和时延长带来的图像渲染能力不足、终端移动性差、互动体验不强等问题。5G给XR产业发展带来的优势包括：在采集端，5G为XR设备的实时采集数据和传输提供大容量通道；在运算端，5G可以将XR设备的算力需求转向云端，省去现有设备中的计算模块、数据存储模块，可减轻设备重量；在传输端，5G能使XR设备摆脱有线传输线缆的束缚，通过无线方式获得高速、稳定的网络传输；在显示端，5G保持终端、云端的稳定、快速连接，XR视频数据延迟达毫秒级，能有效减轻用户的眩晕感和恶心感（4G环境下，网络信号传输的延时约为40ms）。2019年，随着我国5G牌照的正式发放，大规模的组网将在部分城市和热点地区率先实现，能快速推进XR终端服务的产业化进程。

2. 人工智能+XR

从技术特点来看，人工智能是基础的赋能性技术，和XR技术相融合，能提高XR的智能化水平，提升虚拟设备的效能。人工智能“赋能”XR建模，人工智能能提升XR中智能对象行为的社会性、多样性和交互逼真性，使得虚拟对象与虚拟环境和用户进行自然、持续、深入的交互。人工智能提升XR算力，而边缘人工智能算法能大幅提升XR终端设备的数据处理能力。此外，人工智能与XR的结合将显著提高XR应用的交互能力和操作效率，可满足个人感知、分析、判断与决策等实时信息需求，实现在工作、学习、生活、娱乐等不同场景下应用的流畅切换。

3. 云计算+XR

从技术特点来看，将图像渲染、建模等耗能、耗时的数据处理功能“云”化后，大幅降低了对XR终端的续航、体积、存储能力的要求，有效降低了终端成本和对计算机硬件的依赖性，同时推动了终端轻型化、移动化发展。XR和云计算、云渲染结合，将云端的显示输出、声音输出通过编码压缩后传输到用户的终端设备中，实现XR业务的内容上云和渲染上云，能够对XR业务进行快速处理。据华为预测，2025年全球XR个人用户数量将会达到4.4亿，将会孕育达到2920亿美元的云XR市场。

1.6.2 XR的演进

XR的界定认知由终端设备向沉浸体验演变，与此同时硬件门槛显著降低。

随着技术和产业生态的持续发展，XR的概念不断演进。业界对XR的研讨不再拘泥于特定终端形态与实现方式，而是聚焦体验效果，强调关键技术、产业生态与应用领域的融合创新。产业内对XR目标的理解是：借助近眼显示、感知交互、渲染处理、网络传输和内容制作等新一代信息通信技术，构建跨越端管云的新业态，以满足用户在“身临其境”等方面的体验需求，进而促进信息消费的扩大升级与传统行业的融合创新。

按终端功能划分，从广义来看，VR包含AR，早期学界通常在VR研讨框架内下设AR/MR主题。而随着产业界在AR领域的持续发力，部分业者将AR/MR从VR的概念框架中抽离出来。从狭义来看，VR与AR/MR彼此独立，它们在关键器件、终端形态上相似性较高，而在关键技术和应用领域上有所差异。VR通过隔绝式的音视频内容给用户带来沉浸式体验，对显示画质要求较高；而 AR/MR 强调虚拟信息与现实环境的“无缝”融合，对感知交互要求较高。此外，VR 侧重于游戏、视频、直播与社交等大众市场，AR/MR 侧重于工业、军事等垂直领域的应用。随着技术与产业的不断发展，预计未来 VR 终端与 AR/MR 终端将由分立走向融合，它们“在山脚分手，在山顶汇合”。

按终端形态划分，手机式平台成为现阶段主要终端平台。随着谷歌公司、苹果公司等信息通信技术“巨头”全球开发者大会的召开，手机式 AR/MR 设备逐渐成为大众市场的主流，以 Meta2、HoloLens 为代表的主机式、一体式 AR/MR 设备主导行业应用市场。此外，在自动驾驶车联网发展浪潮的影响下，基于 HUD 的车载式 AR 设备成了新兴应用。隐形眼镜这一前瞻性产品形态代表了业界对 AR/MR 设计的最终预期。在这个发展过程中，硬件成本大幅降低，设备售价从之前的数万美元降至数百美元，这一成本变化主要体现在光电子与微电子方面。光电子方面，XR 显示器件经历了产业变革，屏幕体积、重量不断缩小，分辨率升至全高清（Full High Definition，FHD。一般可达到分辨率 1920×1080）以上水平，响应时间达到微秒级。微电子方面，低成本的 SoC 芯片（单片系统级芯片）与 VPU（视觉处理器）的普及成为 VR 在集成电路领域发展的热点。

1.6.3　VR、AR 的市场规模

全球 VR 市场规模接近千亿，中国市场规模增长显著，AR 与内容应用成为首要增长点。

2021 年 3 月中国信息通信研究院、华为技术有限公司、京东方科技集团股份有限公司出版的《虚拟（增强）现实白皮书》指出，据互联网数据中心（Internet Data Center，IDC）等机构统计，2020 年全球 VR 市场规模约为 900 亿元人民币，其中 VR 市场 620 亿元人民币，AR 市场 280 亿元人民币。预计 2020—2024 年五年期间全球 VR 产业规模年均增长率约为 54%，其中 VR 增速约 45%，AR 增速约 66%，2024 年两者份额均为 2400 亿元人民币。从产业结构看，终端器件市场规模占比位居首位，2020 年规模占比逾四成，随着传统行业数字化转型与信息消费升级等常态化，内容应用市场将快速发展，预计 2024 年市场规模超过 2800 亿元，全球虚拟现实市场规模如图 1-52 所示。

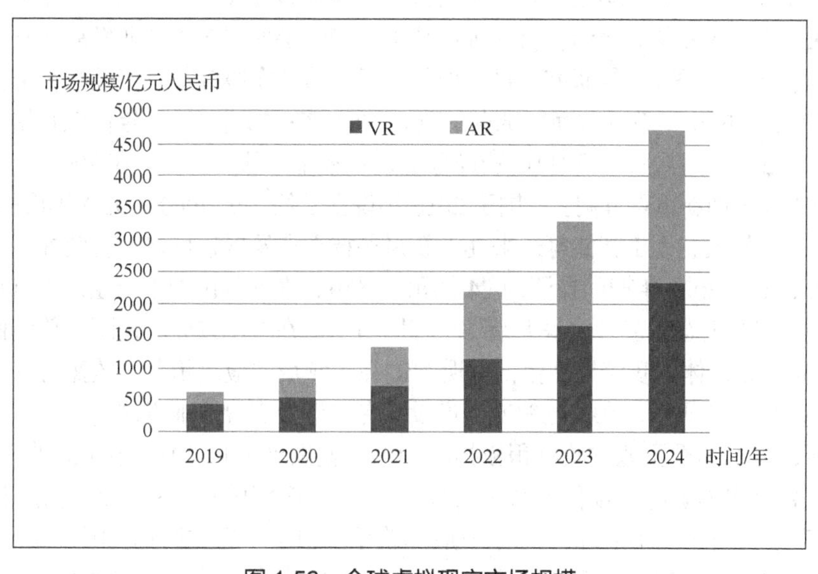

图 1-52　全球虚拟现实市场规模

根据 IDC 发布的 2022 年 V1 版《IDC 全球增强与虚拟现实支出指南》，中国市场五年复合增长率预计将达 43.8%，增速位列全球第一。IDC 预测，中国 AR/VR 市场 IT 相关支出规模将在 2026 年增至 130.8 亿美元，为全球第二大单一国家市场。2021—2026 年中国 VR/AR 支出规模及预测如图 1-53 所示。

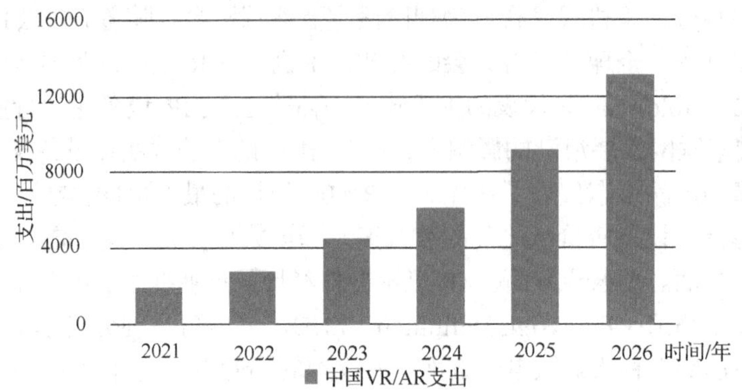

图 1-53　2021—2026 年中国 VR/AR 支出规模及预测

根据 IDC 2022 年 5 月的预测数据，中国消费者市场在五年预测期内稳定增长，VR 市场总规模占中国 AR/VR 市场近 40%。就 AR 市场而言，2026 年 AR 培训、工业维护和 AR 实验室及现场实践（高等教育）将成为主流应用场景，共计约占中国 AR 市场投资规模的 30.1%。从 VR 市场来看，随着消费者市场的增长，消费端的游戏应用数量和质量均明显提升。2026 年 VR 游戏、VR 培训（Training-VR）和 VR 协作（Collaboration）预计将在中国成为 VR 主要应用场景，三者合计占比超过 50%。

1.6.4　XR 的政策

各国政府将 XR 产业发展上升到国家高度。

美国政府在 20 世纪 90 年代将 VR 作为美国“国家信息基础设施”计划的重点支持技术之一。2000 年美国能源部明确提出应重点开发、应用和验证 VR 技术。2017 年多位美国国会议员宣布联合组建 VR 核心小组，旨在确保从美国国会层面对 VR 产业发展的支持与鼓励。此外，美国设立了有关 VR 的研究项目，如美国卫生与公众服务部、美国教育部分别开展了 VR 在心理疾病、中小学教育方面的试点示范。欧盟早在 20 世纪 80 年代就开始对 VR 项目提供资助，在 2014 年涉及 VR 项目的资助金额达到数千万欧元。日本在 2007 年、2014 年先后将 VR 视为技术创新重点方向。韩国于 2016 年设立了约 2 亿 4000 万元人民币的专项基金，将 VR 作为自动驾驶、人工智能等未来九大新兴科技重点发展领域之一。此外，韩国未来创造科学部在 2016—2020 年期间投资约 24 亿元人民币，发展韩国 VR 产业，重点在于确保原创技术研发和产业生态完善，力争大幅缩小韩国与美国在 VR 方面的差距。总体而言，美国 VR 发展以企业为主体，政府搭平台，重视 VR 在各领域的应用示范。欧盟与韩日两国重视顶层设计和新技术的研发，在关键领域通过设立专项资金引导产业发展。

在我国，国家部委及地方政府积极推动 VR 产业发展。自 2016 年 VR 被列入《“十三五”国家信息化规划》等多项国家政策文件以来，中华人民共和国工业和信息化部（后文简称“工信部”）、中华人民共和国国家发展和改革委员会（后文简称“国家发展改革委”）、中华人民共和国科学技术部（后文简称“科技部”）、中华人民共和国教育部（后文简称“教育部”）等部委相继出台指导政策支持 VR 产业发展。中华人民共和国国务院从“十三五”规划开始，把 VR 视为构建现代信息技术和产业生态体系的重要新兴产业，在《新一代人工智能发展规划》中将 VR 智能建模技术列入“新一代人工智能关键共性技术体系”。2021 年出台的《中华人民共和国国民经济和社会发展第十四个五年规划和 2035 年远景目标纲要》将 VR/AR 产业列为未来五年数字经济重点产业之一。工信部在 2018 年 12 月出台《工业和信息化部关于加快推进虚拟现实产业发展的指导意见》，从核心技术、产品供给、行业应用、平台建设、标准构建等方面提出了发展 VR 产业的重点任务。国家发展改革委在“互联网+”领域创新能力建设专项中，提出建设 VR/AR 技术及应用创新平台，促进 VR 的应用。2019 年 12 月其联合教育部、中华人民共和国民政部、中华人民共和国商务部等发布《关于促进“互联网+社会服务”发展的意见》，提出支持引导 VR、AR 等产品和服务研发，培育壮大社会服务新产品新产业新业态。科技部联合中共中央宣传部等于 2019 年发布《关于促进文化和科技深度融合的指导意见》，提出加强包括 VR/AR 虚拟制作在内的文化创作、生产、传播和消费等环节共性关键技术研究以及高端文化装备自主研发及产业化。中华人民共和国文化和旅游部 2020 年底发布的《文化和旅游部关于推动数字文化产业高质量发展的意见》明确指出，要引导和支持虚拟现实、增强现实等技术在文化领域应用，推动现有文化内容向沉浸式内容移植转化。教育部根据《教育信息化十年发展规划（2011-2020 年）》和《2017 年教育信息化工作要点》等相关要求把示范性虚拟仿真实验教学项目建设列入深入推进信息技术与高等教育教学深度融合工作，在 2018 年发布的《普通高等学校高等职业教育（专科）专业目录》中增设“虚拟现实应用技术”（现更名为“虚拟现实技术应用”）专业。据不完全统计，至 2022 年已有 188 所高职院校开设虚拟现实技术应用专业。

1.7 小结

VR、AR、MR 技术是极具潜力的前沿研究方向，是面向 21 世纪的重要技术之一，已经成为计算机以及相关领域研究、开发和应用的热点。它在理论、软硬件环境的研究方面依赖于多种技术的综合，其中有很多技术有待完善。可以预见，随着技术的发展，VR、AR、MR 技术及其应用会越来越广泛。

本章概述了 VR、AR、MR 技术的发展历史、特征、分类、技术体系和应用，并对它们的发展趋势做了展望。

第2章 Unity 引擎

Unity 是 Unity Technologies 公司开发的跨平台专业 3D 游戏开发引擎，广泛应用于游戏开发、实时三维动画中。它的特点是跨平台能力强，可横跨移动、桌面、主机、TV、VR、AR 及网页平台。

学习目标

- 了解 Unity 的安装与下载方法。
- 能够熟练使用 Unity 编辑器。
- 了解 Unity 引擎的基本使用方法。

2.1 Unity 引擎介绍

Unity 是一个让开发者能轻松创建诸如三维视频游戏、建筑可视化、实时三维动画等类型互动内容的多平台的综合型游戏开发工具，是一个全面整合的专业游戏引擎。Unity 是一个交互的图形化开发软件，其编辑器可运行在 Windows 和 macOS 下，可发布游戏至 Windows、macOS、iOS 和 Android 平台；也可以使用 Unity Web Player 插件来发布网页游戏，所发布的游戏支持 macOS 和 Windows 操作系统的网页浏览。

2.1.1 Unity 下载与安装

2.1.1

Unity 提供专业版和个人版，个人版是免费的。对 Unity 学习者和个人开发者来说，选择个人版即可。Unity 是向下兼容的，在 Unity 旧版本上开发的游戏，也能在新版本中升级并使用。无论选择哪一个版本的 Unity，都需要注册一个 Unity 账号，此账号不仅可以用来登录 Unity，还可用来在 Unity 的 Asset Store（资源商店）中购买插件或资源。

进入 Unity 官网，单击“下载 Unity”按钮，Unity 下载界面如图 2-1 所示，Unity 的各种版本在此界面均可找到。本书以 Unity 2019.3.2 为例，讲解 Unity 的安装过程。

图 2-1 Unity 下载界面

1. Unity Hub 及 Unity 2019.3.2 的安装

Unity Hub 是 Unity Technologies 公司于 2018 年推出的一个致力于简化工作流的桌面端应用程序，是集“社区”“项目”“学习”“安装”于一体的工作平台。使用 Unity Hub 既能方便 Unity 项目的创建与管理，又能简化多个 Unity 版本的查找、下载及安装过程，同时有助于新手快速学习 Unity。

在图 2-1 所示界面中，单击 2019.3.2 版本对应的“Unity Hub (Win)”按钮，下载 UnityHubSetup.exe 安装程序，运行此程序，即可开始安装 Unity Hub，如图 2-2 所示。

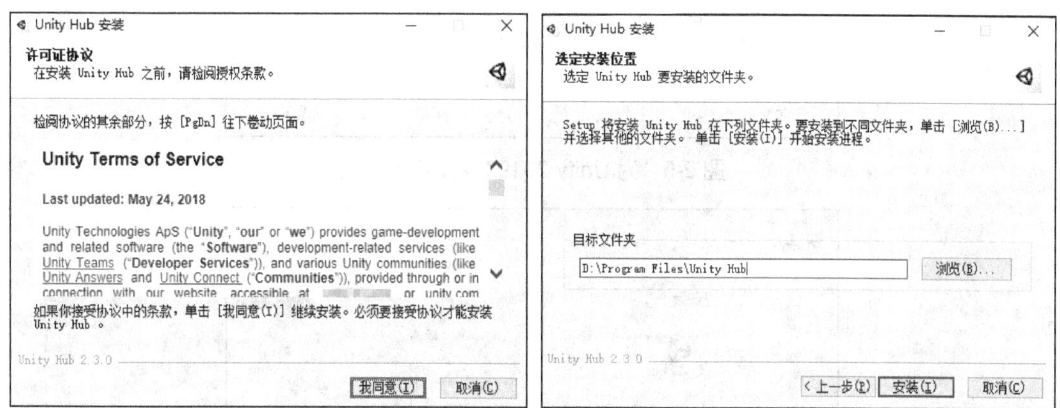

图 2-2　安装 Unity Hub

在 Unity Hub 中，有 Unity 官方提供的教程、工程文件、资源、学习链接等，Unity Hub 界面如图 2-3 所示。单击“安装”→“添加”按钮，弹出“添加 Unity 版本”对话框，如图 2-4 所示，选择“Unity 2019.3.2f1”单选按钮，单击“下一步”按钮。

图 2-3　Unity Hub 界面

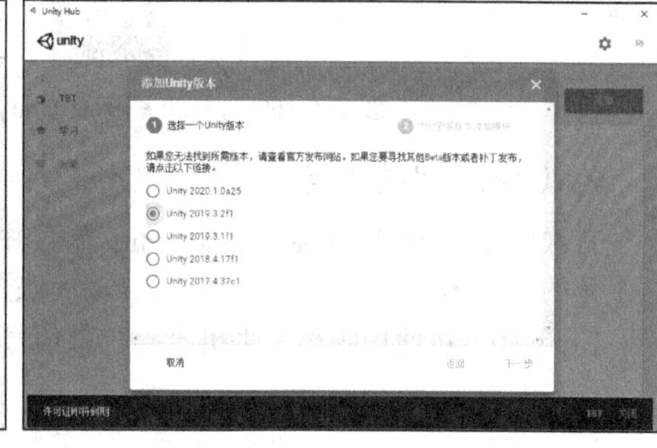

图 2-4　“添加 Unity 版本”对话框

在图 2-5 所示界面中为 Unity 2019.3.2f1 添加需要的模块，如 Microsoft Visual Studio Community 2019（脚本编辑器）、Android Build Support 等。单击“下一步”按钮，即可开始 Unity 2019.3.2f1 的安装。安装完成界面如图 2-6 所示，可在此界面中添加 Unity 的其他版本。

安装完成后，在计算机的桌面可以看到 Unity Hub 图标及 Unity 2019.3.2f1（64-bit）图标，如图 2-7 所示。

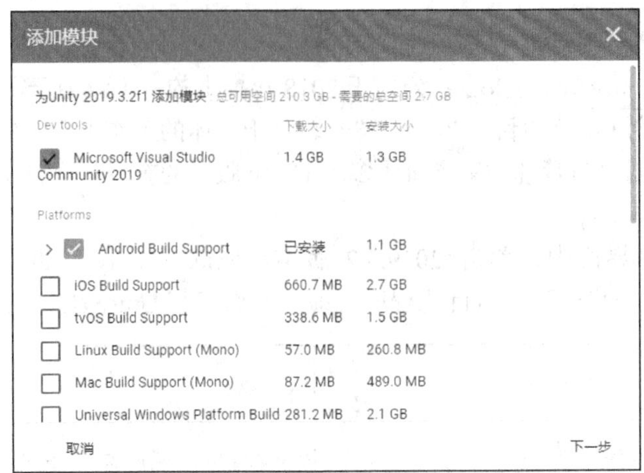

图 2-5　为 Unity 2019.3.2f1 添加模块

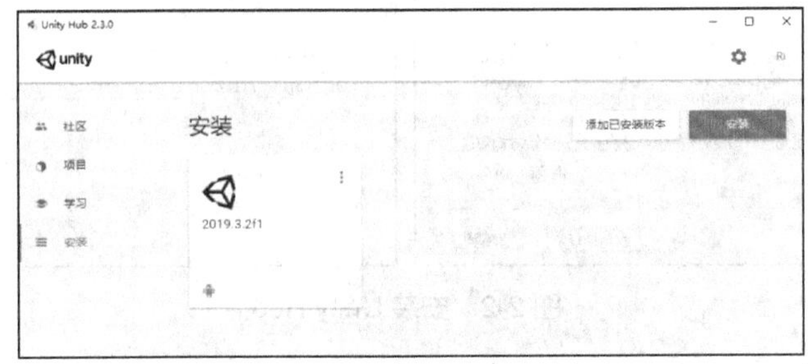

图 2-6　Unity 2019.3.2f1 安装完成界面

图 2-7　Unity Hub 图标及 Unity 2019.3.2f1（64-bit）图标

2. Unity Hub 的使用

首次使用 Unity Hub 需要注册 Unity 账号并登录。如图 2-8 所示，单击 Unity Hub 界面右上角的人像图标及“登录”按钮后，输入账户名和密码，再单击“Sign in”按钮即可登录。Unity Hub 可使用邮箱、手机号码、微信号注册并登录。

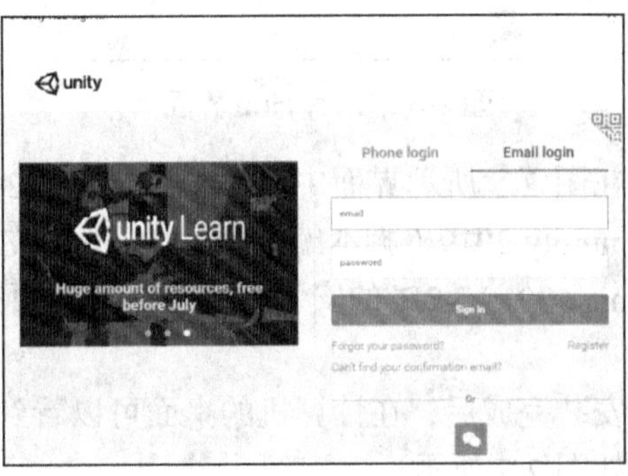

图 2-8　Unity Hub 登录

首次使用 Unity Hub 还需激活许可证。单击 Unity Hub 界面右上角的齿轮图标后，选择“Unity 个人版”单选按钮，新许可证激活界面如图 2-9 所示。激活许可证后，即可开始使用 Unity Hub。

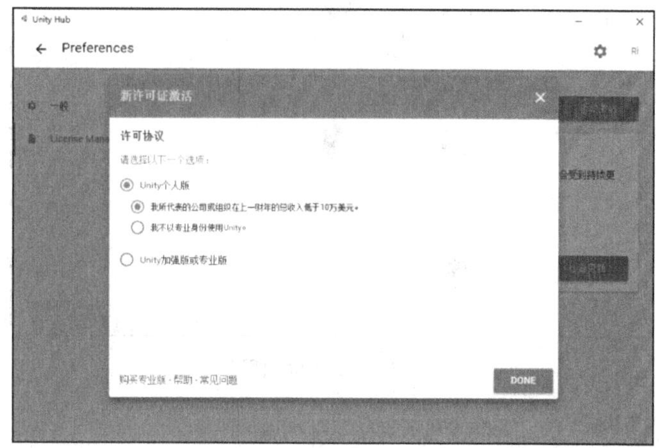

图 2-9　新许可证激活界面

单击左侧的“项目”按钮，右侧显示 Unity 中已创建的游戏项目，如图 2-10 所示。单击“新建”按钮，可使用计算机中已有的 Unity 版本来创建新的游戏项目。

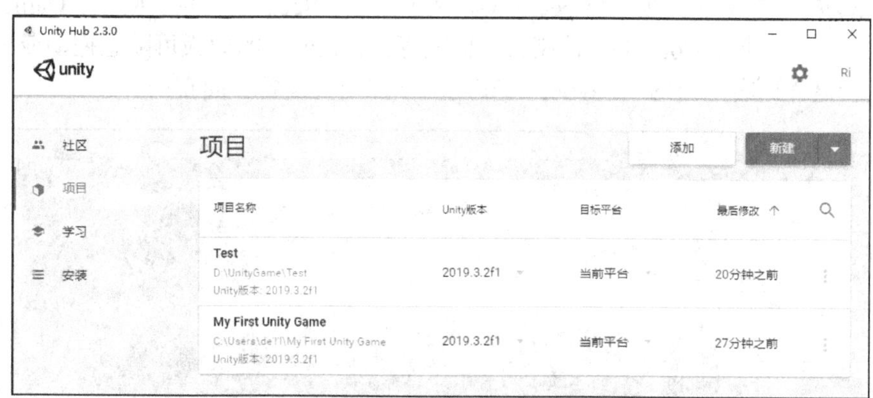

图 2-10　Unity 中已创建的游戏项目

2.1.2　创建项目

在 Unity Hub 界面中单击“新建”按钮，选择 Unity 2019.3.2f1 后，打开新建项目窗口，如图 2-11 所示。在此窗口中选择项目模板如 2D、3D 等，输入项目名称，设置项目存放位置，单击“创建”按钮，即可新建一个 Unity 游戏项目。Unity 自动在指定的路径下创建以指定的项目名称命名的文件夹。

2.1.2

标准的 Unity 项目文件夹中主要包括以下文件夹。

- Assets 文件夹：包含所有在 Unity 中创建、导入的文件，是 Unity 的主要工作文件夹。
- Library 文件夹：存放项目的数据库文件。
- ProjectSettings 文件夹：存放项目的配置文件。
- Logs 文件夹：存放 Unity 工作过程中的日志文件。

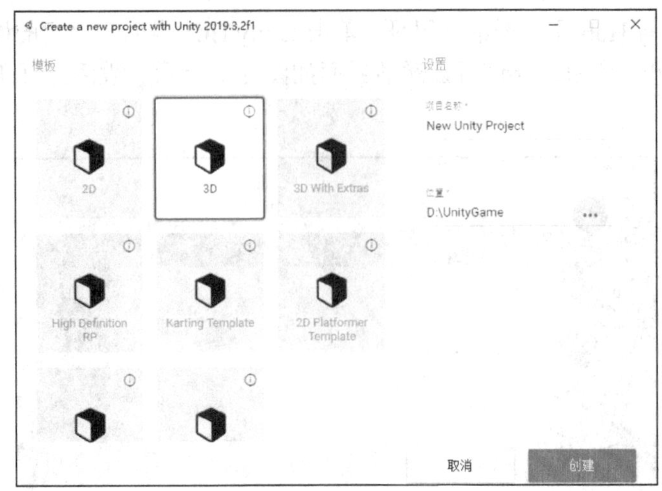

图 2-11　新建项目窗口

2.1.3　Unity 编辑器

2.1.3

在 Unity 编辑器中，使用者可以设置游戏场景、编辑游戏对象、导入游戏资源等。Unity 编辑器由多个面板组成，每个面板负责不同的功能，Unity 编辑器界面如图 2-12 所示，主要包括 Project（项目）面板、Hierarchy（层级）面板、Inspector（属性）面板、Scene（场景）面板、Game（游戏）面板、Console（控制台）面板等。Unity 中的面板可随意拖动或关闭，也可通过编辑器界面右上角的“Layout”（布局）下拉列表设置界面布局。

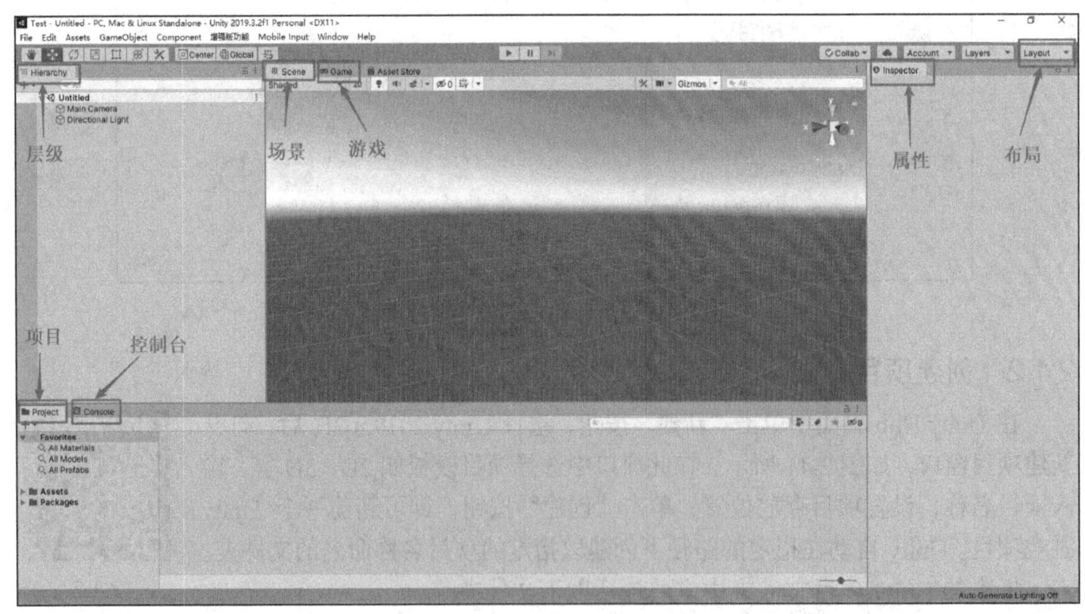

图 2-12　Unity 编辑器界面

1. Project 面板

Project 面板按照文件夹的目录结构来存放项目的所有资源，对应项目文件夹中的

Assets 文件夹，如图 2-13 所示，在 Project 面板中的 Assets 处单击鼠标右键，在弹出的快捷菜单中选择“Create”可创建各种资源，常用的资源包括：场景、游戏脚本、预制体、材质、动画、纹理贴图及导入的其他资源。选择列表中任何资源，单击鼠标右键并在弹出的快捷菜单中选择“Show in Explorer”命令，则会打开对应的 Windows 目录，Project 面板中的目录结构与 Windows 磁盘上存放的目录结构是一致的。

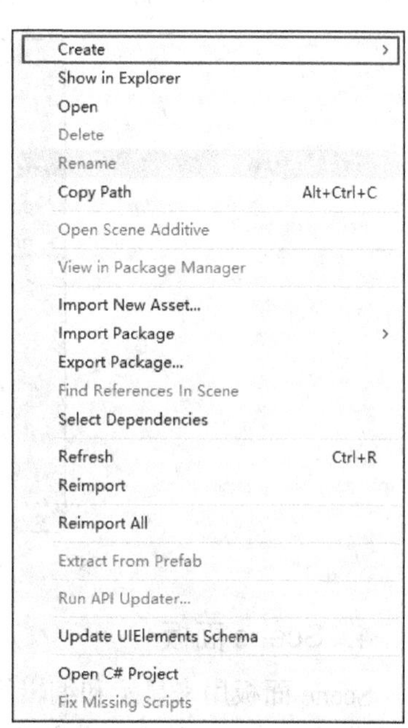

图 2-13　Project 面板及弹出菜单

2. Hierarchy 面板

Hierarchy 面板中显示场景中所有的游戏对象（Game Object），新建的项目中具有两个默认的物体：Main Camera（主摄像机）和 Directional Light（方向光）。可在此面板中单击鼠标右键，在弹出的快捷菜单中创建游戏对象，也可通过 “GameObject”菜单来创建游戏对象。

Unity 使用一个叫作父子化（Parenting）的概念。当创建一组对象时，最上面的对象或场景称为“父对象”，分组在其下的所有对象都称为“子对象”，如图 2-14 所示。

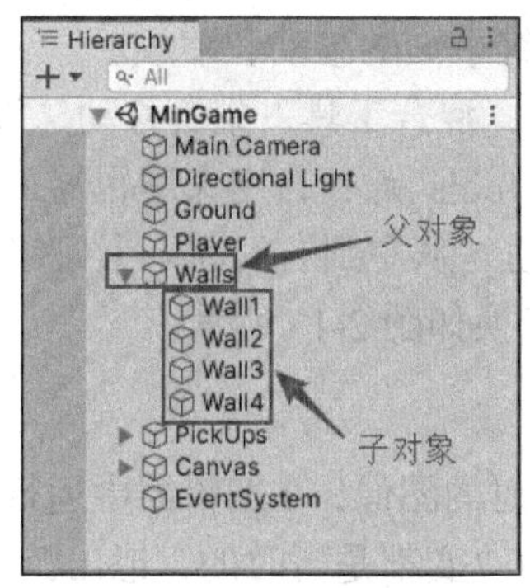

图 2-14　父对象和子对象

3. Inspector 面板

Inspector 面板相当于“属性编辑器”，显示当前选中的游戏对象的所有组件和组件属性，包括 GameObject（游戏对象）、Assets（资源）、Materials（材料）等，以及编辑器设置和首选项等。图 2-15 所示的是 Main Camera 的属性，除了物体的 Position（位置）值、Rotation（旋转）值和 Scale（缩放）值之外，还可以编辑 Main Camera 的所有属性。

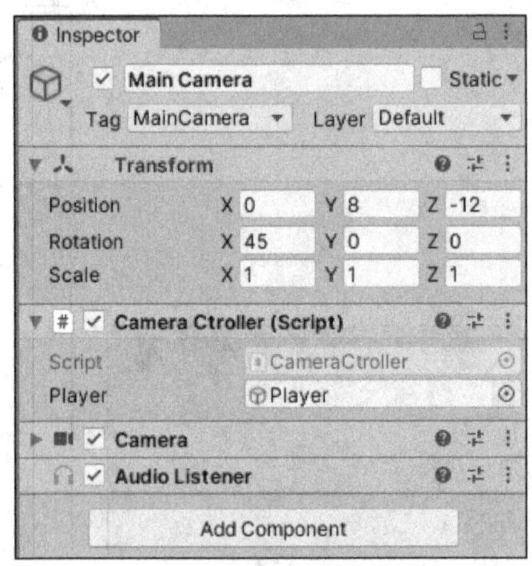

图 2-15　Main Camera 的属性

4. Scene 面板

Scene 面板用来显示和编辑场景中的游戏对象，常见操作是调整游戏对象的位置、方向，以及进行旋转、缩放等。菜单栏下方的工具栏可用于调整游戏对象，如图 2-16 所示。

图 2-16　工具栏

按钮说明如下。

- Hand Tool：手型工具，用于调整当前视野位置。
- Move Tool：移动物体，可在 *X*、*Y*、*Z* 轴这 3 个方向移动物体。
- Rotate Tool：旋转物体。
- Scale Tool：缩放物体。
- Rect Tool：物体在二维平面的移动和缩放。
- Move, Rotate or Scale：混合工具，集合移动、旋转及缩放 3 种工具。
- Available Custom Editor Tools：自定义编辑器工具。

图 2-16 所示为工具栏的按钮，从左到右的前 6 个按钮可用 Q、W、E、R、T、Y 键来切换，物体移动、旋转、缩放变换如图 2-17 所示。

5. Game 面板

Game 面板中显示游戏运行时的图像，在编辑器中运行游戏后，自动切换到此面板。在游戏模式下，使用者所做的任何改变都是暂时的，退出游戏模式时，使用者所做的修改将会被重置。

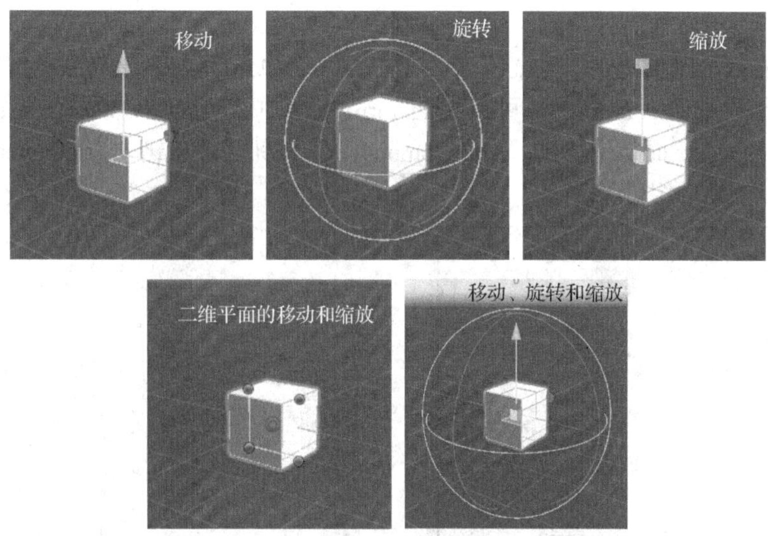

图 2-17　物体移动、旋转、缩放变换

控制游戏运行的按钮如图 2-18 所示，分别表示运行游戏、暂停游戏运行、跳到下一个关卡。

图 2-18　控制游戏运行的按钮

6. Console 面板

Console 面板用来显示控制台信息。若脚本编写出现错误，在此面板中会用红色文本显示出错位置和原因等信息。

2.2　Unity 引擎的基础内容

本节介绍 Unity 的基础内容，包括 GameObject（游戏对象）的创建、Component（组件）的添加、Assets（资源）的导入和使用、Prefab（预设体）、Material（材质）、Light（光源系统）、Camera（摄像机）、Particle（粒子系统）、Physics（物理系统）。

2.2.1　GameObject（游戏对象）、Component（组件）和 Assets（资源）

在 Unity 中，基本的游戏单元称为 GameObject，它代表的是游戏对象，如游戏中的角色、道具、敌人等。可在 Hierarchy 面板中创建游戏对象，也可通过"GameObject"→"3D Object"命令创建。游戏对象可以是一个相机、一束灯光，也可以是一个简单的 3D 模型。在 Hierarchy 面板中的空白区域单击鼠标右键，在弹出的快捷菜单中选择"3D Object"→"Cube"命令，创建一个 Cube（立方体）游戏对象，如图 2-19 所示。

2.2.1

每一个游戏对象都附带 Transform（变换）组件，该组件是无法被删除的，该组件可以设置游戏对象的位置数值、旋转数值和缩放数值。每个游戏对象上可以加载不同的组件，组件可以是一个脚本、一张贴图或一个模型。当加载了不同的组件后，该游戏对象将依据组件的特性产生对应的多种功能。

在 Hierarchy 面板中选中“Cube”后，Inspector 面板中将显示该对象拥有的所有组件，Cube 对象的组件如图 2-20 所示，可在 Transform 组件中手动修改对象的位置、旋转和缩放的数值。在 Inspector 面板中单击“Add Component”按钮，或单击“Component”菜单，可为游戏对象添加新的组件。

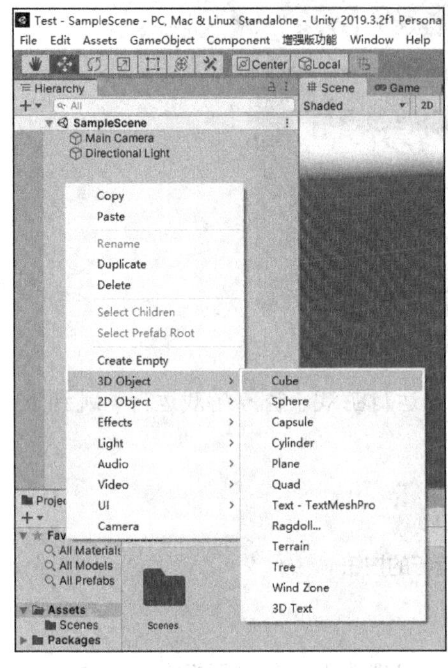

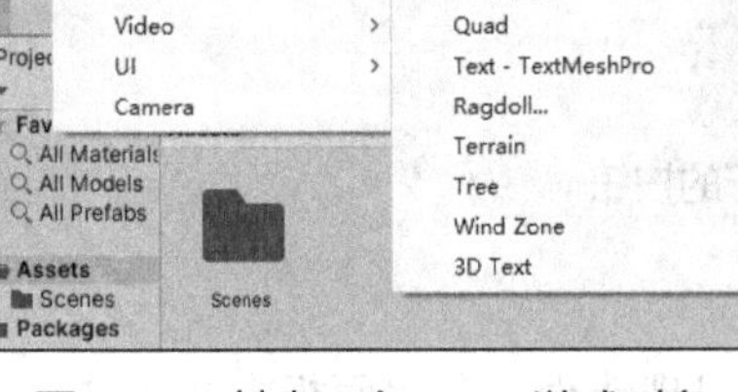

图 2-19　创建一个 Cube 游戏对象

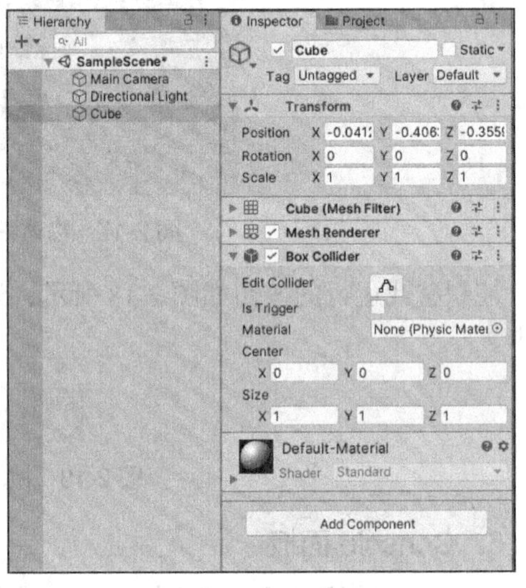

图 2-20　Cube 对象的组件

一个基本的 Cube 游戏对象，默认有 4 个组件。

- Transform 组件：是任何游戏对象都具有的组件。
- Cube（Mesh Filter）组件：网格过滤器，通过指定一种 Mesh 资源让游戏对象具有一种立方体形状，也可以选择其他的 Mesh 形状。
- Mesh Renderer 组件：网格渲染，设置游戏对象对于光线的响应状况，以及指定材质球。
- Box Collider 组件：盒碰撞器，定义物体可被碰撞的边界，以及碰撞过程中相互影响效果。不同的 Collider（碰撞器）有不同的边界，Box Collider 是一个具有立方体外形的基本碰撞器，该碰撞器可以调整为不同大小的长方体，游戏设计中可以用作门、墙等；其他的 Collider 组件包括 Sphere Collider（椭圆碰撞器）、Capsule Collider（胶囊碰撞器）、Mesh Collider（网格碰撞器）、Terrain Collider（地形碰撞器）、Wheel Collider（车轮碰撞器）等。Cube 类物体默认的碰撞器是 Box Collider。

Assets（资源）是可以在项目中使用的元素，资源的含义非常丰富，主要包括模型、贴图、材质、脚本、场景等。Unity 的一大主要特征是资源可以通用，且用户可在 Asset Store 上购买资源包并将其用于自己的项目。Unity 中使用的 Assets 也可来自 Unity 之外创建的文件，如 3D 模型文件、音频文件、图像文件或 Unity 支持的任何其他类型的文件。

Unity Asset Store 是由 Unity 技术成员和社区成员创建的，包含免费资源和商业资源，涵盖从纹理、模型和动画到整个项目示例、教程等内容。Asset Store 页面如图 2-21 所示，可从 Unity 编辑器内置的 Asset Store 面板中直接进入 Unity Asset Store，下载 Unity 插件或美术资源。

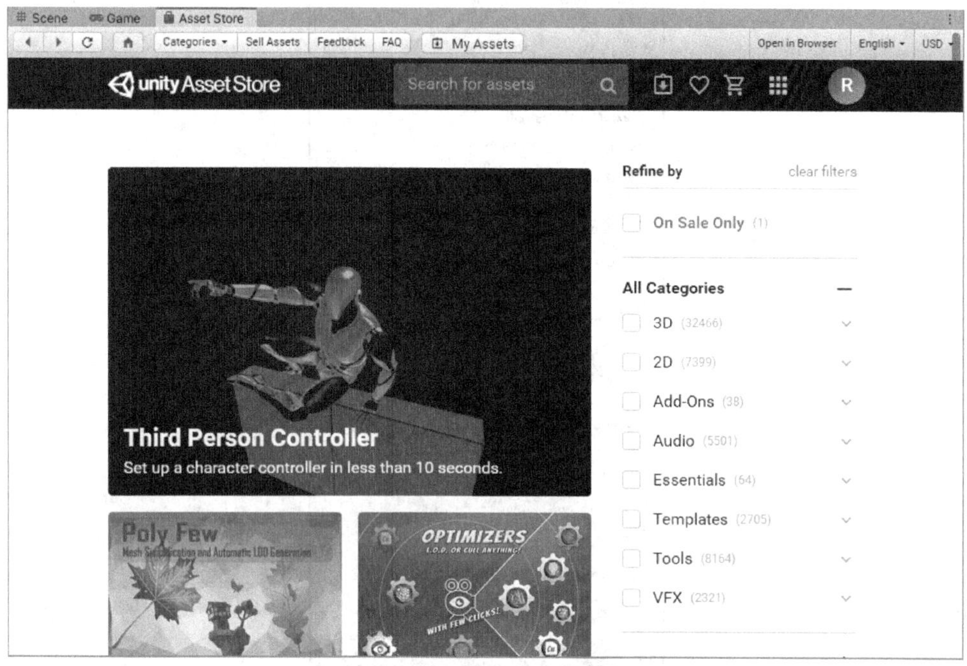

图 2-21　Asset Store 页面

2.2.2　外部资源的导入和使用

外部资源的导入分多种情况。

2.2.2

1. 导入单个文件

导入的文件可以是图像文件、模型文件、音频文件及其他资源文件。Unity 支持多种格式的 3D 模型和贴图，比较常用的是 FBX 格式的模型和 PNG 格式的贴图。例如，将一张图像导入项目，操作步骤如下。

（1）单击菜单“Assets”→“Import New Asset”。

（2）在文件选择对话框中选择需要导入的图像文件 flower.jpg 后，单击“Import”按钮。

（3）图像文件出现在 Project 面板的 Assets 文件夹中，如图 2-22 所示。

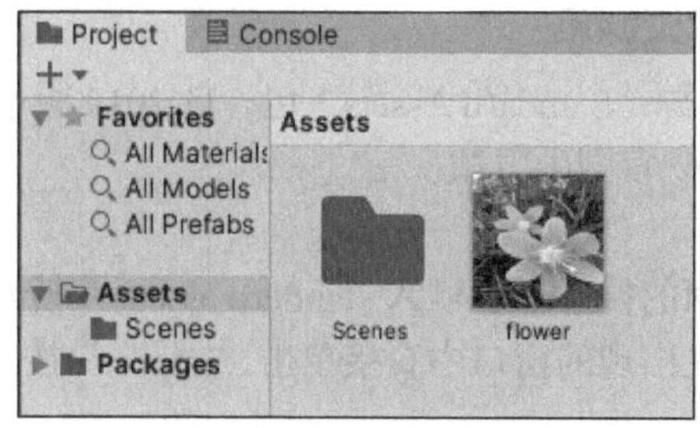

图 2-22　导入单个文件

图像在 Unity 中的类型是 Texture（贴图）。在 Project 面板中选中 flower.jpg， Inspector 面板中会对应显示该图像的 Texture 类型，图像的属性如图 2-23 所示。

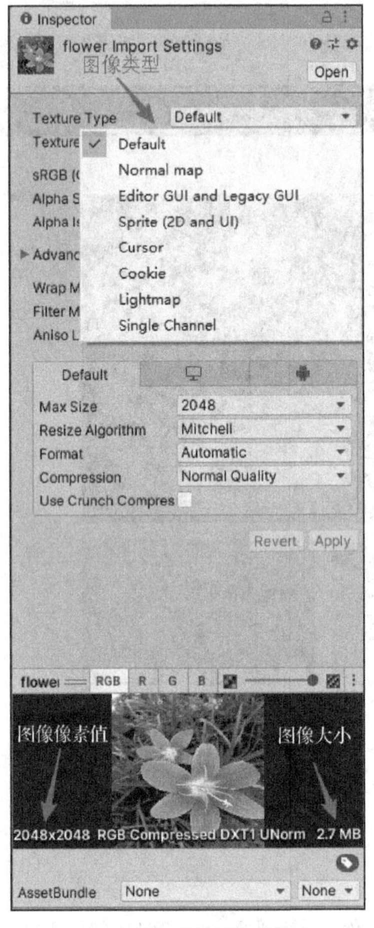

图 2-23 图像的属性

图像的 Texture 类型包括 Default（纹理贴图）、Normal map（法线贴图）、Editor GUI and Legacy GUI（图形用户界面）、Sprite(2D and UI)（精灵）、Cursor（图标文件）、Cookie（聚光灯）、Lightmap（光照贴图）、Single Channel（单通道）等。普通图像素材的贴图类型选择 Default 即可。

2. 导入 Unity 自带的资源包

Unity 有自己的标准资源（Standard Assets）包，自 2019 版本开始，标准资源包需要在 Unity 的 Asset Store 或 Unity 官网中下载。

操作步骤如下。

（1）在 Asset Store 页面的搜索框中输入 standard assets 并搜索，下载搜索结果页面中第一个素材。下载完成后，在出现的窗口中直接单击“Import”按钮。下载 Unity 的标准资源包如图 2-24 所示。

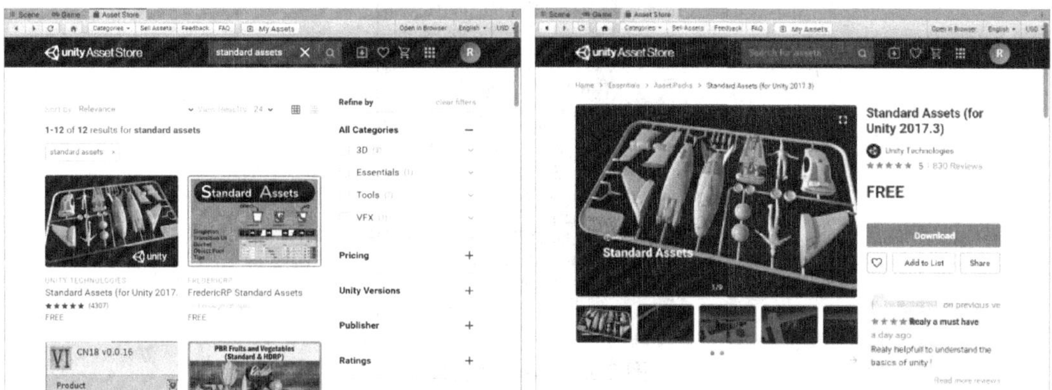

图 2-24　下载 Unity 的标准资源包

（2）在图 2-25 所示的“Import Unity Package”对话框中，单击“Import”按钮将标准资源包导入 Unity。

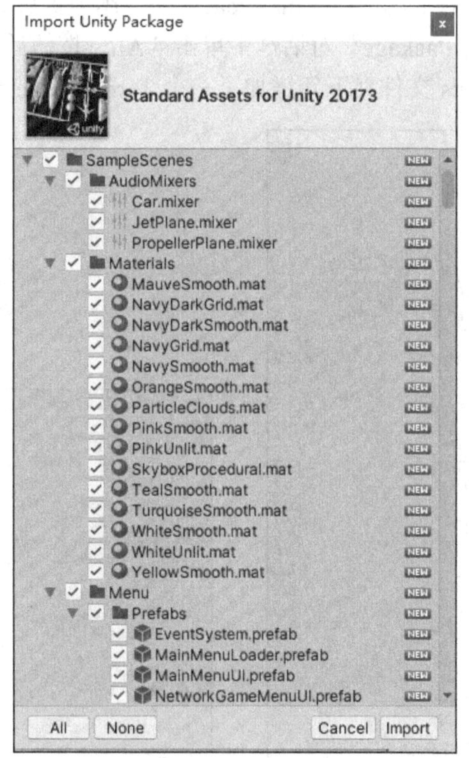

图 2-25　“Import Unity Package”对话框

Project 面板中的 Assets 文件夹下新增加了一个 Standard Assets 文件夹，其下包含 2D、Cameras（摄像机）、Characters（角色）、CrossPlatformInput（跨平台输入）、Editor（编辑）、Effects（效果）、Environment（环境）、Fonts（字体）、ParticleSystems（粒子系统）、PhysicsMaterials（物理材质）、Prototyping（原型）、Utility（实用工具）和 Vehicles（车辆）等文件夹，如图 2-26 所示。

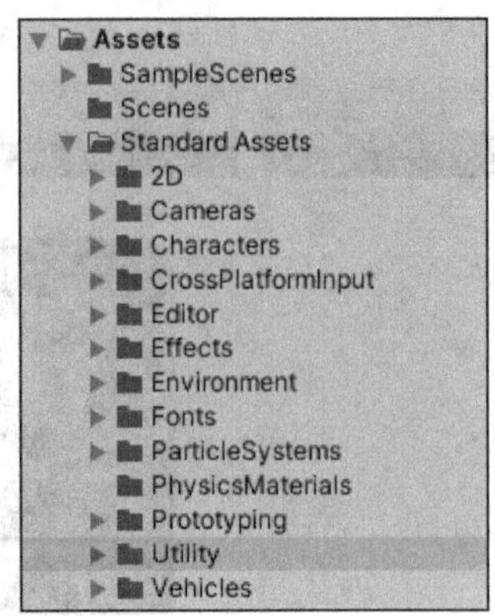

图 2-26　Assets 文件夹

3. 导入外部资源包

例如，导入一个地形资源包，如图 2-27 所示，操作步骤如下。

（1）单击菜单“Assets”→“Import Package”→“Custom Package”。

（2）在文件选择对话框中选择以“.unitypackage”作为扩展名的资源。

（3）在“Import Unity Package”对话框中单击“All”按钮后，再单击“Import”按钮。Project 面板中的 Assets 文件夹下新增加了一个 Terrain Assets 文件夹。

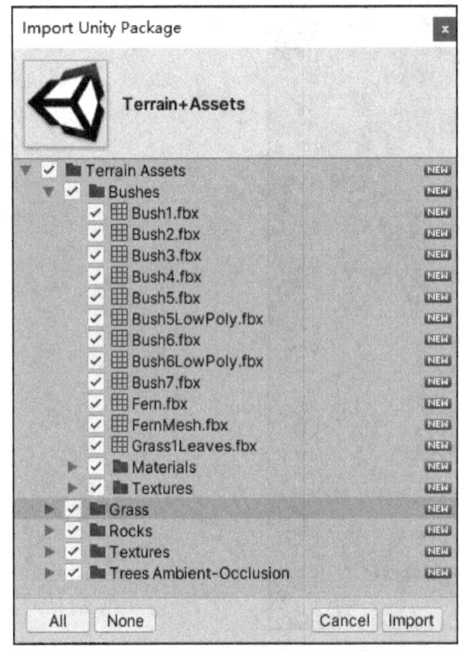

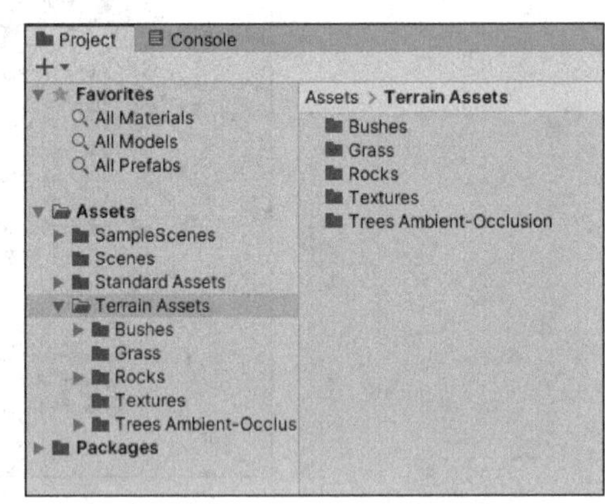

图 2-27　导入地形资源包

所有导入的资源包都被放置在项目文件夹下的 Assets 文件夹中，在此文件夹中的资源均可直接使用。

2.2.3　Prefab（预设体）

Prefab 是 Unity 开发中的重要元素。Prefab 意为预设体，可以理解为一个游戏对象及其组件的集合，目的是使游戏对象及资源能够被重复利用。例如，射击类游戏中，需要发射多颗子弹，我们可以先在场景中生成一颗子弹对象，然后在 Hierarchy 面板中用复制粘贴的方式在场景内重复创建相同的子弹对象。但是如果需要一万颗子弹呢？所有子弹都需要增加一个组件吗？这个时候就需要使用预设体，将在场景中编辑的游戏对象制作成预设体并保存在项目中，这样就可以随时重用。预设体储存着一个游戏对象及其所有组件。修改预设体的属性，预设体实例化后的游戏对象也会发生相应的改变。预设体作为一种资源，可以应用在整个项目的不同场景中。

下面介绍创建一个立方体的预设体，如图 2-28 所示，操作步骤如下。

（1）新建一个立方体：在 Hierarchy 面板中，单击鼠标右键，在弹出的快捷菜单中选择“3D Object”→“Cube”。

（2）在 Project 面板的 Assets 文件夹上，单击鼠标右键，在弹出的快捷菜单中选择“Create”→“Folder”，创建一个 prefabs 文件夹来管理项目中的预设体。

（3）将 Hierarchy 面板中的 Cube 直接拖动到 Project 面板的 prefabs 文件夹中，生成 Cube 预设体，预设体的扩展名为“.prefab”，Hierarchy 面板中的 Cube 文本颜色变成蓝色。

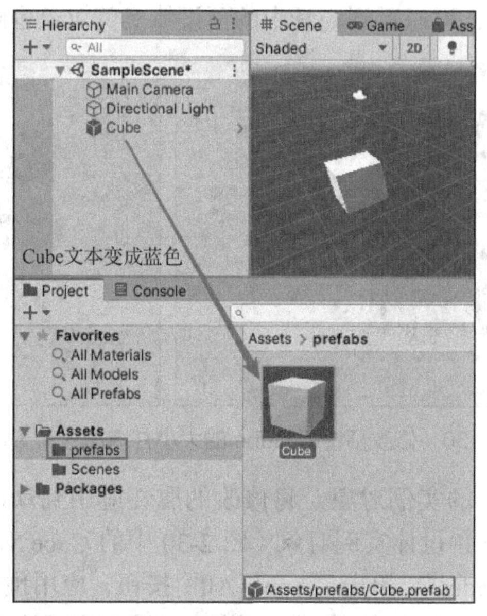

图 2-28　创建一个立方体的预设体

将预设体复制到场景中，称为预设体的实例化。在 Project 面板中选中“Cube”，并将其拖到 Scene 场景或 Hierarchy 面板中，这样就能直接实例化 Cube 对象。预设体实例化后产生的新游戏对象保持着与预设体的关联（Hierarchy 面板中文本为蓝色）。预设体的实例化如图 2-29 所示。当对预设体进行添加属性、修改组件属性等操作后，预设体实例化后的游戏对象也随之发生相应的改变。

若对预设体 Cube 进行改变，那么 Scene 场景中的所有预设体 Cube 的实例对象都会随之改变。修改预设体 Cube 的大小并增加一个子对象，如图 2-30 所示，场景中对应的 5 个实例游戏对象相应地发生变化。操作步骤如下。

图 2-29　预设体的实例化

（1）在 Project 面板中，选中“Cube.prefab”预设体。

（2）在 Inspector 面板中单击“Open Prefab”按钮，对预设体 Cube 进行编辑。

（3）在预设体编辑界面中，添加一个 Cube，并调整尺寸。

（4）回到 Scene 面板，可以看到场景中的预设体实例对象也随之改变。

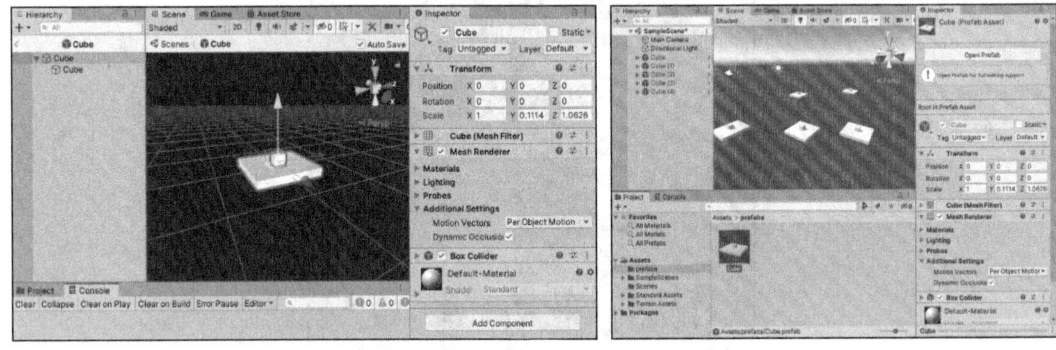

图 2-30　修改预设体 Cube 的大小并增加一个子对象

也可通过修改场景中的实例对象，将修改的属性应用到预设体上。操作方法：选中 Hierarchy 面板中修改过的预设体实例对象（图 2-30 中的 Cube 对象），选择 Inspector 面板中的“Prefab”的“Overrides”，单击“Apply All”按钮，应用预设体修改如图 2-31 所示，Project 面板中对应的其他 Cube 预设体对象则会自动同步实现该修改。

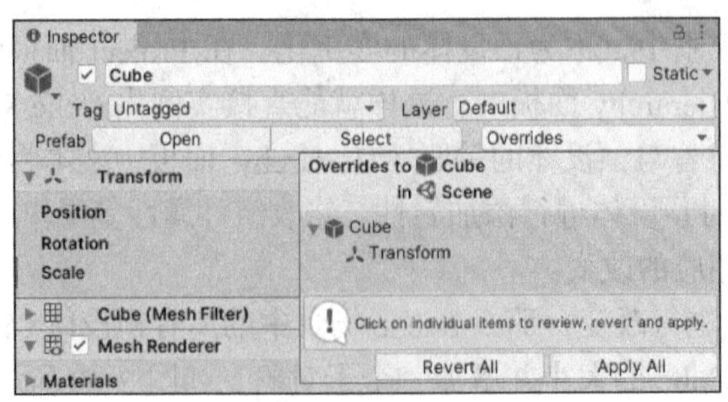

图 2-31　应用预设体修改

2.2.4　Material（材质）

Material（材质）用来定义物体表面信息，在 3D 引擎里，通常默认以球体网格模型来展示材质，所以材质也叫作材质球。Unity 提供的材质有：Material（普通材质）、Physic Material（物理材质）、Physics2D Material（2D 的物理材质）。

2.2.4

下面介绍创建一个材质球，操作步骤如下。

（1）在 Project 面板的 Assets 文件夹中，单击鼠标右键，在弹出的快捷菜单中选择"Create"→"Folder"，创建一个 Materials 文件夹来管理项目中的材质球。

（2）在 Project 面板的 Assets 文件夹中，单击鼠标右键，在弹出的快捷菜单中选择"Create"→"Material"，在 Assets/Material 文件夹下创建一个新的材质球，材质球的默认名称为 New Material，材质球的扩展名为".mat"。

（3）单击新的材质球，重命名为 CubeMaterial。

（4）材质球选色及贴图：在 Project 面板中选中 CubeMaterial 材质球，单击 Inspector 面板的"Albedo"选择材质球的颜色，也可以单击属性前面的小圆圈按钮给材质球添加纹理图像，如图 2-32 所示。

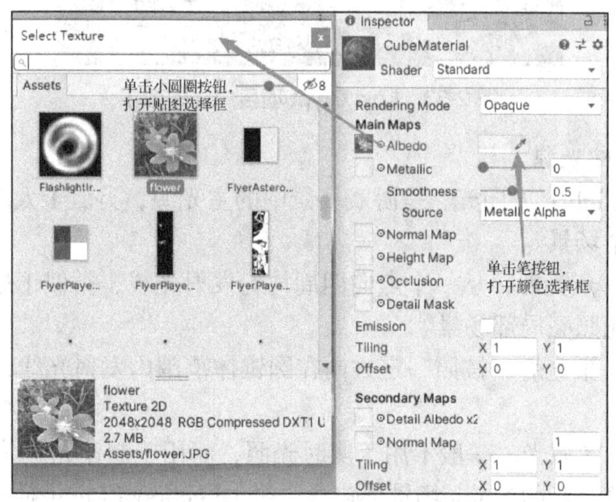

图 2-32　材质球选色及贴图

（5）游戏对象上色：材质球创建好后，选中材质球，按住鼠标左键将其拖曳到 Scene 面板中的游戏对象上，或者拖曳到 Hierarchy 面板中的游戏对象上。

关于材质球的常用参数如下。

- Albedo：表现物体材质表面的颜色和纹理，可将贴图资源直接从 Project 面板拖到其前面的方框上来添加贴图。
- Metallic：金属质感，数值越高，材质越倾向金属质感。
    - ➢ Smoothness：光滑度，数值越高，表面越光滑，高光越集中，反射效果越清晰。
    - ➢ Source：透明通道来源，可以选择使用 Albedo 贴图上的透明通道或者 Metallic 贴图上的透明通道。
- Normal Map：法线贴图，表现模型表面的丰富细节。

- Height Map：高差图。
- Occlusion：遮蔽贴图，表现环境阴影效果。
- Detail Mask：在游戏对象表面再叠加一层细节遮罩时使用的贴图。

2.2.5 Light（光源系统）

2.2.5

游戏制作过程中，光照是一项重要的元素。Unity 中的光源系统可以很好地模拟自然界的光线效果，例如，光的照射、反射、折射等物理特性的效果，可增加真实感和立体感。光源系统可以模拟太阳、燃烧的火柴、探照灯、手电筒、爆炸等。以 Unity 官网上的 Lost Crypt 项目中光的效果为例，光源系统随着时间和场景的变化进行实时变化，如图 2-33 所示。

图 2-33　Lost Crypt 项目中光的效果

Unity 中提供 4 种光源。

- Directional Light：方向光，是游戏场景中的主光源，类似于太阳的照射效果，光线从一个方向照亮整个场景。
- Point Light：点光源，从一个点向四周均匀发射光线，类似于灯泡的照射效果，常用来模拟火把、灯光照亮局部场景。
- Spot Light：聚光灯，按照一定方向在圆锥体范围内发射光线，类似于舞台上聚光灯的照射效果。
- Area Light：区域光，一般不用于实时光照，而用于制作光影贴图烘焙。

默认情况下，每个新的 Unity 场景都包含一个 Directional Light 对象。在场景中增加一个地板和一架飞机（飞机预设体来自 Unity 标准资源包），方向光效果如图 2-34 所示。可以通过旋转 Directional Light 对象来改变光的照射方向，阴影随着光的方向改变而改变。

Light（灯光）组件常用属性如下。

- Type：类型，设置灯光的类型，如方向光、点光源、聚光灯等。
- Color：颜色，设置灯光的颜色。
- Mode：光照模式，Unity 提供了 3 种模式——Realtime（实时）、Mixed（实时与烘焙混合）、Baked（烘焙）。
- Intensity：强度，设置灯光的照射强度。
- Shadow Type：阴影类型，设置方向光照射到的物体的投影效果。有 3 种类型，为 No Shadows（无阴影）、Hard Shadows（硬阴影，方格组成的阴影）和 Soft Shadows（软阴影，模糊的阴影）。

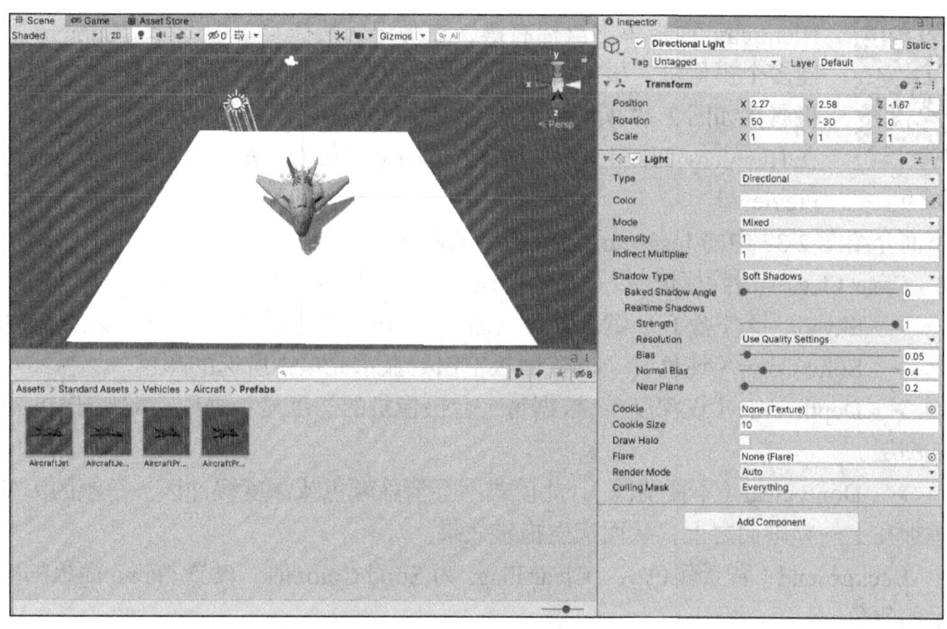

图 2-34　方向光效果

在 Hierarchy 面板单击鼠标右键，在弹出的快捷菜单中选择“Light”→“Point Light”，可在场景中新增一个点光源，调整其坐标；在 Inspector 面板中调整其 Range（照射范围）值和 Intensity（光的强度）值，点光源效果如图 2-35 所示，可以看到点光源的照射范围是球状范围。

在 Hierarchy 面板单击鼠标右键，在弹出的快捷菜单中选择“Light”→“Spot Light”，可在场景中新增一个聚光灯，调整其坐标；在 Inspector 面板中调整其 Range 值和 Spot Angle（聚光角）值，聚光灯效果如图 2-36 所示，可以看到聚光灯的照射范围是圆锥体范围。

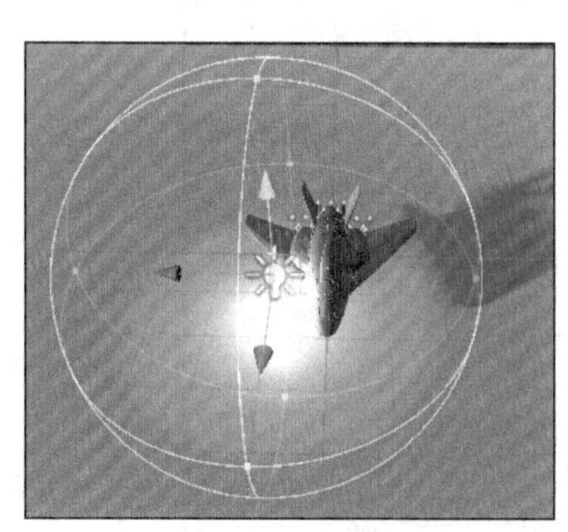

图 2-35　点光源效果

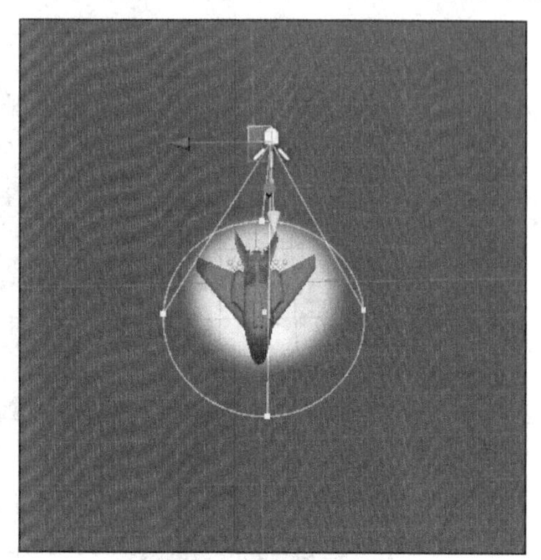

图 2-36　聚光灯效果

2.2.6　Camera（摄像机）

Unity 的每个默认场景都会有一个默认的主摄像机，它的作用是展示游戏世界画面。在

2.2.6

Hierarchy 面板单击鼠标右键，在弹出的快捷菜单中选择“Camera”，可创建多个摄像机。摄像机有一个由白线构成的观察区间，叫作视锥体。摄像机属性如图 2-37 所示，只有在视锥体范围内的物体才能被游戏玩家看到。在 Hierarchy 面板上选中摄像机，Scene 面板右下角会出现预览界面（Camera Preview）。

下面介绍图 2-37 中的 Inspector 面板中摄像机的主要相关属性。

- Clear Flags（清除标记）：效果呈现在 Game 面板内，有 4 个选项。
  - Skybox（天空盒子）：默认设置，Game 面板的空白部分将显示当前相机的天空盒子。
  - Solid Color（纯色）：Game 面板空白处显示此项中所选的颜色。
  - Depth only（仅深度）：根据每一台摄像机的深度显示画面，类似于 Photoshop 的图层。
  - Don’t clear（不要清除）：此模式不会清除颜色或深度缓冲区。每帧的渲染画面叠加在上一帧画面之上，从而产生拖影效果。
- Background（背景颜色）： Clear Flags 为 Solid Color 时，设置 Game 面板的空白部分显示的颜色。
- Culling Mask（剔除遮罩）：按层有选择性地渲染场景中的物体，可选项为 Nothing（都不剔除）、Everything（都剔除）、Default（默认层剔除）、TransparentFX（隐形层，系统不会渲染贴图和模型）、Ignore Raycast（射线层剔除）、Water（水层剔除）、UI（UI 层剔除）。
- Projection（投影）。
  - Perspective：透视模式，物体显示效果为近大远小。
  - Orthographic：正交模式，物体显示效果为无近大远小。
- Field of View：摄像机视角角度，默认的 60° 是按照人眼的视角范围设定的。
- Clipping Planes：摄像机拍摄范围，Near 表示最近的距离，Far 表示最远距离。

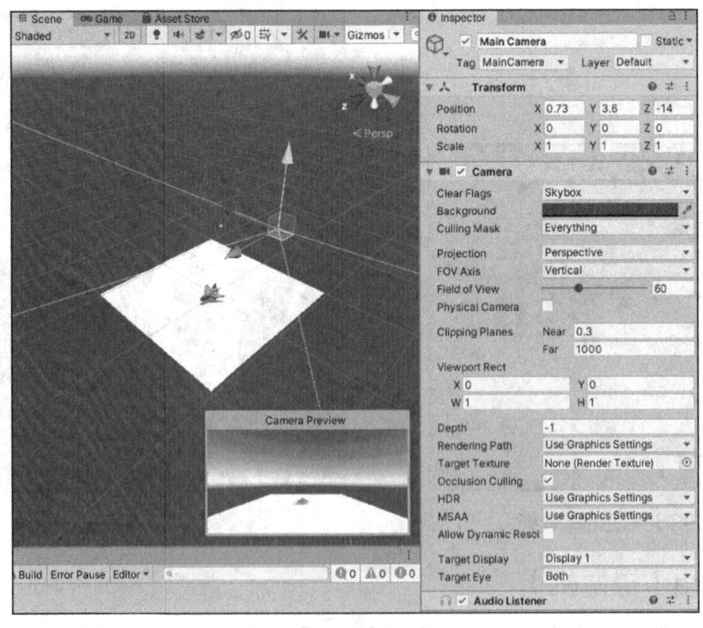

图 2-37　摄像机属性

下面介绍用摄像机制作镜面效果来说明摄像机的使用方法，操作步骤如下。

（1）在场景中增加一个地板和一架飞机（飞机预设体来自 Unity 标准资源包→Vehicles→Aircraft→Prefabs→ AircraftJet）；通过工具栏 按钮，适当调整地板和飞机的尺寸。

（2）在 Hierarchy 面板中单击鼠标右键，在弹出的快捷菜单中选择“Camera”，在场景中新增一个摄像机；调整好新摄像机的位置，在 Game 面板中能看到飞机预设体。

（3）制作一个平面，用于后续的镜像。在 Hierarchy 面板中单击鼠标右键，在弹出的快捷菜单中选择“3D Object”→“Plane”，在场景中创建一个平面 Plane，将其旋转至与原地板垂直；可使用工具栏 按钮调整成 Plane 与地板垂直，推荐直接修改此 Plane 的 Transform 组件中的 Rotation 属性中的 Z 值，将 Z 值设为 90。

（4）在 Project 面板的 Assets 文件夹下单击鼠标右键，在弹出的快捷菜单中选择“Create”→“Render Texture”（渲染贴图），新建贴图并改名为 mirror.render。

（5）在 Project 面板的 Assets 文件夹下单击鼠标右键，在弹出的快捷菜单中选择“Create”→“Material”，设置材质球 mirrorMaterial，如图 2-38 所示，新建材质球并改名为 mirrorMaterial.mat；将 mirror.render 贴图拖曳到 mirrorMaterial 的 Albedo 前的方框中。

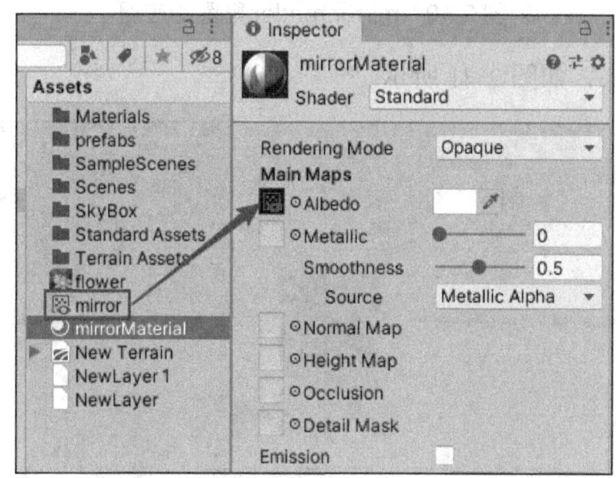

图 2-38　设置材质球 mirrorMaterial

（6）将材质球 mirrorMaterial 应用在 Plane 上，如图 2-39 所示。

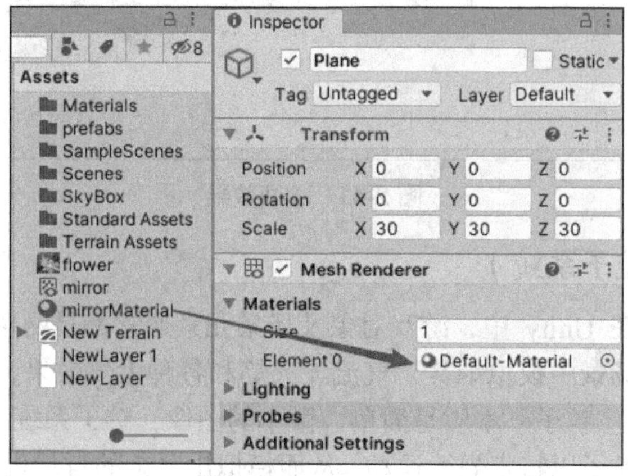

图 2-39　材质球 mirrorMaterial 的应用

（7）将 mirror.render 贴图应用在 Camera 上，如图 2-40 所示。

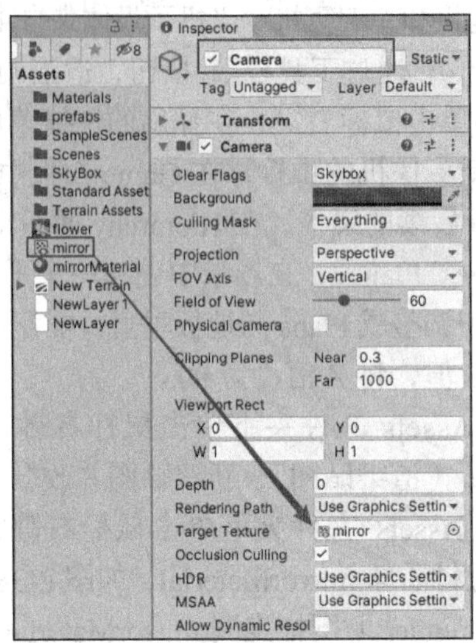

图 2-40　mirror.render 贴图的应用

最终出现镜面效果，如图 2-41 所示。

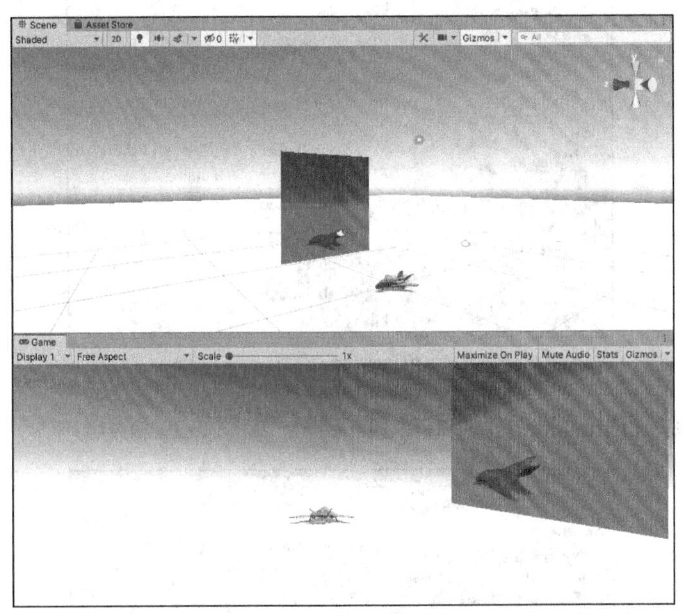

图 2-41　镜面效果

2.2.7　Particle（粒子系统）

2.2.7

在 Unity 中，游戏对象及场景元素通常都是网格模型。而网格模型很难在场景中模拟烟雾、气流、火焰和各种大气效果，这时就需要使用粒子系统。“粒子”本质是简单、微小的图像，粒子系统就是发射大量的粒子，这些粒子以特定规律运动，从而模拟出复杂的自然现象或效果。Unity 的粒子系统功能强大，自带一些粒子效果，在 2.2.2 小节介绍导入 Unity 标准资源包时，已将粒子系统导入项目 Assets 文件夹。标准资源包中粒子效果包括：Dust（沙尘）、Fire（火焰）、Water（水）、Smoke（烟雾）等。如图 2-42 所示，将 Project 面板中“Assets”→“Standard Assets”→“ParticleSystems”→“Prefabs”文件夹下的粒子预设体拖入 Scene 面板，即可生成粒子效果。

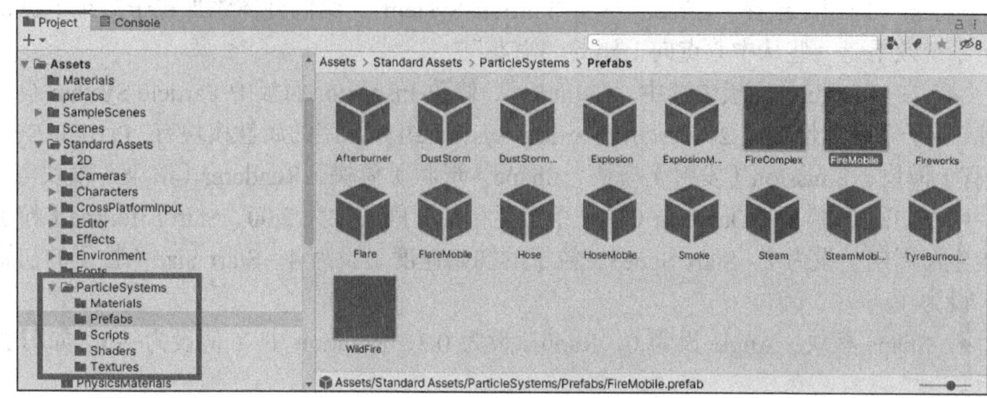

图 2-42 Unity 自带的粒子效果

粒子系统的一个优势是可以被添加到场景中的任何一个 Game Object 的组件中。通常粒子系统不单独出现，而是依附在游戏对象上。下面通过用粒子系统制作简单的火焰效果来介绍粒子系统的部分属性，操作步骤如下。粒子系统属性如图 2-43 所示，粒子系统属性设置如图 2-44、图 2-45 所示。

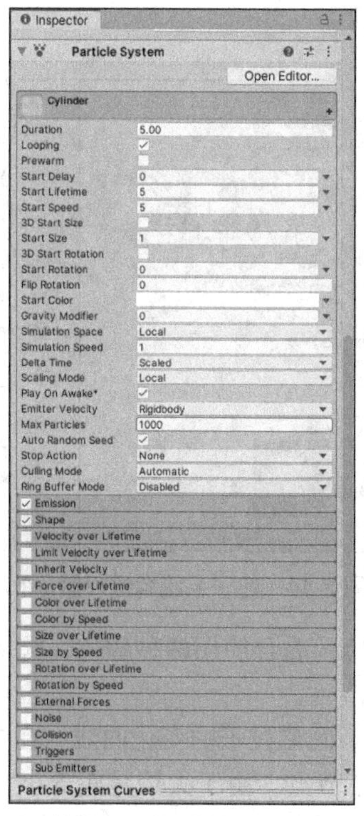

图 2-43 粒子系统属性

（1）单击菜单“File”→“New Scene”，新建一个场景。

（2）在 Hierarchy 面板中单击鼠标右键，在弹出的快捷菜单中选择“Create”→“Cylinder”，在场景中创建一个圆柱体。

（3）在 Hierarchy 面板中选中“Cylinder”，在对应的 Inspector 面板中单击“Add Component”按钮，选择“Effects”→“Particle System”，给圆柱体添加粒子效果。默认的粒子系统效果是一些从中心点向上飘的“雪花”。

（4）在 Hierarchy 面板中选中“Cylinder”，修改 Inspector 面板中 Particle System 组件的属性，粒子系统属性如图 2-43 所示。Particle System 组件常用的属性模块有：Particle System（固有）模块、Emission（发射）模块、Shape（形状）模块、Renderer（渲染）模块等。

- Cylinder 模块：Duration（粒子系统运行的时间）设为 2.00，Start Lifetime（粒子的初始生命周期）设为 2，Start Speed（粒子的初始速度）设为 4，Start Size（粒子的初始大小）设为 3。
- Shape 模块：Angle 设为 0，Radius 设为 0.3，Rotation 中 X 值设为-90，如图 2-44 所示。
- Renderer 模块：Material（材质）和 Trail Material（足迹材质）选择 ParticleSmokeWhite 贴图，如图 2-44 所示。

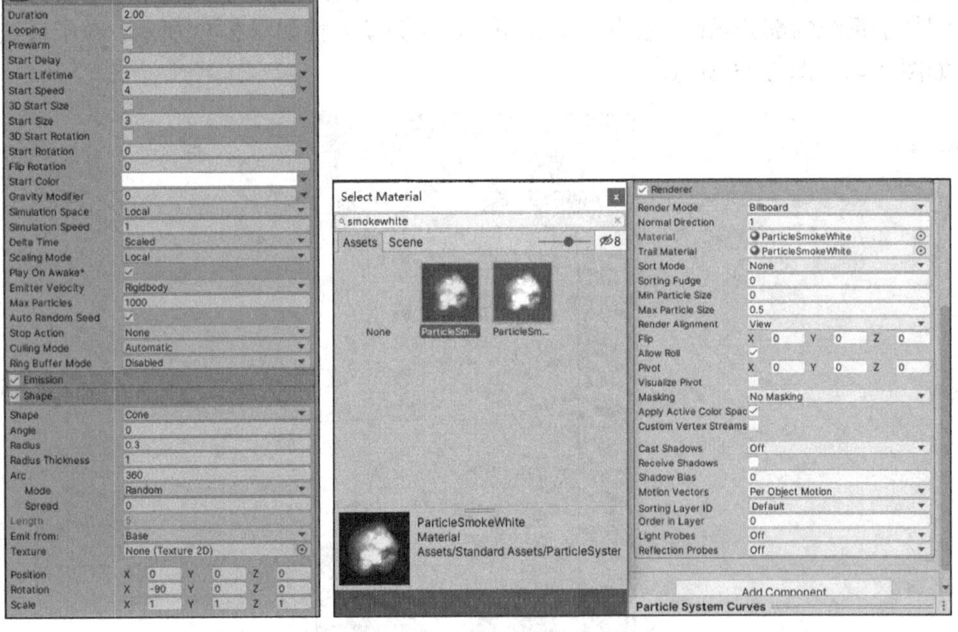

图 2-44 粒子系统属性设置（1）

- Color over Lifetime 模块：混合使用两种颜色，火焰底部一点蓝色、上部黄色，具体设置如图 2-45 所示。
- Size over Lifetime 模块：调整粒子的变化曲线，在 Particle System Curves 面板中，在曲线上单击鼠标右键增加一个节点，由于火焰是底部小、中部大、上部小，大致调整曲线的弧度，如图 2-45 所示，调整曲线的过程中可以看到粒子的变化。

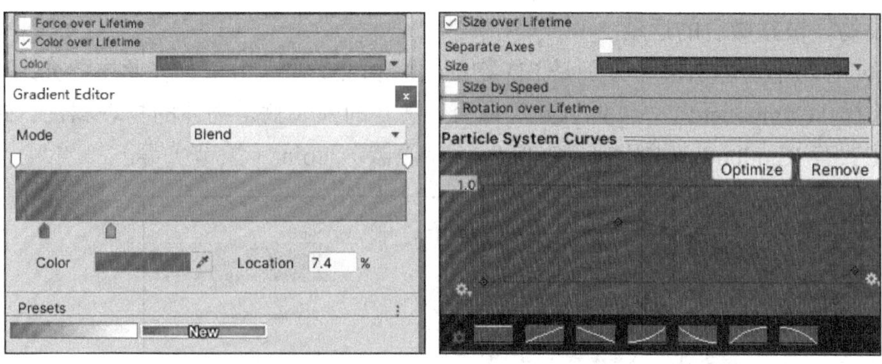

图 2-45　粒子系统属性设置（2）

完成以上步骤就可以看到火焰效果，如图 2-46 所示。

图 2-46　火焰效果

当选择带有附加粒子系统的 Game Object 时，Scene 面板右下角有一个界面。此界面为粒子系统控制器，如图 2-47 所示，可重启或停止粒子系统。

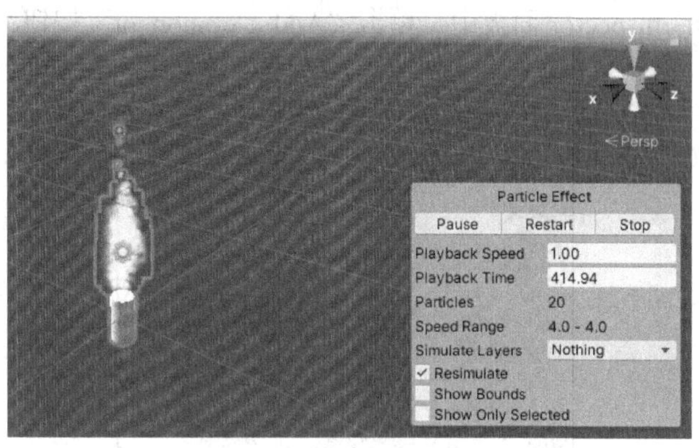

图 2-47　粒子系统控制器

2.2.8　Physics（物理系统）

2.2.8

物理系统是 Unity 中非常重要的部分。游戏中的物体应该具有正常的物理行为，例如，可以加速、具有摩擦力、会受到碰撞、会受到引力和其他力的影响。Unity 的物理系统定义了物体的物理材质属性、物体受力后的运动以及物体被碰撞后的运动。

Unity 有两个物理引擎，分别是 3D 物理引擎和 2D 物理引擎，在此主要介绍 3D 物理引擎。选择“Component”→“Physics”命令，展开的列表就是物体的物理属性，如图 2-48 所示，主要有 Rigidbody（刚体）、Collider（碰撞器）、Joint（关节）等。

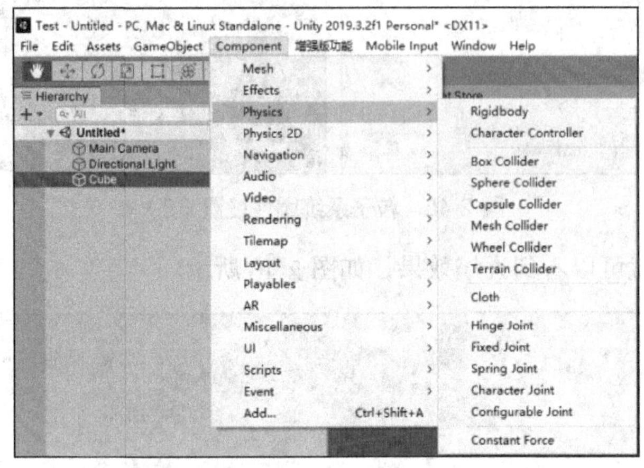

图 2-48　物理属性

1．刚体 Rigidbody

Rigidbody（刚体）组件是物理属性的主要组件，可使游戏对象在物理系统的控制下运动。当游戏对象添加了 Rigidbody 组件后，游戏对象便可接受外力与扭矩力，可保证游戏对象像在真实世界中那样运动。任何游戏对象只有添加了刚体组件才能受到重力的影响。当需要通过脚本为游戏对象添加作用力，或游戏对象需与其他游戏对象互动时，游戏对象都必须有 Rigidbody 组件。

给游戏对象添加 Rigidbody 组件，可选择“Component”→“Physics”→“Rigidbody”，或直接在游戏对象的 Inspector 面板中，单击“Add Component”按钮，选择“Physics”→“Rigidbody”命令，给场景中的 Cube 对象添加一个刚体属性，图 2-49 所示的是 Rigidbody 组件的属性面板。

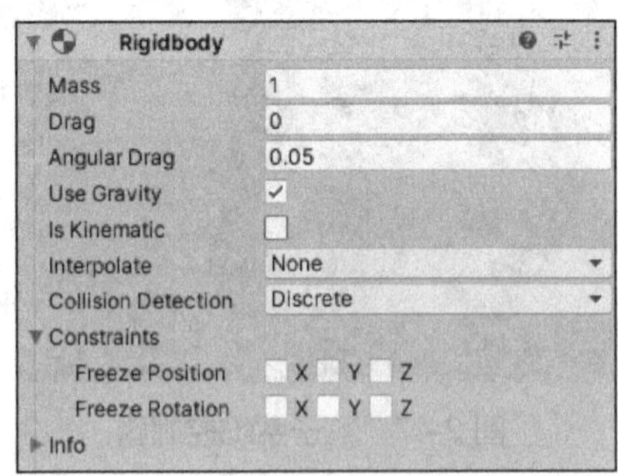

图 2-49　Rigidbody 组件的属性面板

主要属性介绍如下。

- Mass：游戏对象的质量，单位为 kg。
- Drag：游戏对象运动时受到的空气阻力，0 表示没有空气阻力，阻力极大时游戏对象会立即停止运动。

- Angular Drag：游戏对象旋转时受到的角阻力，它的数值意义与 Drag 的一样。
- Use Gravity：游戏对象是否受到重力的作用，默认勾选，表示受到重力的作用。
- Constraints：刚体约束， Freeze Position 表示位置约束（勾选“X”复选框，表示刚体受力后沿 X 轴不发生位移），Freeze Rotation 表示旋转约束（勾选“X”复选框，表示刚体受力后绕 X 轴不发生旋转）。

操作：给场景中的 Cube 对象增加一个 Rigidbody 组件，将此 Cube 对象沿 Y 轴方向上移，单击运行按钮，看看 Cube 对象的运行轨迹。具有 Rigidbody 组件的游戏对象，默认受到重力的作用，在 Game 场景中将自由下落。

2. 碰撞器 Collider

Collider（碰撞器）也是物理组件，定义游戏对象在发生物理碰撞时的形状。两个游戏对象发生碰撞时，Collider 组件可以实现系统默认的碰撞产生的物理效果。通常 Collider 组件会与 Rigidbody 组件一起使用，没有 Collider 组件的刚体物体相遇时，会相互穿过。Unity 的碰撞器分为两类：基本碰撞器和非基本碰撞器。基本碰撞器包括 Box Collider（盒碰撞器）、Sphere Collider（椭圆碰撞器，Sphere 自带的碰撞器）、Capsule Collider（胶囊碰撞器，Capsule 自带的碰撞器）等；非基本碰撞器包括 Wheel Collider（车轮碰撞器）、Mesh Collider（网格碰撞器，Plane 自带的碰撞器）等。

基本碰撞器的属性类似，但不同形状的碰撞器在参数上存在着差异。例如，在 Project 面板中创建一个 Cube 对象，其自带 Box Collider 组件；创建一个 Sphere 对象，其自带 Sphere Collider 组件，图 2-50 所示的是 Box Collider 与 Sphere Collider 的参数，可对比两种基本碰撞器的参数。

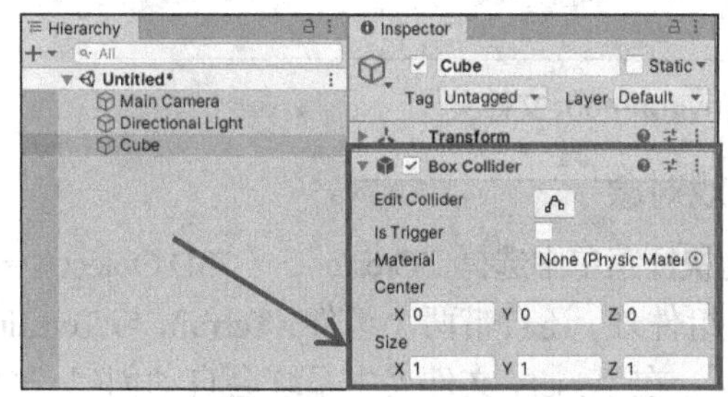

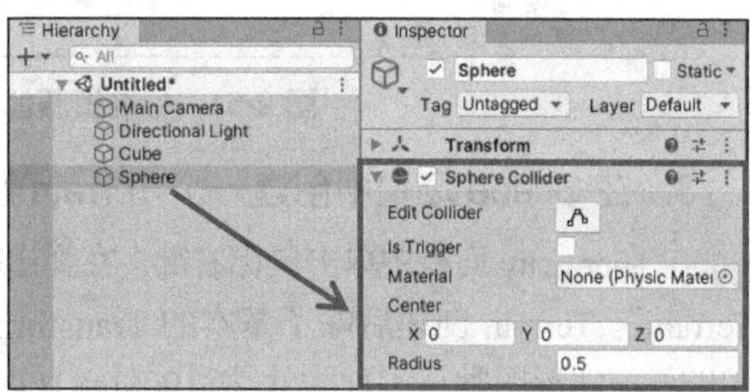

图 2-50　Box Collider 与 Sphere Collider 的参数

基本碰撞器拥有 Edit Collider、Is Trigger、Material、Center 属性，形状不同而分别具有 Size 或 Radius 属性。

- Edit Collider：改变碰撞器的大小。单击此图标后，游戏对象出现包裹全身的网格，拖动网格上的光点可改变碰撞器的 Size 或 Radius 值。
- Is Trigger：勾选该复选框，游戏对象是触发器，不勾选则是碰撞器。
- Material：默认是 None，可添加物理材质。
- Center：碰撞器的位置，默认与游戏对象的位置一致。
- Size 或 Radius：碰撞器的大小，默认与游戏对象的大小一致。

2.3 操作实例：野外地形的制作

2.3

在很多游戏应用中都需要大规模地形，以增加用户的真实感，尤其是战争题材或者模拟飞行类型的游戏，经常要构建真实的地形地貌。使用Unity 自带的 Terrain（地形）游戏对象，可以快速制作出具有高山、河流、植被、复杂道路的地形图。下面制作简单的地形系统来演示 Unity 中的地形的使用方法。操作步骤如下。

1. 创建一个新的场景

选择“File”→“New Scene”命令。

2. 导入标准资源包和地形图资源包

2.2.2 小节中讲解过如何导入 Unity 的标准资源包及外部资源包。使用 Unity 自带的标准资源包 Environment 文件夹，如图 2-51 所示，Project 面板中的“Assets”→“Standard Assets”→“Environment”文件夹中提供了地形系统设计中需要的树木、花草、水等资源纹理贴图。

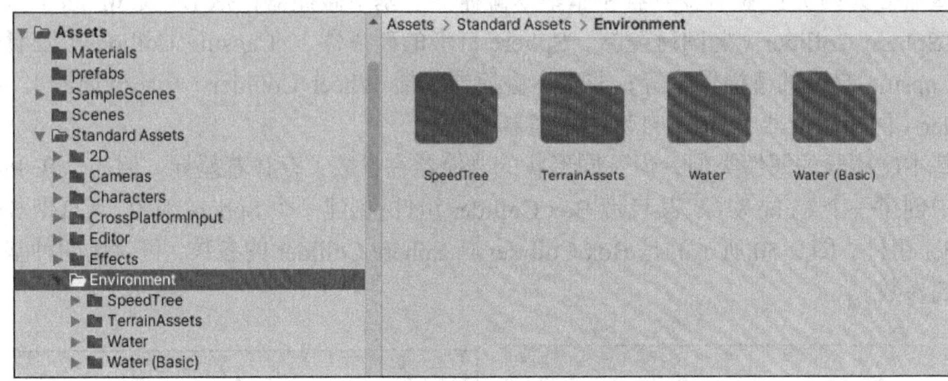

图 2-51 标准资源包 Environment 文件夹

3. 在 Scene 场景中创建一个 Terrain 游戏对象

在 Hierarchy 面板中单击鼠标右键，在弹出的快捷菜单中选择“Create”→“3D Object”→“Terrain”。Terrain 创建后除了基本的 Transform 组件外，还自带两个组件：Terrain 与 Terrain Collider。地形图默认平面大小为 1000m×1000m，在 Assets 文件夹中系统会自动创建一个默认名为 New Terrain 的文件，用于保存 Terrain 的相关数据，扩展名为“.asset”。调整摄像机的角度到合适位置，以便观察地形的变化。

4. 使用地形系统的工具按钮

在 Inspector 面板中可以看到地形系统的工具按钮，如图 2-52 所示，按钮自左向右依次为 Create Neighbor Terrains（创建相邻地形图）、Paint Terrain（地形绘制）、Paint Trees（树绘制）、Paint Details（地表细节绘制，如绘制草、花等）和 Terrain Setting（地形设置）。

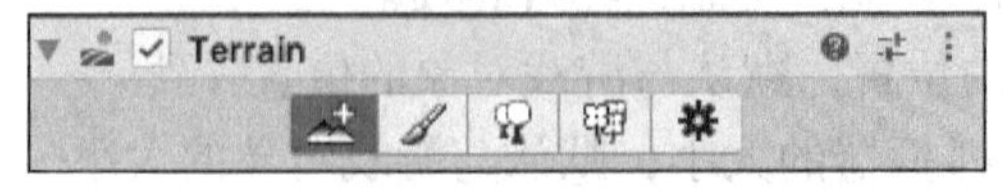

图 2-52 工具按钮

（1）创建相邻地形图：在当前地形图的四边增加新的地形图，可形成不规则形状的地图。

增加地形图如图 2-53 所示，在方框中单击即可增加一块新的地形图，同时在 Hierarchy 面板中会自动增加一个 Terrain 对象，在 Project 面板的 Assets 文件夹下会新增一个 Terrain Data.asset 文件。

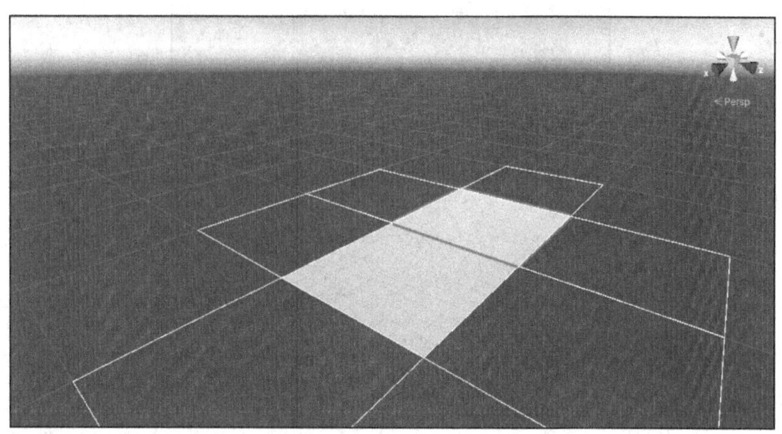

图 2-53　增加地形图

（2）地形绘制。

如图 2-54 所示，Paint Terrain 工具按钮下包含多个地形图制作工具。

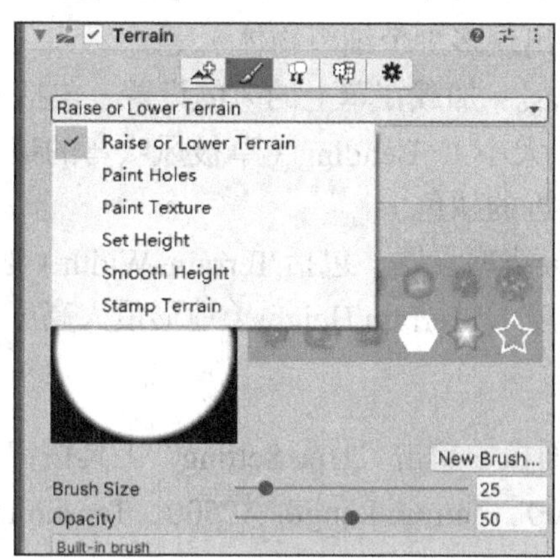

图 2-54　地形绘制

- Raise or Lower Terrain：升高或降低地形，单击鼠标左键为升高地形，按住 Shift 键的同时单击鼠标左键为降低地形。
- Paint Holes：坑洞绘制，可在地形图中绘制洞穴。
- Paint Texture：绘制纹理，将诸如草、雪或沙之类的纹理添加到 Terrain 中。
- Set Height：设置高度，调整 Terrain 区域的高度值。
- Smooth Height：平滑画笔，使景观变得柔和、尖锐部分变得平滑。
- Stamp Terrain：固定高度，即每次提高的高度都相同。

（3）树绘制：在 Terrain 中添加树木。

按住鼠标左键并拖动可以添加树木，按住 Shift 键和鼠标左键并拖动可以删除已添加的所有树，按住 Ctrl 键和鼠标左键并拖动可以删除当前选择的树。

（4）地表细节绘制：用于添加草丛、花和其他小物体（如岩石等）。

（5）地形设置：Terrain 参数设置面板如图 2-55 所示。

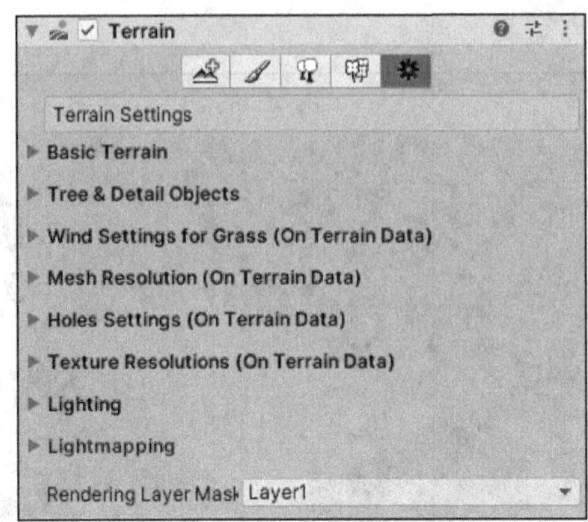

图 2-55 Terrain 参数设置面板

- Basic Terrain：基本地形设置，包括 Draw（是否显示该地形）、Auto Connect（自动连接其他地形图）、Cast Shadows（投射阴影模式）、Material（地形图使用的材质）等。
- Tree & Detail Objects：树和细节物体设置，包括 Detail Distance（在多少米视距范围内显示细节物体）、Tree Distance（在多少米视距范围内显示树物体）、Detail Density（物体的密度，单位面积内最多出现多少个细节物体）等。
- Wind Settings for Grass：加载在草上的风的设置，包括 Speed（风速，风速值越大，草的摆动幅度越大）、Size（大小）、Bending（草被风吹弯的最大程度）、Grass Tint（对草物体统一添加与地面颜色接近的颜色）。
- Mesh Resolution：分辨率设置，包括 Terrain Width（地形最大宽度，单位为米）、Terrain Length（地形最大长度）、Terrain Height（地形最大高度）。

5. 设置地形尺寸

在 Terrain 的 Inspector 面板中单击“Tree Setting”工具按钮，找到 Mesh Resolution，设置地形的 Terrain Width 为 500、Terrain Length 为 500、Terrain Height 为 600。

6. 绘制地形的第一层纹理

在 Inspector 面板中，单击 Terrain 下的“Paint Terrain”工具按钮，选择“Paint Texture”，单击按钮“Edit Terrain Layers”→“Create Layer”，在弹出的 Select Texture2D 对话框中选择一种 Grass 的纹理贴图，如图 2-56 所示。

单击添加的纹理图，修改 Tiling Settings 中 Size 的值，即 X 设为 10、Y 设为 10，如图 2-57 所示，使草地效果更接近实景。

7. 添加道路

再次给地形系统添加一个纹理贴图，用于绘制地形中的道路。笔刷设置如图 2-58 所示，调整笔刷大小（Brush Size）和笔刷透明度（Opacity）的值后，用笔刷在地形系统上绘制道路。

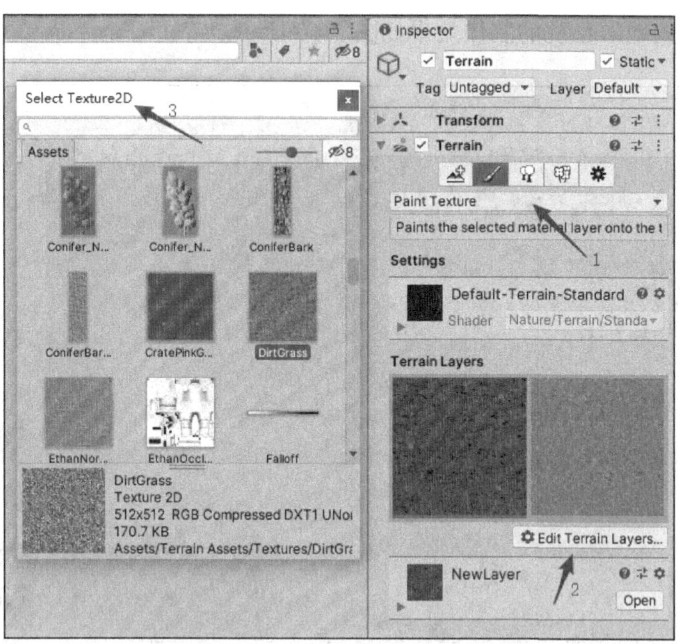

图 2-56　给地形系统添加纹理

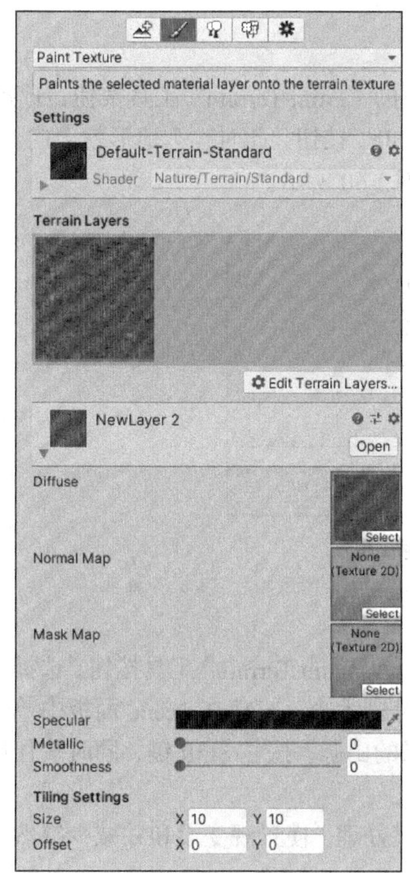

图 2-57　修改值

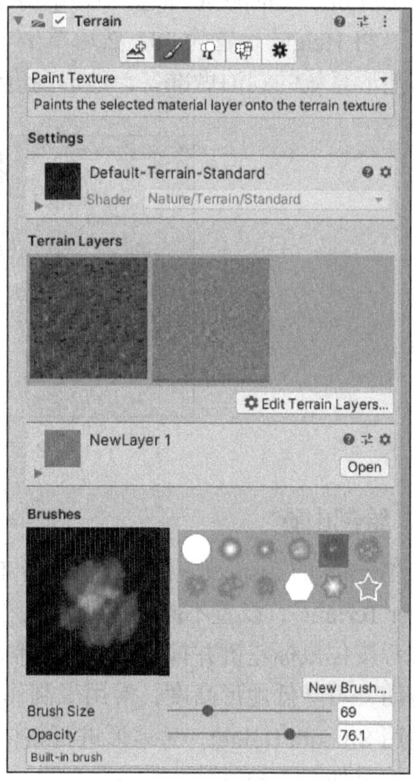

图 2-58　笔刷设置

添加了道路的地形系统的制作效果如图 2-59 所示。

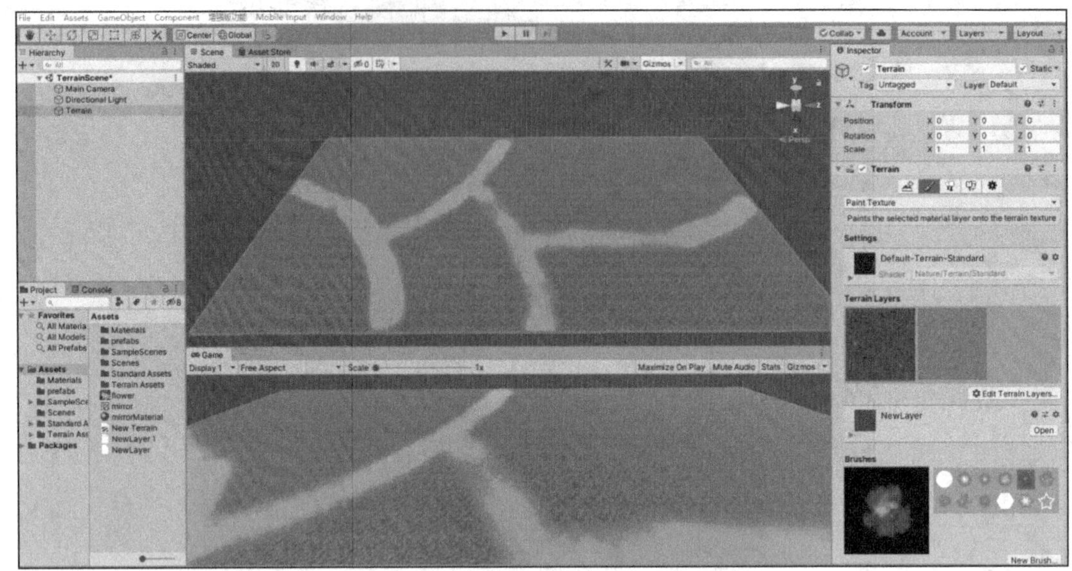

图 2-59　制作效果

8. 抬高地形

在 Terrain 的 Inspector 面板中，单击 Terrain 下的“Paint Terrain”工具按钮，选择“Set Height”，将 Height 设置为 20，然后单击“Flatten Tile”按钮，此时整个地形就会向上抬高，为制作地形系统的湖泊做准备，地形高度设置如图 2-60 所示。

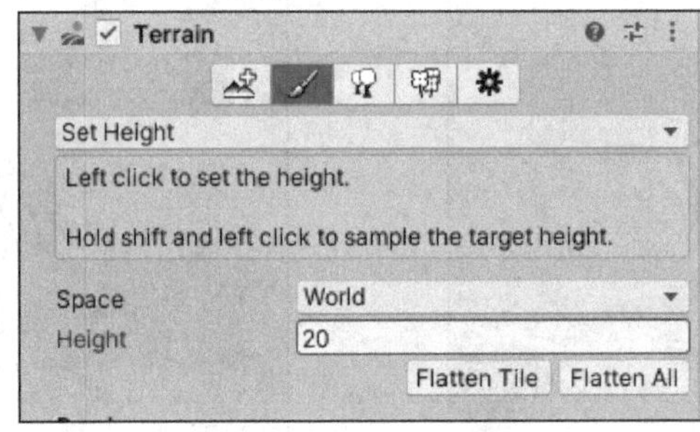

图 2-60　地形高度设置

9. 绘制山脉

在 Terrain 的 Inspector 面板中，单击 Terrain 下的“Paint Terrain”工具按钮，选择“Raise or Lower Terrain”，设置不同的笔刷样式和不同的笔刷大小，直接在 Scene 面板中单击鼠标左键或者按住鼠标左键并拖动，即可绘制不同效果的山脉；按住 Shift 键，同时按住鼠标左键并拖动，可降低地形高度，常用来制作湖泊。

使用 Smooth Height，对地形进行整体平滑过渡处理，使景观变柔和并减少突然变化的外观，效果如图 2-61 所示。

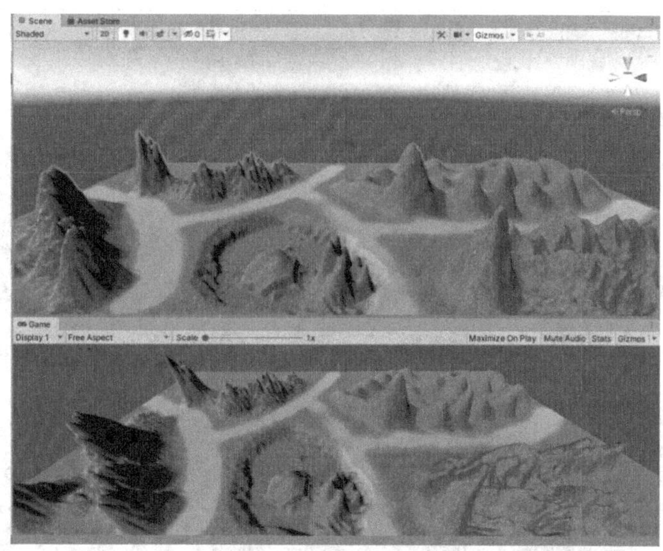

图 2-61　添加了山脉的地形系统

10. 添加树木

在 Terrain 的 Inspector 面板中，单击 Terrain 下的“Paint Trees”工具按钮，单击“Edit Trees”按钮，即可选择“Add Tree”选项，即可选择树的贴图，单击“Add”按钮，将其添加到地形系统中，如图 2-62 所示。Brush Size 用于设置画笔大小、Tree Density 用于设置树的密度、Tree Height 用于设置树的高度范围。

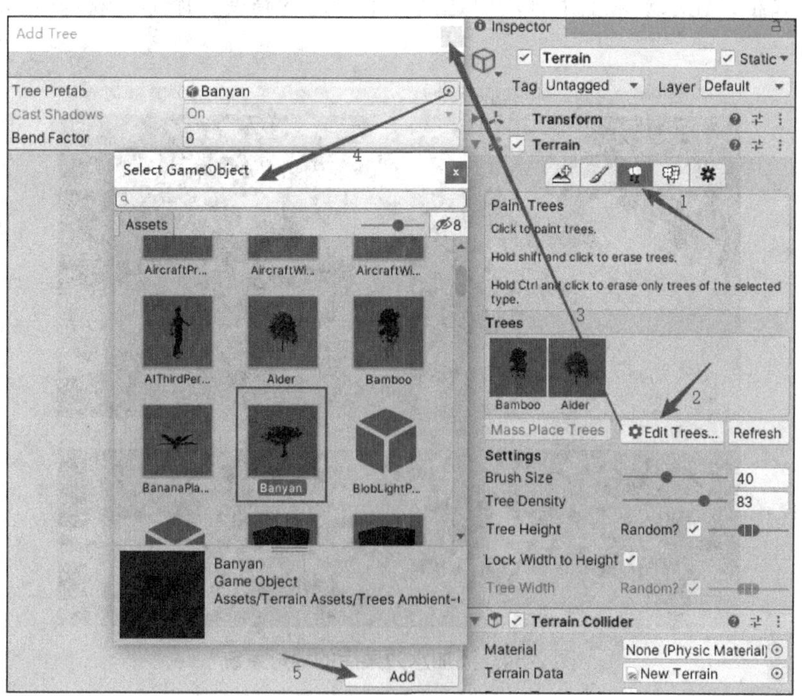

图 2-62　添加树木

添加了树木的地形系统如图 2-63 所示。

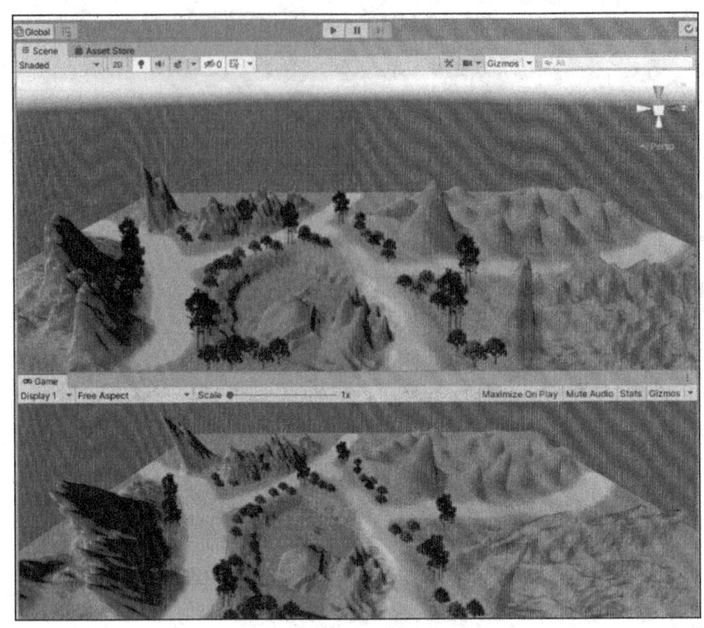

图 2-63　添加了树木的地形系统

11. 添加水效果

在 Project 面板中的“Assets”→“Standard Assets”→“Environment”→“Water”文件夹中，找到水资源的预设体 WaterProDaytime，将其拖入 Scene 场景中已挖好的深坑，调整其位置和大小，让水效果上下移动以达到一个合适的高度，添加水效果后的地形系统如图 2-64 所示。

图 2-64　添加水效果后的地形系统

12. 游戏场景中添加天空盒子

通过上面的操作可以看到，游戏场景外部是系统默认的天空盒子，默认天空盒子上方为蓝色、下方为灰色。在 Unity 中可以快速创建游戏项目中所需的外部景观。Unity 引擎中的天空盒子是六面体的概念，分为 6 个纹理，表示沿主轴可见的 6 个方向（上、下、左、右、前、后）。如果天空盒子被正确地生成，那么纹理图像的边缘将会被无缝地接合，从场景的任何方向看，都会是一幅连续的画面。

（1）准备好除底部外的 5 张图像。

（2）在 Assets 文件夹下创建文件夹 SkyBox，将 5 张图像导入此文件夹；选中 5 张图像，在对应的 Inspector 面板中将图像的 Wrap Mode 属性设置为 Clamp，用来解决天空盒子接缝过渡不自然的问题，如图 2-65 所示。

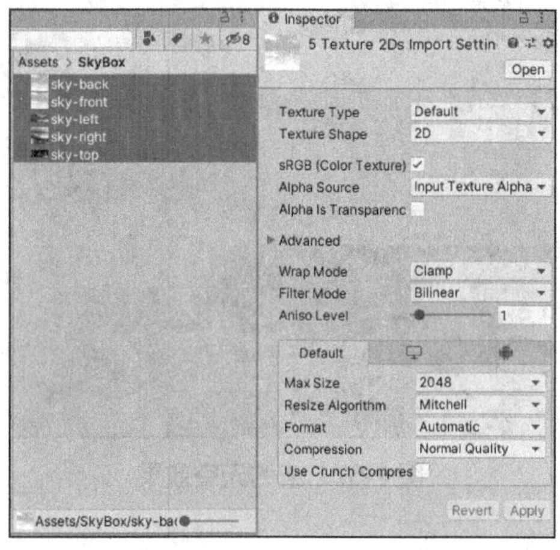

图 2-65　修改 Wrap Mode 属性

（3）在 SkyBox 文件夹空白处单击鼠标右键，选择“Create”→“Material”，创建一个材质球，命名为 SkyBox1；选中材质球 SkyBox1，在其 Inspector 面板的“Shader”下拉列表中选择“Skybox/6 Sided”，并在下方 Front、Back、Left、Right、Up、Down 中分别选择准备好的纹理图，如图 2-66 所示。

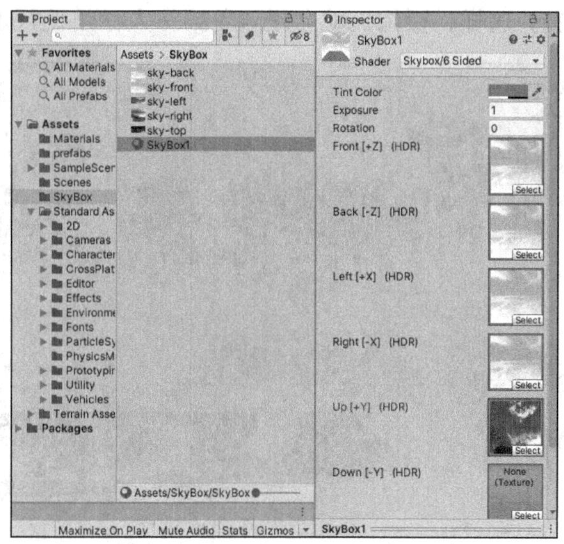

图 2-66　制作材质球

（4）直接将 SkyBox1 材质球拖曳到 Scene 场景中，即可看到新的天空效果，如图 2-67 所示。

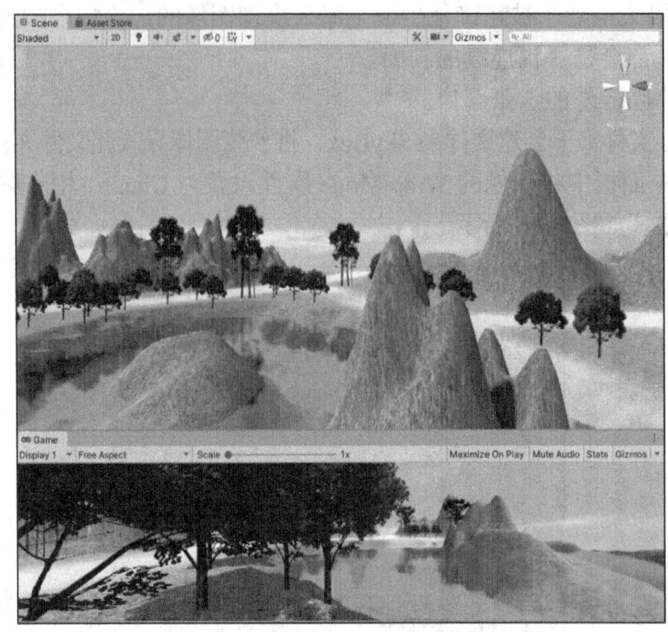

图 2-67　新的天空效果

13. 添加第一人称角色

Project 面板中的“Assets”→“Standard Assets”→“Characters”文件夹包括第一人称角色和第三人称角色。在 FirstPersonCharacter 文件夹中，找到第一人称角色的预设体 First Person Controller，将其拖入 Scene 场景；将摄像机调整到地形系统道路上方的位置，如图 2-68 所示，在 Hierarchy 面板中选中 First Person Controller 后，单击菜单“GameObject”→“Move to View”，将 First Person Controller 移动到当前 Scene 面板中摄像机视野的正中间位置，这样，摄像机就会跟随着第一人称角色行走的视角来捕捉画面。

图 2-68　添加第一人称角色

在 Inspector 面板中修改 First Person Controller 中的属性值，如图 2-69 所示，设置行走速度、步伐间隔等。

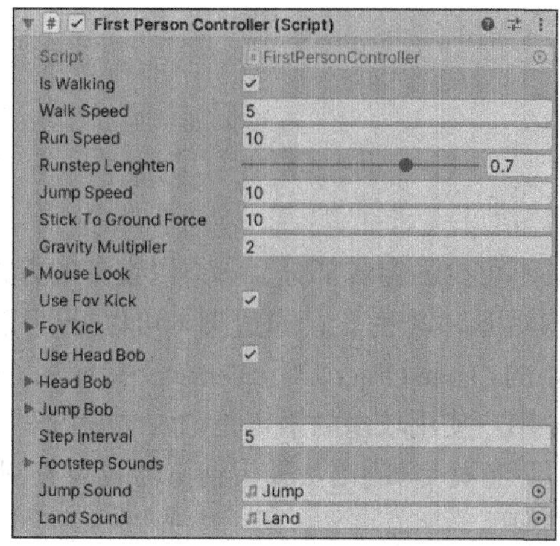

图 2-69　修改属性值

单击运行游戏按钮后，可用 A、W、S、D 键实现第一人称角色在地形系统中行走，通过移动鼠标控制行走方向，按 Esc 键可退出。

一个简单的地形系统就这样搭建好了，读者还可自行添加其他元素。

2.4 小结

本章介绍了 Unity 软件的使用方法、基本功能，并结合野外地形图制作的案例讲解了使用 Unity 中的常用工具。通过本章的学习，读者可掌握 Unity 软件的使用方法以及 Unity 引擎的基本概念。

第 3 章　C#脚本编程

在 Unity 中，脚本是必不可少的组成部分，脚本以组件的方式添加到游戏对象上运行。游戏对象之间的交互需要使用脚本来完成，通过脚本可以处理用户输入、操作场景中的对象、进行碰撞检测、生成新的 Game Object 等。Unity 支持使用 C#和 JavaScript 两种编程语言来编写脚本。目前 Unity 用户使用较多的语言是 C#，C#代码结构清晰、方便维护。本书所有代码都将使用 C#编写。有关 C#的语法知识请读者自行查阅相关文档，本章主要介绍 Unity 脚本中使用到的 C#知识。

学习目标

- 了解 Unity 中脚本文件的编写方式，能够编写简单的脚本。
- 了解 Unity 中的图形用户界面。
- 了解 Unity 的动画系统。

3.1 C#脚本语言基础

本节首先介绍 Unity 的脚本编辑器 Visual Studio 2019，接着以一个脚本程序为例介绍如何创建脚本，之后介绍 Unity 脚本中常用的一些工具类。

3.1.1 脚本编辑器

3.1.1

在 Unity 安装过程中，若选择了添加 Microsoft Visual Studio 2019（Community）（脚本编辑器）模块，则 Unity 中会自带脚本编辑器；也可登录 Visual Studio 的官网，选择 Visual Studio 2019（Community）进行下载、安装。

Visual Studio 安装完成后，在 Unity 编辑器的菜单栏中选择“Edit”→“Preferences”，打开设置窗口，选择“External Tools”，在“External Script Editor”下拉列表中将脚本编辑器设为“Visual Studio 2019（Community）”，如图 3-1 所示。这样，在 Unity 中双击脚本文件，即可直接打开 Visual Studio 2019 软件编写脚本。

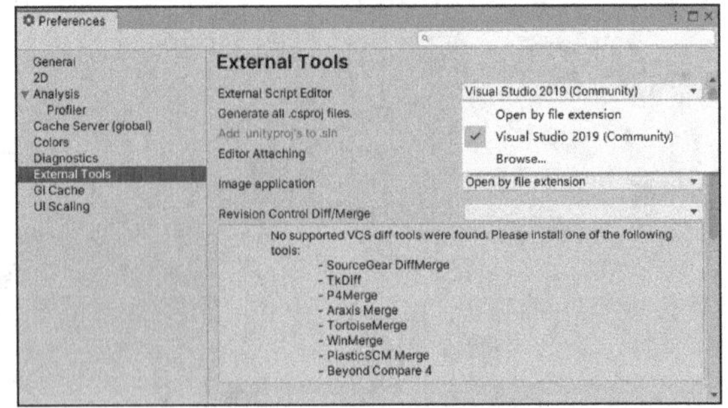

图 3-1　选择脚本编辑器

3.1.2 第一个脚本程序

3.1.2

在 Unity 中，开发者编写的每一个脚本都被视为一个自定义组件，可通过添加组件的方式将脚本添加到游戏对象中。接下来，我们介绍用 Unity 完成第一个脚本程序，操作步骤如下。

（1）启动 Unity，新建项目，在 Hierarchy 面板中创建一个新的游戏对象 Cube。

（2）在 Project 面板的 Assets 文件夹中单击鼠标右键，在弹出的快捷菜单中选择“Create”→“Folder”，创建一个 Scripts 文件夹来管理项目中的脚本。

（3）在 Project 面板的 Assets 文件夹中单击鼠标右键，在弹出的快捷菜单中选择“Create”→“C# Script”，在 Assets/Scripts 文件夹下创建一个新的脚本，默认名称为 NewBehaviourScript.cs，将其重命名为 Practise1.cs。

（4）双击 Practise1.cs 脚本文件，打开 Visual Studio 编译器，如图 3-2 所示。

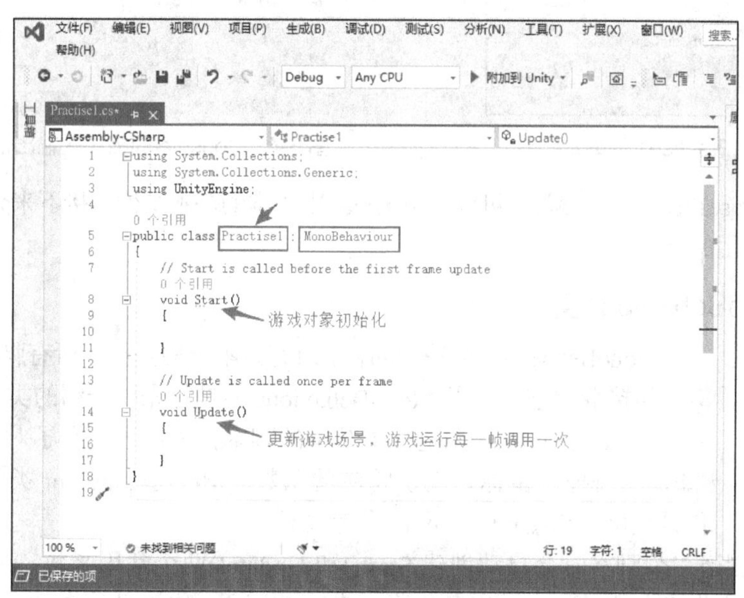

图 3-2 Practise1.cs 脚本文件

从图 3-2 中可以看到，脚本文件中已经被自动填充了一些基本代码。Practise1 是 Unity 在新脚本文件中生成的默认类，继承自 Unity 的基类 MonoBehaviour，这样脚本才能够在 Unity 编辑器中运行。

Practise1 是类名，必须与 Unity 编辑器中的脚本文件名一致。Start()函数是脚本一开始运行就调用的函数，可将初始化操作代码放在这个函数中；Update()函数在游戏运行时的每一帧都会被调用，游戏更新的代码通常放在此函数中。

（5）在 Start()函数中添加一行语句，然后保存脚本。

```
Debug.Log ("The First Program");
```

Debug.Log()的作用是将消息输出到 Console 面板中。

（6）回到 Unity 编辑器，将 Practise1.cs 脚本拖曳到 Hierarchy 面板的 Cube 对象上，也可直接将其拖曳到 Cube 对象的 Inspector 面板中。在 Cube 对象的 Inspector 面板中会增加一个 Practise1 的脚本组件，如图 3-3 所示。

（7）单击“运行”按钮，可以看到 Console 面板中的输出信息，如图 3-4 所示。

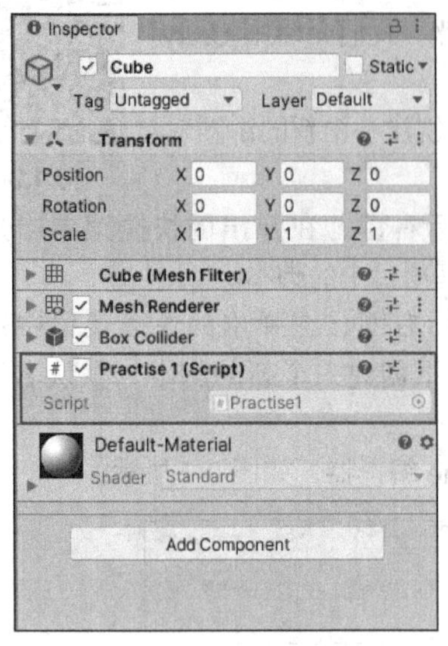

图 3-3　Practise1 的脚本组件

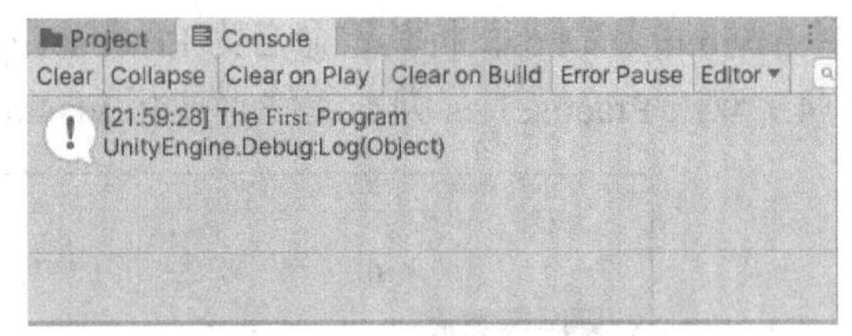

图 3-4　Console 面板中的输出信息

通过 Practise1.cs 脚本的编写，可以了解 Unity 中脚本的基本结构。接下来介绍几个 Unity 脚本编写中常用的类。

3.1.3　MonoBehaviour 类

3.1.3

MonoBehaviour 类是 Unity 中所有脚本类的基类，所有脚本类均需要直接或间接继承它，所以 MonoBehaviour 类是首先要介绍的类。

MonoBehaviour 类定义了基本的脚本行为，还定义了对各种特定事件（如模型碰撞、鼠标移动）响应的函数。MonoBehaviour 类中具有的函数和属性可查看 Unity 官网的参考文档。

Unity 在创建一个脚本时会自动创建 Start()和 Update()两个常用函数。Unity 中有一些特定的函数，这些特定的函数在一定条件下会自动被调用，称为必然事件（Certain Event）函数。

下面简单介绍几个常用的必然事件函数。

- Awake()：脚本唤醒函数，在脚本实例被创建时立刻调用，早于 Start()调用。
- Start()：只在脚本实例被启用时调用，位于 Awake()函数之后，在 Update()函数第一次执行前调用，通常用于游戏对象的初始化。
- Update()：每帧刷新时调用一次，用于更新游戏场景和状态，大部分游戏代码写在此函数中；若游戏以每秒 60 帧的速度运行，则 Update()将被调用 60 次。
- FixedUpdate()：固定更新函数，每隔固定物理时间调用一次，用于对象物理状态的更新。
- LateUpdate()：延迟更新函数，每帧调用一次，在Update()之后，用于调整脚本执行顺序，与相机有关的更新代码一般放在此函数中。

在 Practise1.cs 脚本中添加 Awake()函数和输出语句，如图 3-5 所示。

```
using System.Collections;
using System.Collections.Generic;
using UnityEngine;

0 个引用
public class Practise1 : MonoBehaviour
{
    // Start is called before the first frame update
    0 个引用
    void Start()
    {
        Debug.Log("The First Program");
    }

    // Update is called once per frame
    0 个引用
    void Update()
    {
        Debug.Log("This is Update() function.");
    }

    0 个引用
    private void Awake()
    {
        Debug.Log("Awake!");
    }
}
```

图 3-5　在 Practise1.cs 脚本中添加 Awake()函数和输出语句

脚本运行结果如图 3-6 所示，我们可以看到，输出结果依次来自 Awake()函数、Start()函数、Update()函数，其中 Update()函数被执行了很多次。单击 Console 面板中的“Collapse”按钮，将输出结果折叠起来。

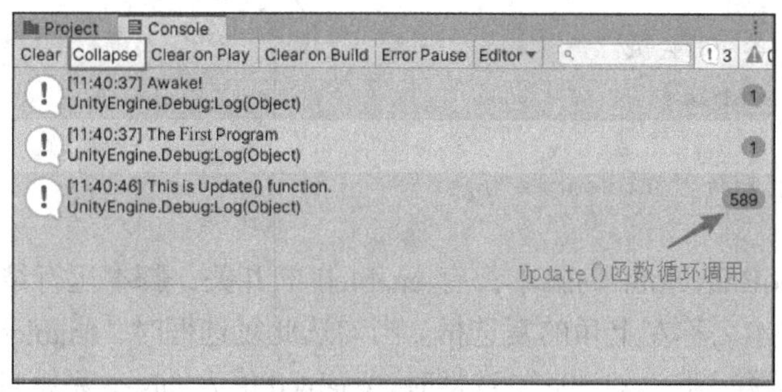

图 3-6　脚本运行结果

除了必然事件函数，MonoBehaviour 类还定义了对各种特定事件响应的函数，这些函数均以 On 作为开头。

下面列举几组常用的事件响应函数。

1. 碰撞检测函数

- OnCollisionEnter()：两个游戏对象的碰撞器刚接触时调用一次。
- OnCollisionStay()：两个游戏对象的碰撞器保持接触时调用，若两个碰撞器一直在接触，就会一直调用该函数。
- OnCollisionExit()：两个游戏对象的碰撞器分离时调用一次。

2. 触发检测函数

- OnTriggerEnter()：其他碰撞体进入触发器范围时调用一次。

- OnTriggerStay()：其他碰撞体停留在触发器范围内时调用。
- OnTriggerExit()：其他碰撞体离开触发器范围时调用一次。

3. 鼠标响应函数

- OnMouseEnter()：鼠标指针移入图形用户界面组件或碰撞体时调用。
- OnMouseOver()：鼠标指针停留在图形用户界面组件或碰撞体上时调用。
- OnMouseExit()：鼠标指针移出图形用户界面组件或碰撞体时调用。
- OnMouseDown()：在图形用户界面组件或碰撞体上按下鼠标按键时调用。
- OnMouseUp()：释放鼠标按键时调用。

4. 其他函数

- OnEnable()：当对象变为可用或激活状态时调用。
- OnDisable()：当对象变为不可用或非激活状态时调用。
- OnGUI()：渲染和处理图形用户界面事件时调用。
- OnDestroy()：当前脚本将被销毁时调用。

例如，在 Practise1.cs 脚本中添加 OnEnable()和 OnDisable()这两个函数，代码如下：

```
//当前脚本可用后会执行一次
    void OnEnable()
    {
        Debug.Log("onEnable");
    }
    //当前脚本禁用后会执行一次
    void OnDisable()
    {
        Debug.Log("onDisable");
    }
```

所有继承 MonoBehaviour 的脚本都有 enabled 的开关，脚本运行结果如图 3-7 所示，enabled 的值对应脚本名称左上角的复选框。当勾选此复选框时，enabled 值为 true，系统自动调用 OnEnable()函数；取消勾选此复选框时，enabled 值为 false，系统自动调用 OnDisable()函数。

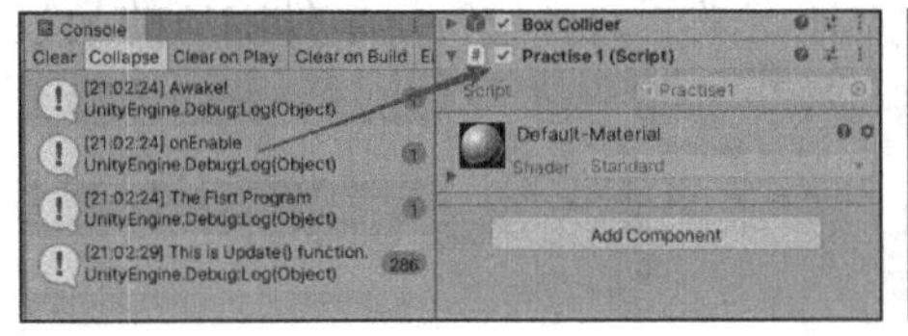
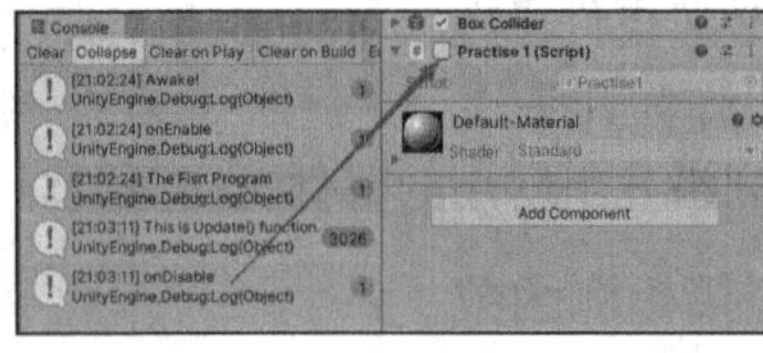

图 3-7 脚本运行结果

3.1.4 GameObject 类

3.1.4

GameObject 类是 Unity 场景里面所有实体的基类。Unity 中的所有实体都是游戏对象，如 Unity 自带的球体、正方体等各种物体以及场景中使用的模型等。

下面列举 GameObject 类中一些常用的属性和函数。

常用属性如下。

- transform：附属于游戏对象上的Transform组件。

```
//游戏对象向 X 轴方向移动一个单位
gameObject.transform.Translate(1,0,0);
```

- tag：游戏对象的标签。

```
gameObject.tag = "Player";
```

常用的静态函数如下。

- GameObject.CreatePrimitive()：创建一个带有基本网格渲染器和相应碰撞器的游戏对象。

```
//在场景中创建一个立方体
GameObject cube = GameObject.CreatePrimitive(PrimitiveType.Cube);
```

- GameObject.Find()：查找并返回指定名称的游戏对象，若没有找到，则返回空。

```
//查找名称为 Player 的游戏对象
GameObject player = GameObject.Find("Player");
```

- GameObject.FindGameObjectsWithTag()：查找一个用tag作为标签的游戏对象，如果没有找到则为空。

```
//查找标签 tag 为 player 的游戏对象
GameObject player = GameObject.FindGameObjectsWithTag("Player");
```

- GameObject.Instantiate()：复制游戏对象并返回复制对象。

```
//复制预设体
GameObject.Instantiate(prefab);
```

常用公共函数如下。

- gameObject.GetComponent()：获取指定的组件，如果没有则为空。

```
//获取游戏对象的 Transform 组件
Transform m_Transform = gameObject.GetComponent<Transform>();
```

- gameObject.AddComponent()：添加组件到游戏对象中。

```
//给游戏对象添加刚体组件
gameObject.AddComponent<Rigidbody>();
```

- gameObject.SetActive()：激活或停用游戏对象。

```
//停用游戏对象
gameObject.SetActive(false);
```

3.1.5 Transform 类

在Unity场景中的每一个游戏对象都有Transform组件，用于储存并调整物体的位置值、旋转值和缩放值。第2章中我们学习了在场景中使用移动工具来拖曳、旋转物体，本小节将讲解如何使用脚本来动态修改这些属性。

3.1.5

1. 获取游戏对象的位置值

- transform.position：获得物体在世界坐标系中的三维坐标值，并将其保存在对象

Vector3(x,y,z)中。

- Vector3.right：表示 *X* 轴正方向，相当于 Vector3(1,0,0)。
- Vector3.up：表示 *Y* 轴正方向，相当于 Vector3(0,1,0)。
- Vector3.forward：表示 *Z* 轴正方向，相当于 Vector3(0,0,1)。

2. 移动游戏对象

- transform.Translate(Vector3 offset)：使游戏对象按指定方向和距离移动。相当于 transform.position = transform.position + offset。
- transform.Translate(Vector3,Space)：Space 代表坐标系，可使用 Space.Self（表示自身坐标系）、Space.World（表示世界坐标系）。若 Space 省略不写，则是指 Space.Self。

```
//沿 Z 轴以 1 单位/秒的速度向前移动对象
transform.Translate(Vector3.forward* Time.deltaTime);
//在世界坐标系中以 1 单位/秒的速度向上移动对象
transform.Translate(Vector3.up * Time.deltaTime, Space.World);
```

Time.deltaTime 表示游戏项目运行上一帧所消耗的时间，常用作模型的速度系数。

3. 缩放游戏对象

transform.localScale：自身缩放。

```
//将物体放大 1.2 倍
transform.localScale = transform.localScale * 1.2f;
```

4. 旋转游戏对象

- transform.Rotate()：游戏对象按指定的欧拉角旋转、自转。
- transform.RotateAround(point,axis,angle)：游戏对象围绕某个点旋转。

```
//以 Y 轴为中心自转
transform.Rotate(0,1,0);
//游戏对象围绕 target 旋转，每秒旋转 20°
transform.RotateAround(target.transform.position, Vector3.up, 20 * Time.
deltaTime);
```

5. 实例

在本实例中，制作一个"地球"围绕"太阳"旋转的小动画，来实践通过脚本控制游戏对象的移动、缩放和旋转操作。具体操作步骤如下。

（1）在场景中增加两个球体，分别命名为 Sun、Earth，调整位置，球体 Transform 属性如图 3-8 所示；可对两个球体分别添加材质球，进行美化操作。

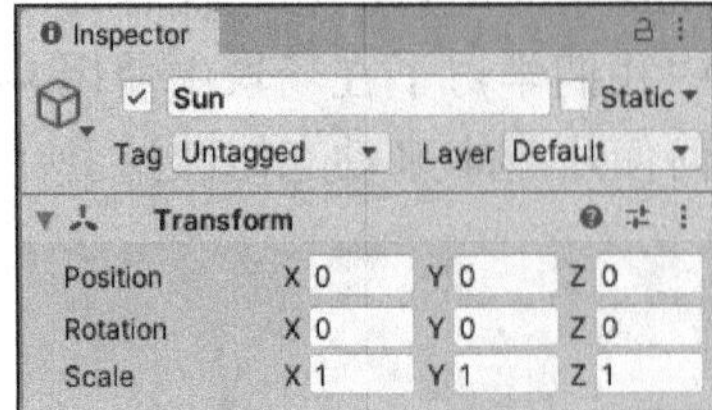

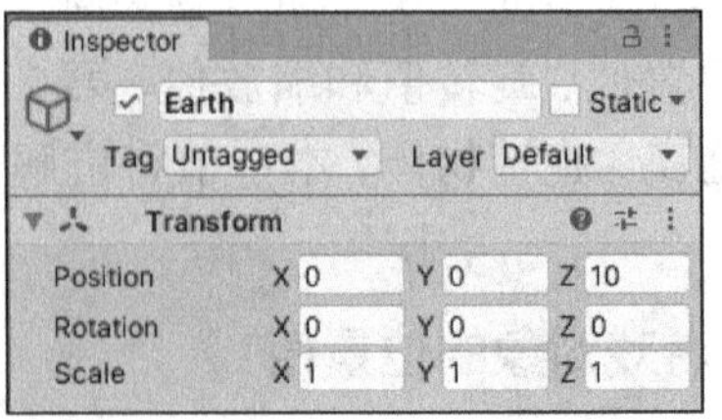

图 3-8　球体 Transform 属性

（2）新建脚本 SunRotate.cs，实现球体 Sun 的自转，同时在脚本中添加放大 Sun 球体的代码，将此脚本加载到球体 Sun 上。

脚本代码如下。

```
public class SunRotate : MonoBehaviour
{
    void Awake()
    {
        transform.localScale *= 3f;//放大 3 倍
    }
    void Update()
    {
        transform.Rotate(0, 1, 0);//以 Y 轴为中心自转
    }
}
```

（3）新建脚本 EarthRotate.cs，实现球体 Earth 的自转和其围绕球体 Sun 公转，将脚本加载到球体 Earth 上。

在脚本中添加一个公共变量，存放 Sun 对象。

```
public GameObject center;//Sun 对象
```

在 Unity 脚本中被定义成公共变量的变量会在 Inspector 面板中以属性的方式显示出来，项目运行时需要将实际物体拖曳到属性框中，公共变量如图 3-9 所示。

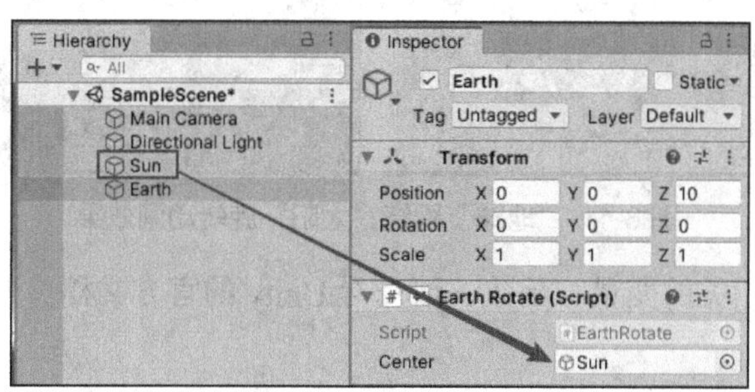

图 3-9　公共变量

在脚本的 Update()函数中添加球体 Earth 自转和公转的代码，以达到项目运行时地球一直在旋转的动画效果。

```
void Update()
    {
        transform.Rotate(0, 1, 0);//以 Y 轴为中心自转
        transform.RotateAround(center.transform.position, Vector3.up, 1);
                                              //围绕球体 Sun 旋转
    }
```

transform.RotateAround(center.transform.position, Vector3.up, 1)语句通过 center.transform.position 获得了球体 Sun 的位置，Vector3.up 定义了旋转的角度，数字 1 代表旋转的速度。Vector3.up 等同于 Vector(0,1,0)。完整的脚本代码如图 3-10 所示。

```
Assembly-CSharp        EarthRotate        Update()
using System.Collections;
using System.Collections.Generic;
using UnityEngine;

0 个引用
public class EarthRotate : MonoBehaviour
{
    public GameObject center;//Sun对象
    0 个引用
    void Update()
    {
        transform.Rotate(0, 1, 0);//以Y轴为中心自转
        transform.RotateAround(center.transform.position, Vector3.up, 1);//围绕球体Sun
    旋转}
}
```

图 3-10　完整的脚本代码

单击“运行”按钮，“地球”围绕“太阳”旋转动画效果如图 3-11 所示。

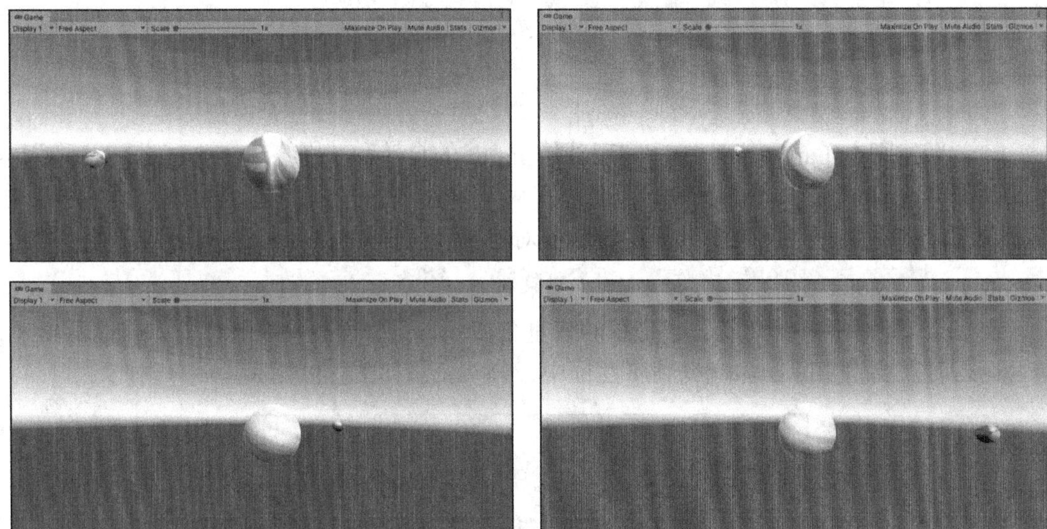

图 3-11　“地球”围绕“太阳”旋转动画效果

更多 Transform 相关的变量、函数，请查看 Unity 的官方文档。

3.1.6　Input 类

3.1.6

Input 是输入系统的接口，使用 Input 类能够读取输入管理器设置的按键数据，以及访问移动设备的多点触控数据或加速感应数据。类中的常用函数如下。

- Input.GetAxis()：获取轴值，根据坐标轴名称返回虚拟坐标系中的值。

使用 Input.GetAxis()函数根据轴值获取该方向上的移动距离，如“Horizontal”和“Vertical”映射控制杆与键盘的 A、W、S、D 键或上、下、左、右方向键的操作，“MouseX”和“MouseY”映射鼠标在水平和垂直方向上的移动距离。

```
//得到一帧内鼠标在水平方向上的移动距离
float value_x = Input.GetAxis("Mouse X");
```

1. 获取鼠标操作信息的函数

- Input.GetMouseButton()：获取鼠标按键状态，返回 true 或 false；当指定的鼠标按键被按下时返回 true，其中 0 对应鼠标左键，1 对应鼠标右键，2 对应鼠标中键。

```
//若按下鼠标左键，则输出提示信息
if (Input.GetMouseButton(0))
    Debug.Log("Pressed left Button!");
```

- Input.GetMouseButtonDown()：获取鼠标按键按下状态，当用户按下指定鼠标按键时的那一帧返回 true。
- Input.GetMouseButtonUp()：获取鼠标按键弹起状态，当用户释放指定鼠标按键时的那一帧返回 true。

2. 获取键盘按键信息的函数

- Input.GetKey()：获取键盘按键状态，当指定的键盘按键被用户按住时返回 true。

```
//若按下键盘上的 A 键，则输出提示信息
if (Input.GetKey(KeyCode.A))
   Debug.Log("Pressed the key: A");
```

KeyCode 是由 Unity 中的 Event.keyCode 返回的，直接映射到键盘上的物理键，通过 KeyCode 可获取键盘上的按键信息。例如，通过 KeyCode.Space 可获取键盘上的 Space 键信息，通过 KeyCode.Return 可获取键盘上的 Enter 键信息。具体 KeyCode 的键值对应表，请查看 Unity 官网的参考文档。

- Input.GetKeyDown()：获取键盘按键按下信息，当用户按下指定名称的按键时的那一帧返回 true。
- Input.GetKeyUp()：获取键盘按键弹起信息，当用户释放指定名称的按键时的那一帧返回 true。

3. 获取移动设备信息的函数

- Input.touches()：获取在最近一帧中触摸在屏幕上的每一根手指的状态数据。
- Input.GetTouch()：获取触摸信息的对象。

3.2 图形用户界面 UGUI

图形用户界面（Graphical User Interface，GUI）是游戏中重要的组成部分之一。Unity 舍弃了最早的 OnGUI 系统，创建了新的官方 GUI 系统，称为 UGUI。UGUI 中的所有元素都放在 Canvas 画布下。本节将介绍 UGUI 中常用的 UI（User Interface，用户界面）元素，如 Canvas()画布、Image()图像、Text()文本、Button()按钮、Toggle()开关和 Slider()滑块等。

3.2.1 画布 Canvas

Canvas 是所有 GUI 的根节点，是承载所有 UI 元素的区域，所有 UI 元素都是 Canvas 的子对象。通常，创建 UI 的第一步是创建一个 Canvas。若场景中没有画布，在创建任何一个 UI 元素时，系统都会自动创建画布并将 UI 元素置于其下。

3.2.1

在菜单中选择“GameObject”→“UI”→“Canvas”，即可在场景中创建一个 Canvas。若场景中没有 EventSystem 物体，这时系统会自动创建一个 EventSystem。创建画布如图 3-12 所示，Scene 面板中的白色矩形就是画布。

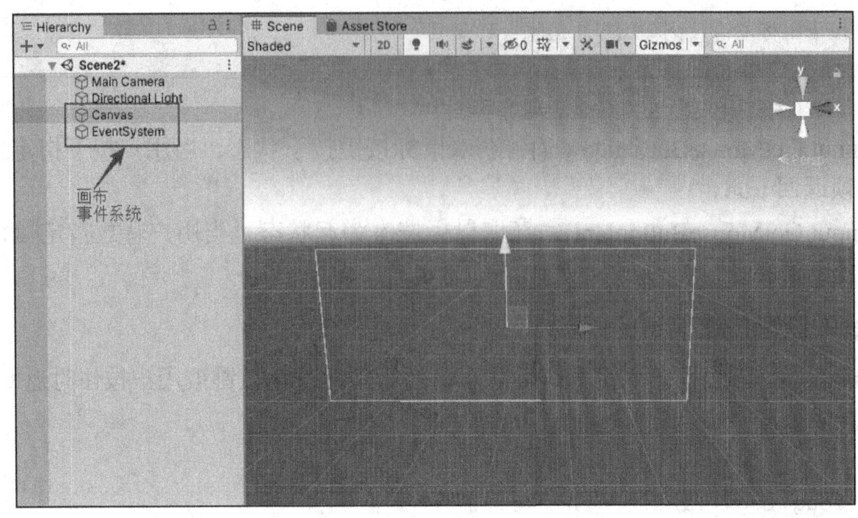

图 3-12　创建画布

Canvas 的组件如图 3-13 所示，我们可以看到 Canvas 的属性面板中，有一个 Rect Transform 基本组件，里面包含画布坐标、宽度、高度等基本属性值。Rect Transform 组件是 UI 元素中特有的 Transform 组件，也是所有 UI 元素都具有的组件，用于定位、旋转和缩放 UI 元素。在场景中添加一个 Cube 对象，Cube 对象默认高度是 1m，对比一下画布的宽度和高度，可以看到画布在场景中是一个巨大的物体。

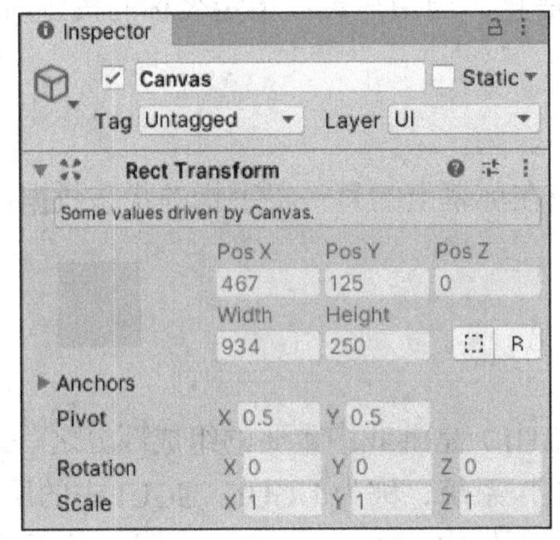

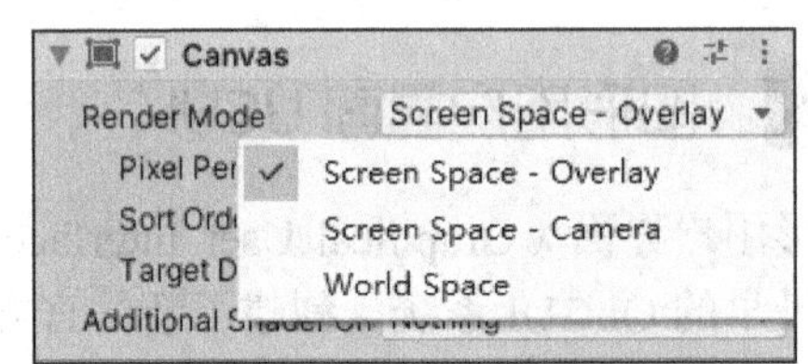

图 3-13　Canvas 的组件与渲染模式

Canvas 的渲染模式有 3 种，如图 3-13 所示。

- Screen Space-Overlay：叠加模式，默认选项。这种模式下，画布会填满整个屏幕，所有的 UI 元素永远显示在 3D 模型前，UI 的显示与场景中的摄像机位置无关。
- Screen Space-Camera：摄像机渲染模式。此模式必须指定场景中的一个摄像机，由此摄像机渲染 UI 元素，因此摄像机的设置会影响 UI 画面。
- World Space：世界空间模式。此模式下，画布与场景中其他游戏对象类似，画布的尺寸可以通过 Rect Transform 组件进行设置。当 UI 作为场景的一部分时，可使用此模式。

可通过 Canvas 的 Canvas Scaler 组件调整画布缩放模式，如图 3-14 所示。

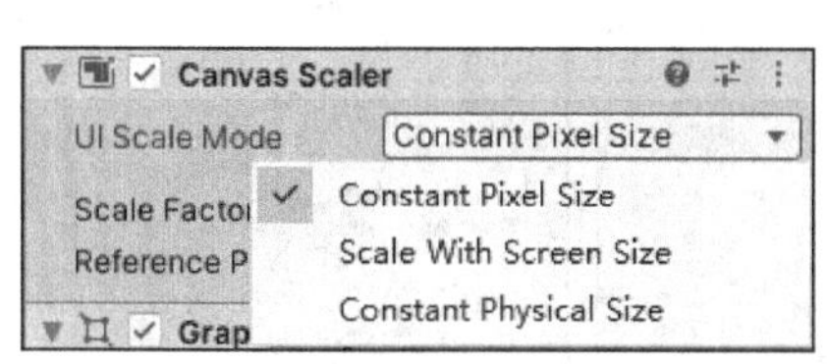

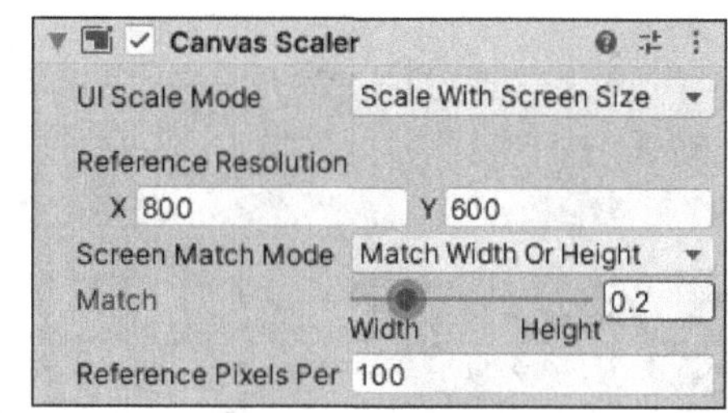

图 3-14　Canvas 的 Canvas Scaler 组件

Canvas Scaler 有 3 种缩放模式。

- Constant Pixel Size：恒定像素大小，默认选项。无论屏幕大小如何，所有 UI 元素始终保持相同的像素大小。
- Scale With Screen Size：根据屏幕尺寸缩放。UI 元素的大小和位置根据参考分辨率进行调整。如果当前分辨率大于参考分辨率，则 Canvas 将保持参考分辨率，同时放大元素以匹配目标分辨率。
- Constant Physical Size：固定物理尺寸。UI 元素的位置以物理单位指定。

3.2.2

3.2.2　图像 Image

图像是 GUI 中常用的元素。第 2 章中介绍的贴图素材，若需要在 UI 中使用，必须将贴图类型设置成 Sprite 类型，如图 3-15 所示。

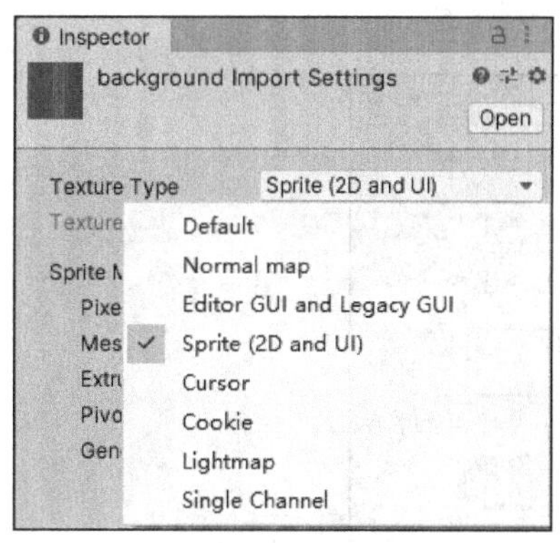

图 3-15　将贴图类型设置成 Sprite 类型

下面以添加背景图像为例，讲解 Image 的使用方法。操作步骤如下。

（1）在 Hierarchy 面板中单击鼠标右键，选择“UI”→“Image”，创建一个 Image 类的对象，其会被自动添加到 Canvas 下，与 Canvas 形成父子关系；将其改名为 Background。

（2）添加背景图像如图 3-16 所示，将准备好的背景图像拖曳到 Inspector 面板下 Background 中的 Image 组件的 Source Image 字段中；将图像的 Pos X、Pos Y、Pos Z 值均设为 0，图像出现在画布的中心位置。

Rect Transform 组件中 Pos X、Pos Y、Pos Z 代表元素的坐标，Width 代表宽度，Height 代表高度，Anchor 代表锚点，Anchor 属性如图 3-17 所示，水平方向分为左、中、右，垂直方向分为上、中、下。选择其中一种锚点，此锚点就是 UI 元素的坐标原点。

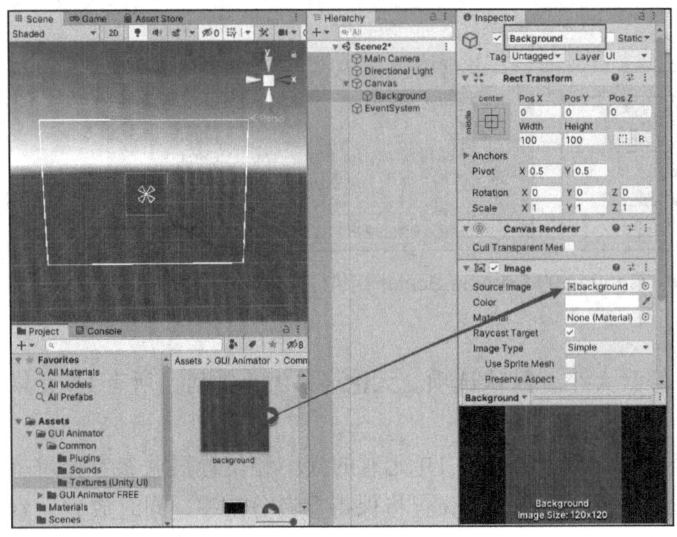

图 3-16　添加背景图像

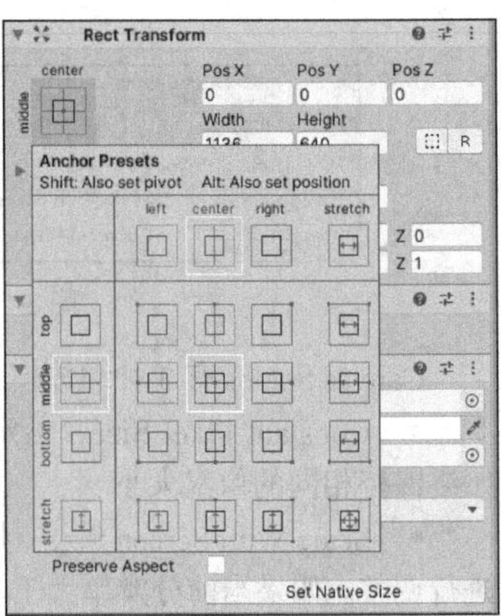

图 3-17　Anchor 属性

（3）调整背景图像，使图像平铺满整个画布。

从图 3-16 可以看到，图像在画布中的显示效果并不好，图像太小，无法覆盖整个画布。可在 Inspector 面板的 Background 中单击“Set Native Size”按钮，调整图像和 Canvas 属性，如图 3-18 所示，将图像的大小设置为 1920×548。

修改 Canvas 的 Canvas Scaler 组件，将缩放模式设置成 Scale With Screen Size，参考尺寸设置为 1920×548，如图 3-19 所示。

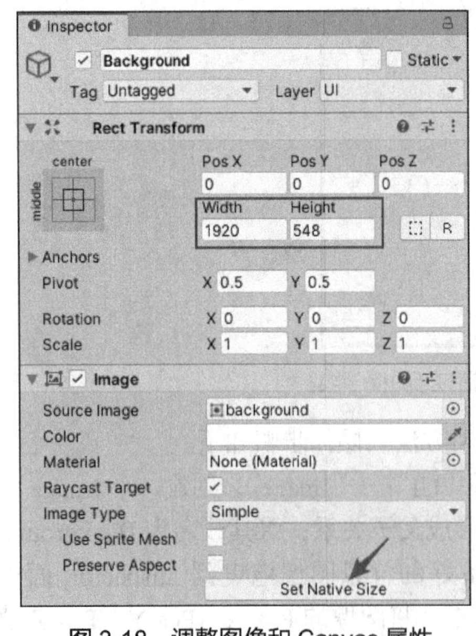

图 3-18　调整图像和 Canvas 属性

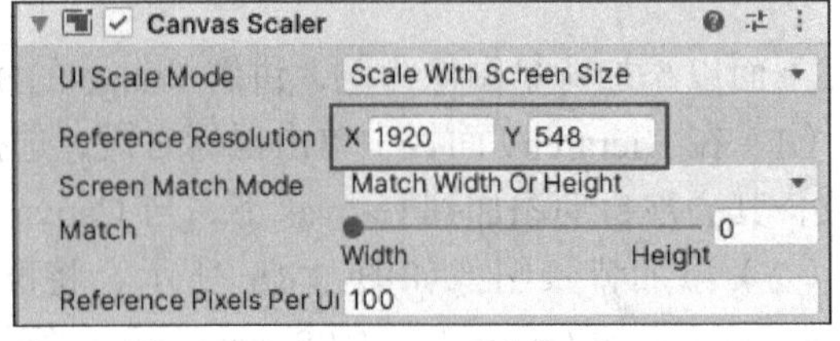

图 3-19　修改 Canvas 的 Canvas Scaler 组件

3.2.3　文本 Text

文本是 UI 中很常见的组件，在 Hierarchy 面板中单击鼠标右键，选择“UI”→“Text”，创建一个 Text 类的对象，其会被自动添加到 Canvas 下。

Text 组件如图 3-20 所示，在 Inspector 面板中的 Text 中，可输入需要显示的文字，设置字体、大小、对齐方式、颜色等。

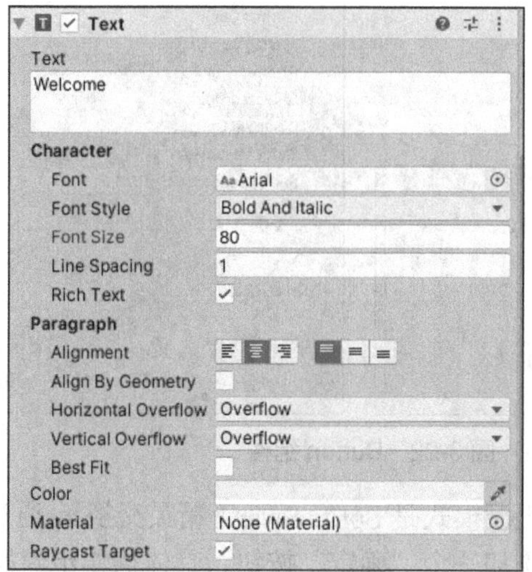

3.2.3

图 3-20　Text 组件

在背景图像上添加“Welcome”文本，文本显示效果如图 3-21 所示。

图 3-21　文本显示效果

3.2.4　按钮 Button

在 GUI 中，按钮是交互性很强的组件，可响应单击事件，如常用的确定按钮和取消按钮。在 Hierarchy 面板中单击鼠标右键，选择“UI”→“Button”，创建一个 Button 类的对象，其会被自动添加到 Canvas 下。Button 组件默认包括文本组件 Text，用来显示按钮上的文本。Text 元素是可选的，若按钮是以图像的形式呈现的，则可删除此 Text 元素。

3.2.4

在 Inspector 面板中可以看到有 Image 和 Button 两个组件，Button 组件如图 3-22 所示。Image 组件中的 Source Image 用于设置按钮贴图、Color 用于设置背景颜色；Button 组件中按钮过渡模式默认是 Color Tint（色调）模式，通过设置 Normal Color、Highlighted Color、Pressed Color、Selected Color 和 Disabled Color，可呈现出按钮在正常状态、高亮显示状态、单击状态、选择状态及不可用状态时的颜色。

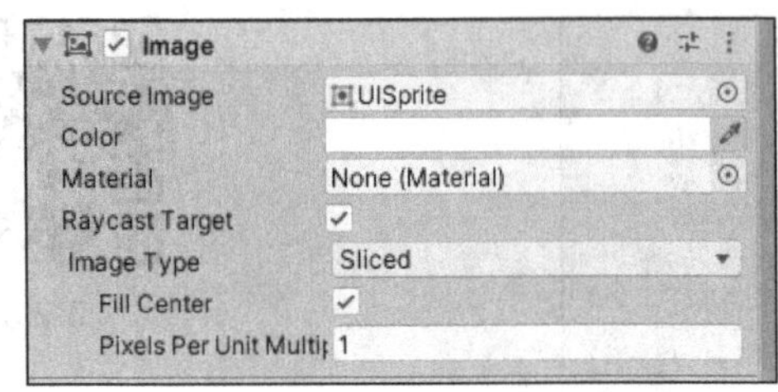

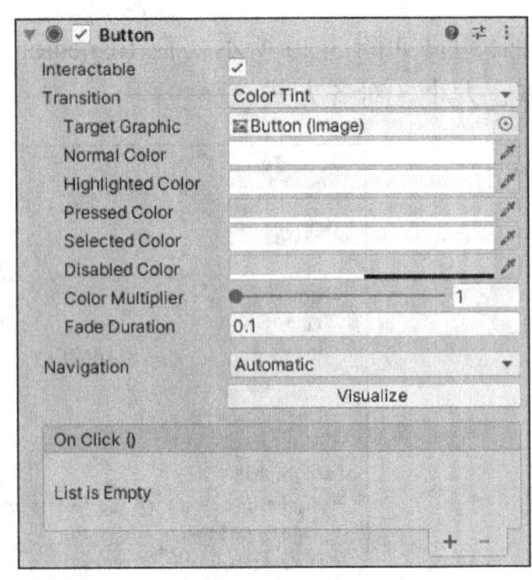

图 3-22　Button 组件

Button 组件中的另一种按钮过渡模式是 Sprite Swap（精灵交换），通过图像切换呈现按钮的不同状态。例如，在背景中添加一个“确定”按钮，具体操作步骤如下。

（1）在 Hierarchy 面板中单击鼠标右键，选择“UI”→“Button”，创建一个 Button 类的对象，将按钮改名为 ComformBt，并调整按钮的大小和位置。

（2）将已准备好的图像导入到 Assets 文件夹下，精灵图像的处理如图 3-23 所示。将 Texture Type 设置成 Sprite (2D and UI)、Sprite Mode 设置成 Multiple 后，单击“Sprite Editor”按钮，再单击“Slice”按钮，将图像分割成多张独立的图像，并将分割后的图像应用在按钮上。

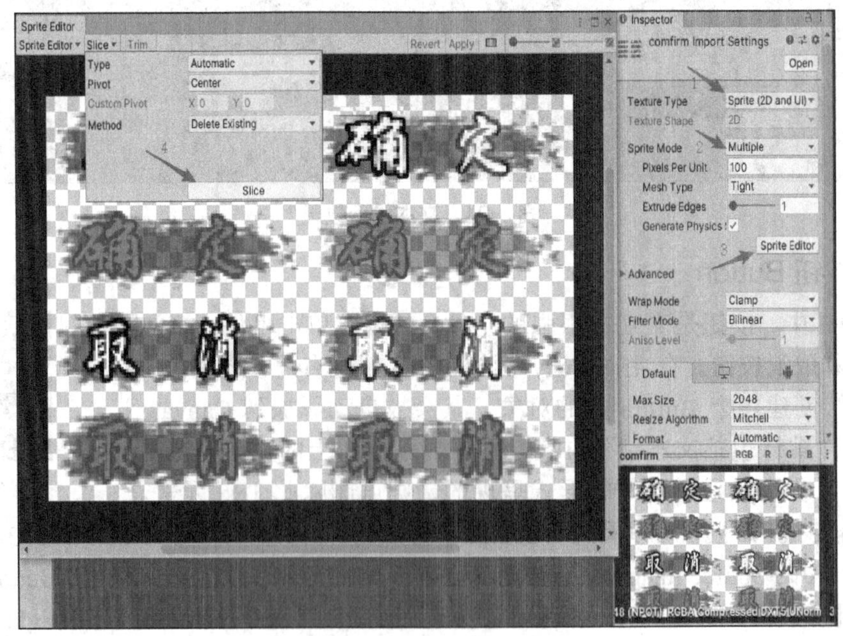

图 3-23　精灵图像的处理

（3）如图 3-24 所示，将 4 种状态的按钮图像分别拖曳到 Button 组件对应位置。

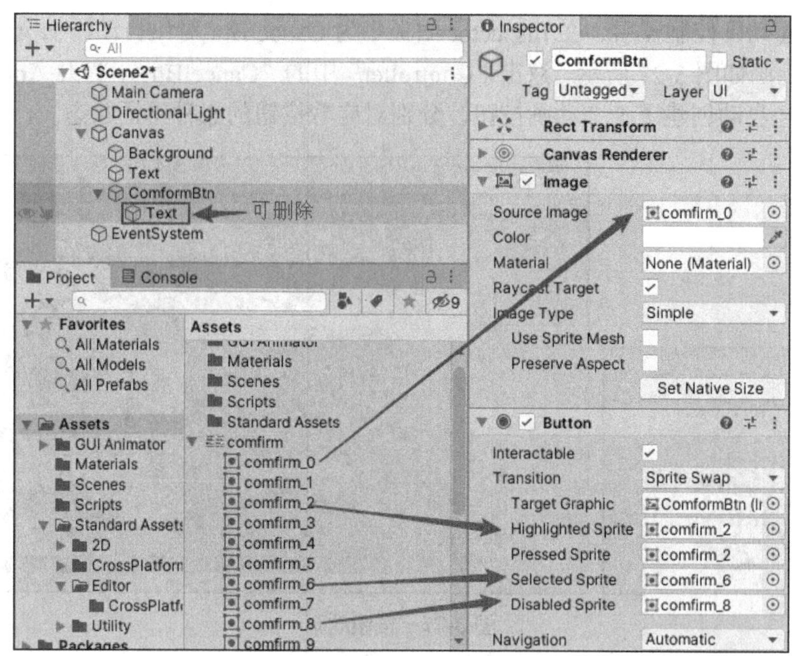

图 3-24　指定按钮贴图

按钮不同状态下的贴图效果如图 3-25 所示，可以看到按钮未单击、鼠标指针经过按钮、单击按钮会呈现出不同的图像样式。

图 3-25　按钮不同状态下的贴图效果

本书还将介绍一种比较复杂的按钮过渡模式：Animation（动画过渡）。在这种模式下，可以制作一些按钮动画效果。例如，制作按钮缩放的动画效果，操作步骤如下。

（1）在 Hierarchy 面板中单击鼠标右键，选择“UI”→“Button”，创建一个 Button 类的对象，并将按钮改名为 CancelBtn；删除此按钮下的 Text 对象，并调整按钮大小及位置。

（2）如图 3-26 所示，设置按钮图像，过渡模式设为 Animation，然后单击“Auto Generate Animation”按钮，Unity 会自动创建动画控制器 CancelBtn.controller，并将其保存在 Assets 文件夹下。

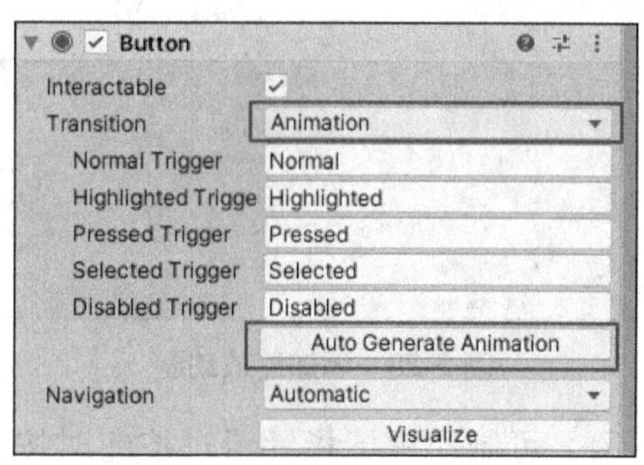

图 3-26　设置按钮图像、过渡模式

（3）创建动画控制器后，在 Inspector 面板中为 CancelBtn 对象自动添加 Animator 动画组件，按钮动画如图 3-27 所示。双击“Controller”中的“CancelBtn”，打开 Animator 面板，动画系统已经自动创建了 5 个动画按钮，分别对应着按钮的 5 种不同状态。

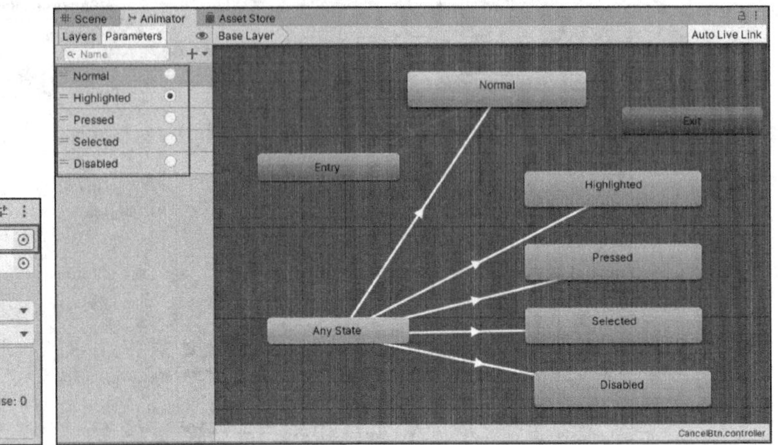

图 3-27　按钮动画

（4）在 Hierarchy 面板中选中“CancelBtn”，在菜单栏中选择“Window”→“Animation”→“Animation”，打开 Animation 面板；单击“Add Property”按钮，添加缩放动画，如图 3-28 所示。

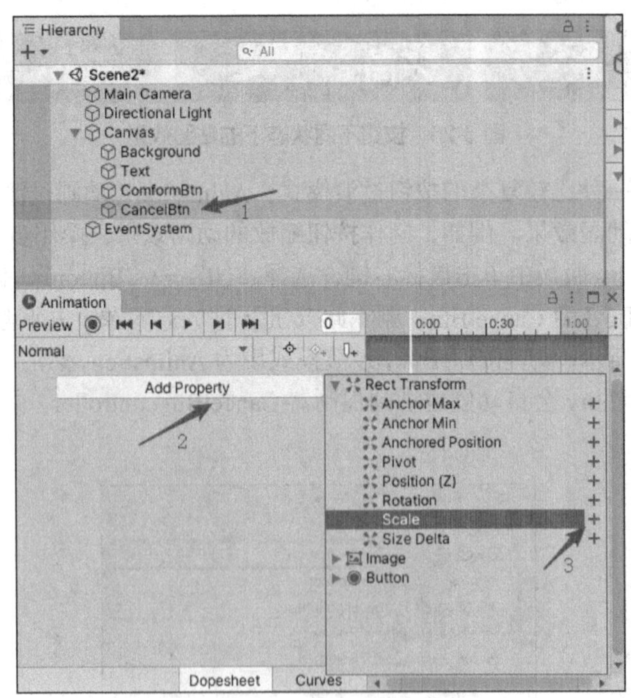

图 3-28　添加缩放动画

动画设置如图 3-29 所示，可制作鼠标指针滑过按钮时按钮缩放的动画效果：选择“Highlighted”后，增加缩放动画，并将按钮放大 2 倍。

单击“运行”按钮，鼠标指针滑过“取消”按钮，就可看到按钮缩放的动画效果。添加两个按钮后的画布效果如图 3-30 所示。

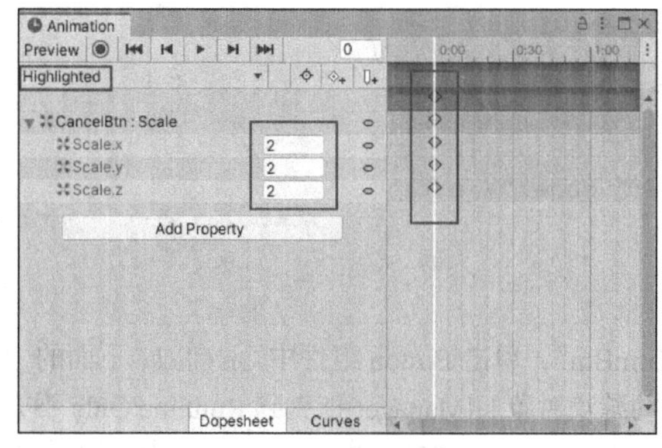

图 3-29　动画设置

图 3-30　添加按钮后的画布效果

按钮是交互式的组件，通常的操作是单击按钮来触发某一事件。我们可以通过脚本来定义按钮事件。下面就以单击“确定”按钮、打开游戏场景为例，讲解按钮相关的脚本的编写方法。操作步骤如下。

（1）将按钮所在的场景命名为 MenuScene，游戏场景命名为 Scene1。

（2）设置场景的运行顺序如图 3-31 所示，单击菜单“File”→“Build Settings”，打开设置窗口；在 Project 面板中打开 Scenes 文件夹，先后将场景 MenuScene、场景 Scene1 拖曳到 Scenes In Build 中。

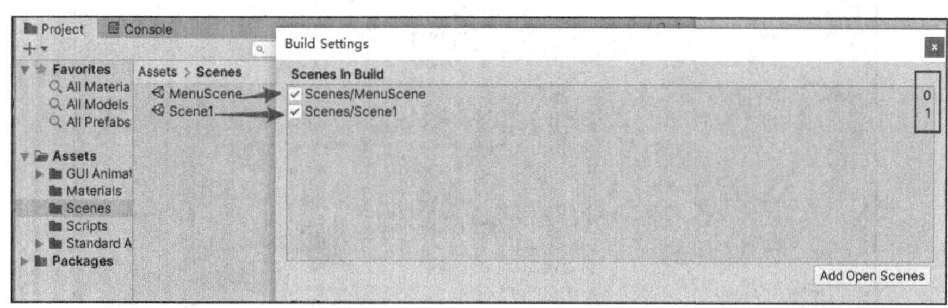

图 3-31　设置场景的运行顺序

（3）在 Hierarchy 面板中单击鼠标右键，选择“Create Empty”创建空物体，将其改名为 UIManager。在空物体上添加脚本组件，如图 3-32 所示，在 Inspector 面板中单击“Add Component”按钮，添加“New script”组件，并命名为 BtnControll，单击“Create and Add”按钮；在 Project 面板的 Assets 文件夹中增加了 BtnControll.cs 脚本文件。

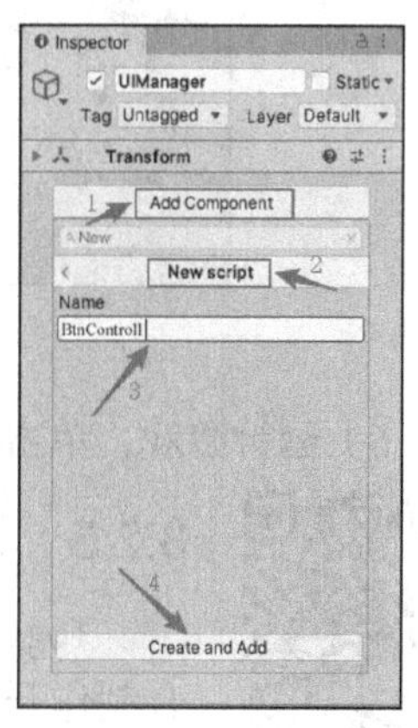

图 3-32　在空物体上添加脚本组件

（4）双击脚本 BtnControll.cs，打开脚本编辑器。

在脚本上方的 using 语句下面添加如下说明。

```
using UnityEngine.SceneManagement;
```

在脚本中添加一个公共的函数 StartGame()，用来加载下一个场景，完整的代码如下。

```
using UnityEngine;
using UnityEngine.SceneManagement;

public class BtnControll : MonoBehaviour
{
    public void StartGame()
    {
        SceneManager.LoadScene("Scene1");

    }
}
```

（5）在 Hierarchy 面板中选中“ComformBtn”，单击 Button 组件中 On Click()下面的“+”按钮添加一个事件，将包含按钮事件脚本的游戏对象 UIManager 拖曳到 Runtime Only 下方，然后在 No Function 下拉列表中选择“BtnControll”→“StartGame()”，关联按钮单击事件如图 3-33 所示。

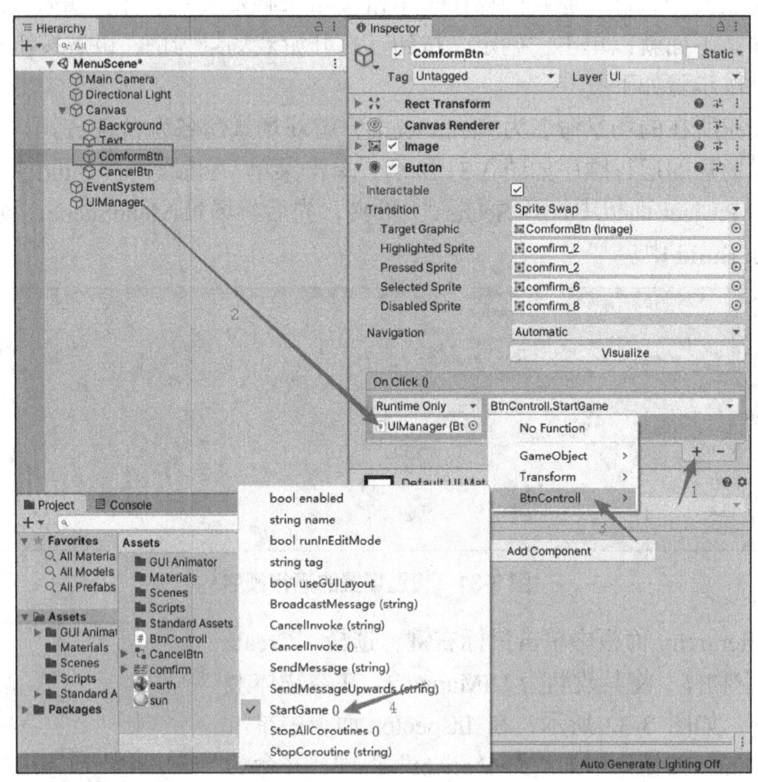

图 3-33　关联按钮单击事件

（6）运行游戏，单击 Game 面板中的“确定”按钮，跳转到下一个游戏场景。

3.2.5

3.2.5　开关 Toggle

Toggle（开关）是一个复选框，用于实现选项的勾选/不勾选操作，适合制作开关类按钮。例如，音乐的打开/关闭等功能。

在 Hierarchy 面板中单击鼠标右键，选择“UI”→“Toggle”，创建一个 Toggle 类的对象，其会被自动添加到 Canvas 下。默认的 Toggle 由 4 个游戏对象组成，如图 3-34 所示，包含 Toggle（开关）本体、Background（背景图像）、Checkmark（勾选图，默认为“✓”）和 Label（文本）。

图 3-34　Hierarchy 面板中的默认 Toggle 组件

下面通过一个实例来讲解开关的使用方法。

在场景中添加音乐开关，控制背景音乐的播放与停止，具体操作步骤如下。

1. 在场景中添加背景音乐

在 Hierarchy 面板中选中“Main Camera”，在 Inspector 面板中单击“Add Component”按钮，添加 Audio Source 和 Audio Listener 组件；在 Project 面板中，将 Assets 中的音乐拖曳到 Inspector 面板中的“AudioClip”处，勾选“Play On Awake”复选框，如图 3-35 所示。

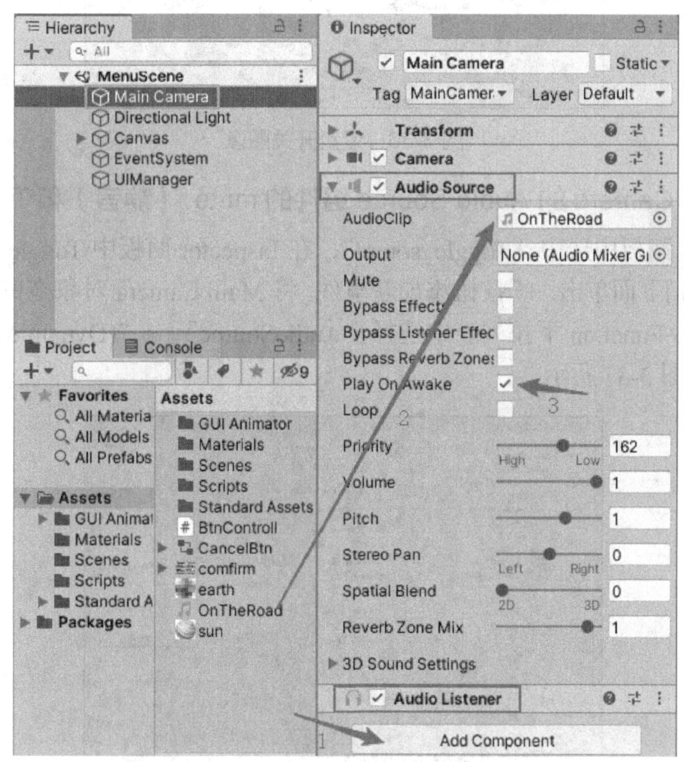

图 3-35　在场景中添加背景音乐

2. 添加音效控制开关

在 Hierarchy 面板中单击鼠标右键，选择“UI”→“Toggle”，创建一个 Toggle 类的对象，并将开关改名为 Toggle_sound；调整开关大小和位置。本例中使用图像来制作开关，不需要文本组件，因此删除开关下的 Label 对象。

在 Hierarchy 面板中选中“Toggle_sound”，取消选中 Toggle 组件中的“Is On”复选框。

接下来，为 Background 和 Checkmark 子对象指定图像。将准备好的两张图像导入 Assets 文件夹下，并将图像转换成 Sprite(2D and UI)贴图类型，分别将其拖曳到对应的“Source Image”中，设置开关图像如图 3-36 所示。

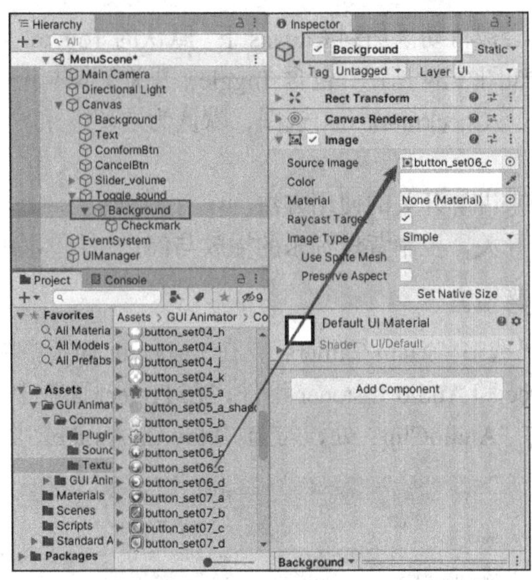

图 3-36　设置开关图像

3. 将 Main Camera 的 Audio Source 组件的 mute （静音）和 Toggle 关联

在 Hierarchy 面板中选中“Toggle_sound”，在 Inspector 面板中 Toggle 组件的 On Value Changed (Boolean)下面单击“+”按钮添加新事件。将 Main Camera 对象拖曳到 Runtime Only 下方，然后在 No Function 下拉列表中选择“AudioSource”→“(Dynamic bool) mute”。创建并关联事件如图 3-37 所示。

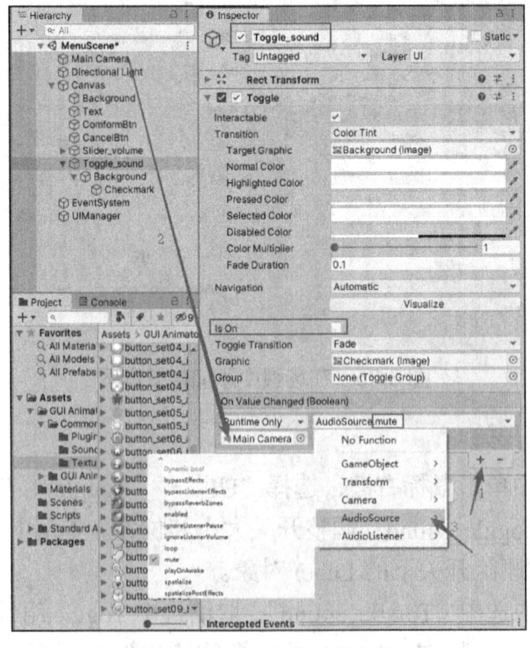

图 3-37　创建并关联事件

使用 Unity 自带的 UI 元素的事件处理程序的好处是可以在不编写任何代码的情况下进行组件属性修改等操作。

运行游戏，单击开关按钮并尝试打开和关闭音乐。添加了音乐控制开关按钮的场景图状态如图 3-38 所示。

图 3-38　打开/关闭音乐的按钮状态

3.2.6　滑块 Slider

在 Hierarchy 面板中单击鼠标右键，选择“UI”→“Slider”，创建一个 Slider 类的对象，其会被自动添加到 Canvas 下。默认的 Slider 由 4 个游戏对象组成，Slider 组件如图 3-39 所示，包括 Slider（滑块）本体、Background（背景图像）、Fill（填充）和 Handle（滑动柄）。

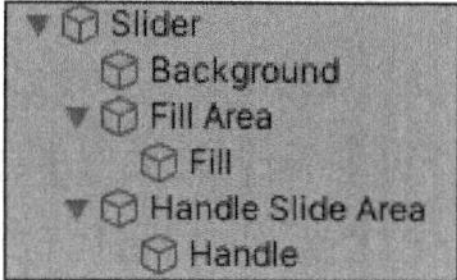

图 3-39　Slider 组件

3.2.6

接下来介绍在音乐开关旁边增加一个滑块来调节音量大小。操作步骤如下。

1. 设置 Slider

将 Slider 改名为 Slider_volume，并调整其位置及大小，将滑块移动到音乐开关按钮右侧。

为滑块的每个部分设置相应的图像：分别选择 Background、Fill、Handle，将准备的 3 张图像拖曳到对应的“Source Image”属性框中。

2. 将 Main Camera 的 Audio Source 组件的 volume（音量）和 Slider 关联

在 Hierarchy 面板中选中“Slider_volume”，在 Inspector 面板中 Slider 组件的 On Value Changed(Single)下面单击“+”按钮添加新事件。将 Main Camera 对象拖曳到 Runtime Only 下方，然后在 No Function 下拉列表中选择“AudioSource”→“(Dynamic bool) volume”。创建并关联事件如图 3-40 所示。

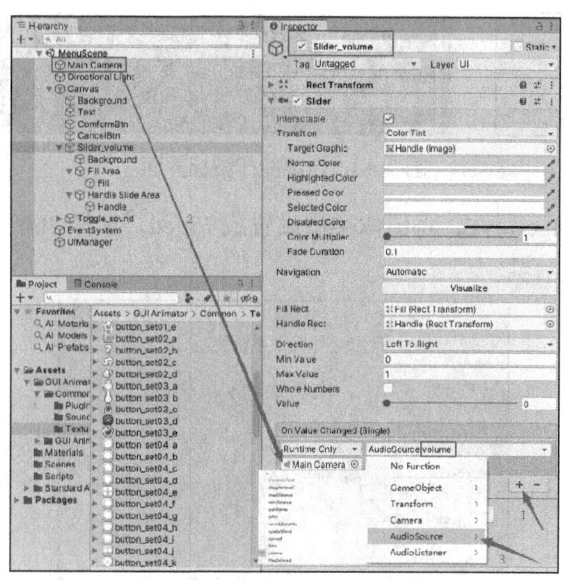

图 3-40　创建并关联事件

运行游戏，单击滑块并尝试调节音量。添加音量调节滑块后的场景效果如图 3-41 所示。

图 3-41　添加音量调节滑块后的场景效果

3.2.7　用脚本来控制 UI 元素的交互

3.2.7

Button、Toggle、Slider 元素都是交互类的 UI 元素。可通过组件自带的脚本控制交互操作，也可编写脚本来灵活控制 UI 元素的交互。下面通过一个实例，制作一组技能冷却图标，来讲解用脚本监听和触发 UI 交互事件。

通过脚本实现监听鼠标指针经过、鼠标指针离开和鼠标单击事件，具体操作步骤如下。

1. 技能冷却图标界面

在 Hierarchy 面板中单击鼠标右键，在弹出的快捷菜单中选择“Create Empty”，创建一个空物体，将其改名为 Bar。

选中“Bar”，单击鼠标右键，在弹出的快捷菜单中选择“UI”→“Image”，创建图像，将其改名为 Background 并添加到 Bar 之下；将准备好的图像拖曳到 Background 的“Source Image”中，作为背景图像；调整 Background 的大小和位置。

选中“Bar”，单击鼠标右键，在弹出的快捷菜单中选择“Create Empty”，创建空物体，将其改名为 item；在 item 之下，新建 3 个图像对象，分别对应 icon 冷却图标、buffer 蒙版和 frame 图标边框。将准备好的 3 张图像拖曳到对应的“Source Image”中，并按顺序叠放，技能冷却图标界面如图 3-42 所示。

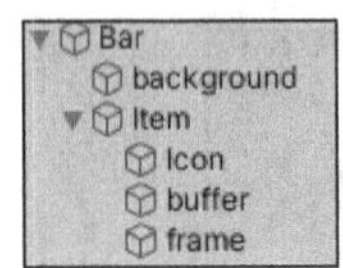

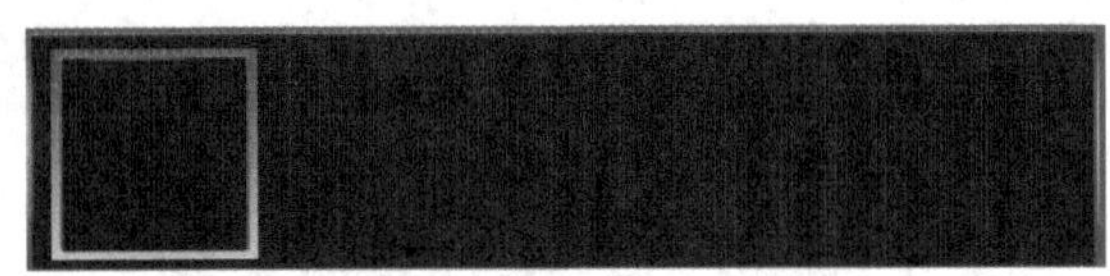

图 3-42　技能冷却图标界面

设置 buffer 的 Image 属性，将图像类型设置成 Filled，选择 360° 填充，从顶部开始，如图 3-43 所示。

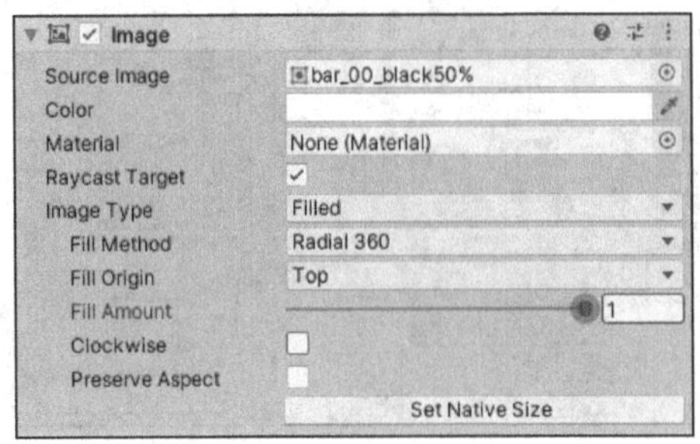

图 3-43　设置 buffer 的 Image 属性

若要将 frame 对象设置为不可见，则在其 Inspector 面板中取消勾选其名字前的复选框。

2. 编写脚本

实现鼠标指针经过技能冷却图标时显示绿色边框，鼠标指针离开时绿色边框消失的效果。

在 Project 面板中，选择“Assets”→“Scripts”文件夹，单击鼠标右键，在弹出的快捷菜单中选择“Create”→“C# Script”，新建脚本文件 BarCtrl.cs。

涉及 UGUI 编程的脚本中，需要引用 UI 相关的名称域，应在脚本 BarCtrl.cs 的上方加入如下代码：

```
using UnityEngine.UI;
using UnityEngine.EventSystems;
```

本实例要监听鼠标指针经过、鼠标指针离开和鼠标单击事件，脚本需继承对应的事件监听接口 IPointerEnterHandler、IPointerExitHandler、IPointerClickHandler，代码如下：

```
public class BarCtrl : MonoBehaviour,IPointerEnterHandler,
                       IPointerExitHandler,IPointerClickHandler
```

同时，脚本中需要重写接口中的事件处理函数，代码如下：

```
//鼠标指针经过
public void OnPointerEnter(PointerEventData eventData)
{
}
//鼠标指针离开
public void OnPointerExit(PointerEventData eventData)
{
}
//鼠标单击
public void OnPointerClick(PointerEventData eventData)
{
}
```

要实现鼠标指针经过时图标显示绿色边框的效果，就是要在脚本中将 frame 对象设置成可见的。因此，在 OnPointerEnter()函数中增加如下代码：

```
transform.Find("frame").gameObject.SetActive(true);
```

要实现鼠标指针离开时图标恢复原样，也就是要在脚本中将 frame 对象设置成不可见的。在 OnPointerExit()函数中增加如下代码：

```
transform.Find("frame").gameObject.SetActive(false);
```

3. 实现技能冷却效果

技能冷却就是用脚本控制 buffer 对象，当单击图标时，将 buffer 对象中的 Fill Amount 属性值从 1 逐渐减到 0。

脚本中增加变量 speed，用于控制图像填充的速度；变量 img 用来存放将要修改属性的图像对象。

首先要在 OnPointerClick()函数中获取要修改的图像对象 buffer，将其存放在变量 img

中，代码如下：

```
img = transform.Find("buffer").GetComponent<Image>();
```

动态修改 buffer 对象中的 Fill Amount 值，此段代码放在 Update()函数中。游戏每运行一帧，Fill Amount 值递减一次，直到 Fill Amount 值为 0，代码如下：

```
if(img != null)
{
    //修改 Fill Amount 值
    img.fillAmount -= speed * Time.deltaTime;
    if (img.fillAmount <= 0)
    {
        img.fillAmount = 1;
        img = null;
    }
}
```

完整的 BarCtrl.cs 脚本代码如图 3-44 所示。

```
BarCtrl.cs
Assembly-CSharp                    BarCtrl
using System.Collections;
using System.Collections.Generic;
using UnityEngine;
using UnityEngine.UI;
using UnityEngine.EventSystems;

0 个引用
public class BarCtrl : MonoBehaviour,IPointerEnterHandler,IPointerExitHandler,IPointerClickHandler
{
    public float speed = 1;//控制图像填充速度
    private Image img;//存放buffer图像对象
    0 个引用
    public void OnPointerClick(PointerEventData eventData)
    {
        img = transform.Find("buffer").GetComponent<Image>();
    }
    0 个引用
    public void OnPointerEnter(PointerEventData eventData)
    {
        //设置frame对象在场景中可见
        transform.Find("frame").gameObject.SetActive(true);
    }
    0 个引用
    public void OnPointerExit(PointerEventData eventData)
    {
        //设置frame对象在场景中不可见
        transform.Find("frame").gameObject.SetActive(false);
    }

    0 个引用
    void Update()
    {
        if(img != null)
        {
            img.fillAmount -= speed * Time.deltaTime;//修改Fill Amount值
            if (img.fillAmount <= 0)
            {
                img.fillAmount = 1;
                img = null;
            }
        }
    }
}
```

图 3-44　完整的 BarCtrl.cs 脚本代码

将 BarCtrl.cs 拖曳到 Item 对象上，调整冷却速度，如图 3-45 所示。将 Speed 设置成公共变量，因此可以在 Item 对象的 Inspector 面板中设置 Speed 值，用以控制图像填充的速度。

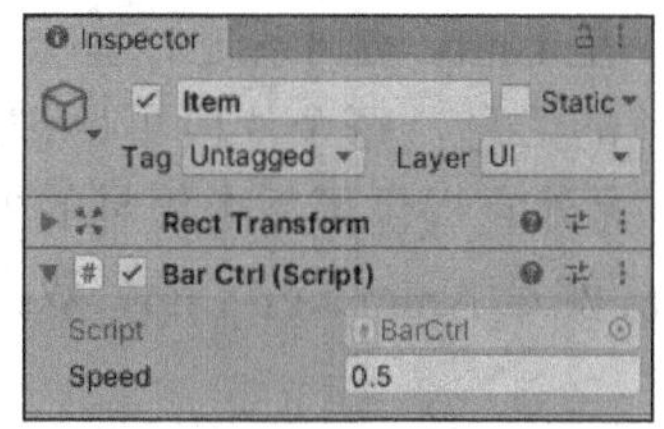

图 3-45　调整冷却速度

运行游戏，技能冷却图标的不同状态及过渡效果如图 3-46 所示。

图 3-46　技能冷却图标的不同状态及过渡效果

3.3　动画系统

Unity 有一个丰富而复杂的动画系统（也称为 Mecanim）。动画系统具有以下功能：为 Unity 的所有元素（包括对象、角色和属性）提供简单的动画工作流程和动画设置，支持导入外部的动画剪辑以及 Unity 内创建的动画。下面以一个球体的运动为例，来讲解动画的基本使用方法。

3.3.1　创建动画

在 Hierarchy 面板中创建一个新的游戏对象 Sphere，单击菜单“Window”→“Animation”→“Animation”（快捷键 Ctrl+6），打开 Animation 面板，给物体添加动画，如图 3-47 所示。单击“Create”按钮，在打开的对话框中输入 SphereMove 来作为文件名，保存创建的动画片段。Unity 系统自动添加物体上的 Animator 组件、Animator Controller 状态机、Animation Clip 动画片段。从图 3-47 可以看到，Unity 自动创建了两个文件，即 SphereMove.anim 和 Sphere.controller，此外，它还为 Sphere 添加了一个 Animator 组件，其指向 Sphere.controller 控制器。

3.3.1

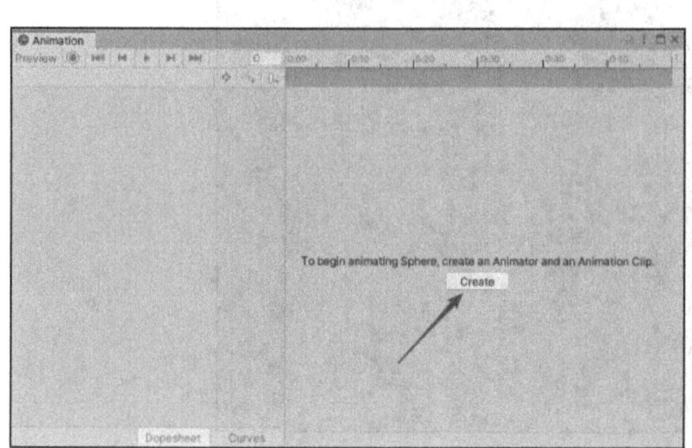

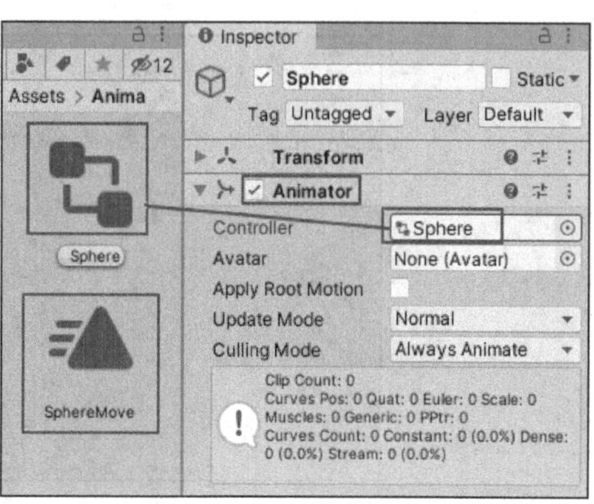

图 3-47　给物体添加动画

Animation Clip（动画片段）是Unity动画系统的基础，片段中包含对象随时间变化的位置信息、旋转信息或其他属性的信息。每个片段可以被认为是单一的线性记录。Unity支持从外部资源包中导入动画，另外它提供了一个简易的内置动画编辑器，可以从头开始创建动画片段。SphereMove.anim就是Animation Clip，双击“SphereMove”即可打开动画编辑器，如图3-48所示。

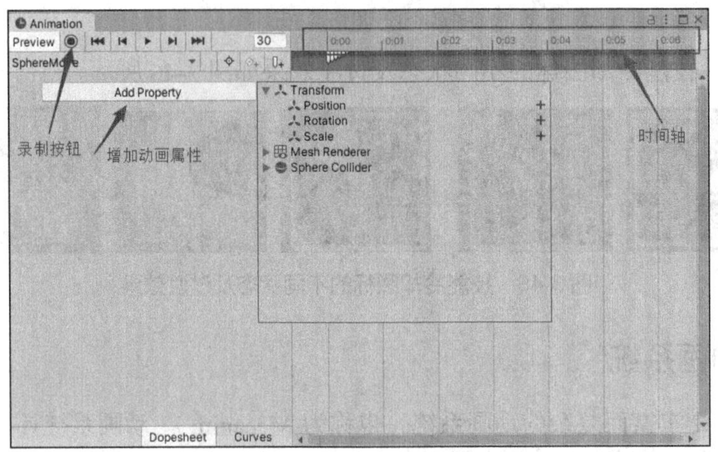

图3-48 动画编辑器

通过Unity动画编辑器创建和编辑动画片段，可以改变以下内容。

- 游戏对象的位置值、旋转值和比例。
- 组件属性：材质的颜色、灯光的强度、音量等。
- 脚本中定义的属性：Float、Int、Vector和Bool变量等。

在动画编辑器中修改Sphere的属性值，让球向下移动。操作步骤如下。

（1）单击“Add Property”按钮，在下拉菜单中选择“Transform”→“Position”，并单击“+”按钮。

（2）单击时间轴并选择0:15，修改Sphere的位置，如图3-49所示。Sphere物体在0:00时的Position.y为10，现将Position.y的值修改为0，同时系统自动在0:15处插入一个关键帧。第1个关键帧的Position.y为10，第2个关键帧的Position.y为0，第3个关键帧的Position.y为10。

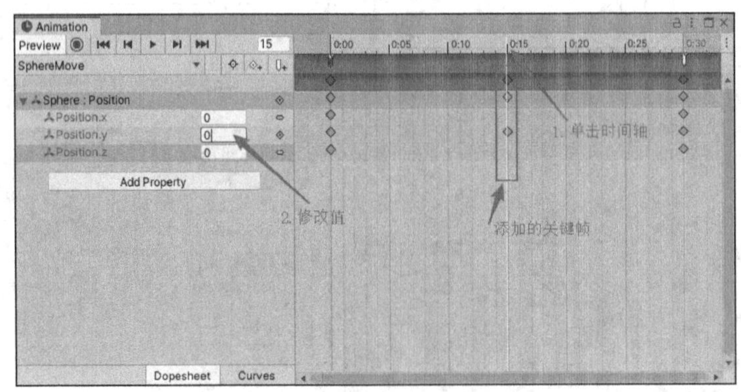

图3-49 修改Sphere的位置

单击动画编辑器上的“Play”按钮，播放小球在场景中上下来回跳动的动画。若要放慢小球的弹跳速度，可单击时间轴右侧，调整帧速率，将“Set Sample Rate”设置成 25，如图 3-50 所示。

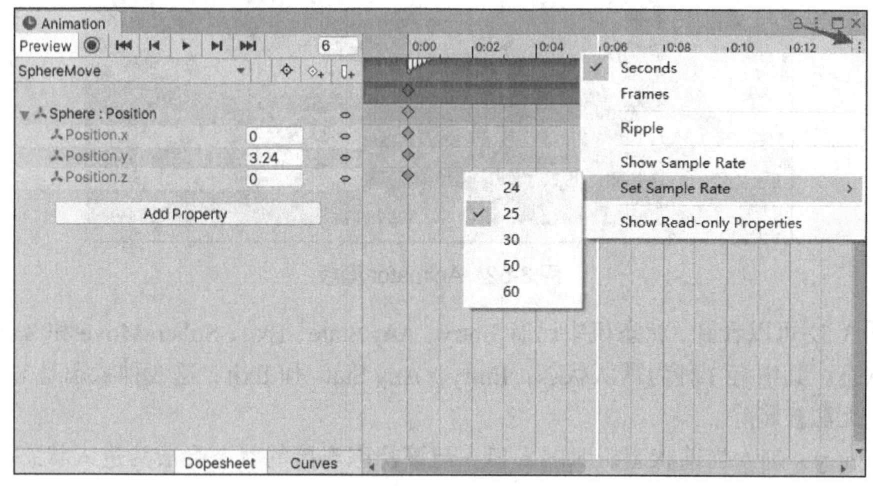

图 3-50　调整帧速率

另一种编辑动画片段的方法：单击动画编辑器上的录制按钮，单击时间轴并选择时间，在 Scene 场景中调整 Sphere 的位置后，再单击录制按钮结束动画录制。

第一个动画片段创建完成了，接下来继续创建下一个动画片段。

在 Animation 面板中，单击“SphereMove”旁边的下拉箭头，选择“Create New Clip”新建 Animation Clip，如图 3-51 所示，新建另一个动画片段，将其另存为 SphereScale。

图 3-51　新建 Animation Clip

单击“Add Property”按钮，在下拉菜单中选择“Transform”→“Rotation”，并单击“+”按钮；单击时间轴并选择 0:30，将 Scale 中的 Rotation.x、Rotation.y、Rotation.z 值修改为 2，将“Set Sample Rate”设置成 25。单击动画编辑器上的“Play”按钮，可以看到小球放大、缩小的动画效果。

3.3.2　使用动画控制器在动画之间切换

动画控制器（Animator Controller）是 Unity 中一种单独的配置文件，其扩展名为“.controller”，动画控制器包含以下几种功能。

3.3.2

- 可以对多个动画进行整合。
- 使用状态机可实现动画的播放和切换。
- 可以实现动画融合和分层播放。
- 可以通过脚本对动画播放进行深度控制。

动画控制器内部拥有一个“状态机”，用于控制当前动画片段的播放，以及进行不同片段的切换。在 3.3.1 小节中，已创建 2 个动画片段，可以运行其中任意一个，但在游戏过程中无法更改播放的动画。这个时候，可使用动画控制器来设置。

双击 Assets 文件夹中的 Sphere.controller，打开 Animator 面板，如图 3-52 所示。

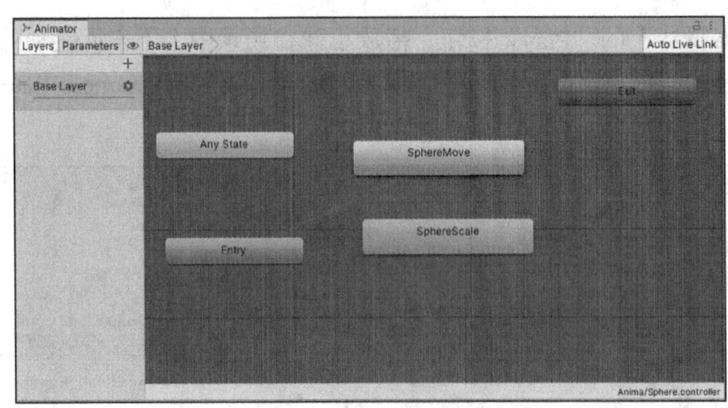

图 3-52　Animator 面板

从图 3-52 可以看到，状态机中已有 Entry、Any State、Exit、SphereMove 和 SphereScale 这 5 种状态。其中有 3 种为默认状态：Entry、Any State 和 Exit。这 3 种状态是 Unity 自动创建的，无法被删除。

- Entry：进入当前状态机时的入口，与该状态连接的状态会成为进入状态机后的第一种状态。
- Any State：任意的状态，其指向的状态是在任意时刻都可以切换到的状态。
- Exit：退出当前状态机时的出口，如果有任意状态指向该出口，表示可以从指定状态退出当前的状态机。

SphereMove 呈黄色状态，表示动画开始运行后的第一种状态。Entry 和 SphereMove 状态由带箭头的线段连接，表示一种状态可以过渡到指向的状态。从一种状态切换到另一种状态的过程称为转换。

若希望小球在相应动画结束后立即在 SphereMove 和 SphereScale 之间切换，则可在两种状态之间创建状态连接线。状态连接如图 3-53 所示，在“SphereMove”上单击鼠标右键，在弹出的快捷菜单中选择“Make Transition”，将箭头指向“SphereScale”。同样的操作，创建“SphereScale”指向“SphereMove”的连接线。运行程序，就可以看到小球在移动动画和缩放动画中切换。

单击连接线，在 Inspector 面板中可以设定转换条件，如图 3-54 所示。勾选“Has Exit Time”，则会实现两个动画之间的自动切换。Conditions 中可添加转换条件。

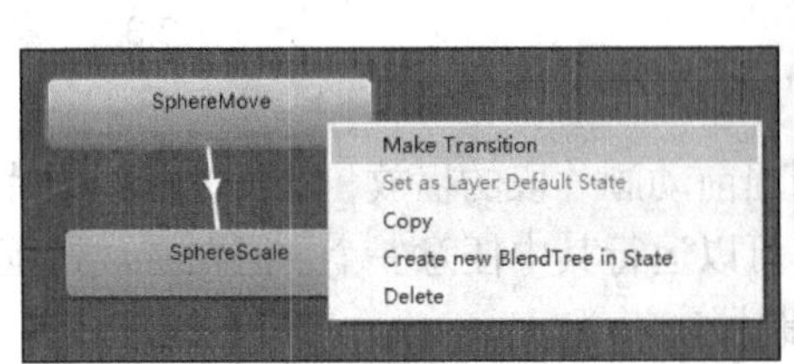

图 3-53　状态连接

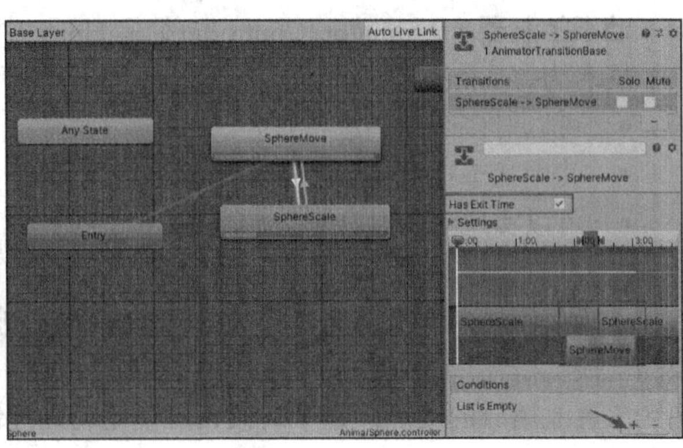

图 3-54　设定转换条件

游戏运行时选择 Animator 面板，可以看到处于当前活动状态的进度条。如图 3-54 所示，存在短暂的时间段 SphereMove 和 SphereScale 两种状态同时具有进度条，这意味着 Unity 一次运行两种状态，将一种状态与另一种状态混合，这样就可以实现两种状态之间的平滑过渡。

Conditions 用于决定何时发生转换，可以定义多个转换条件，只有满足设定的条件才能触发状态转换。操作步骤如下。

1. 设置转换参数

单击 Animator 面板中的“Parameters”，可添加 4 种类型的参数：Float（浮点数）、Int（整数）、Bool（布尔值）和 Trigger（触发器）。

转换条件设置如图 3-55 所示，在“Parameters”中增加两个参数，即 Move 和 Scale。Move 类型是 Int，初始值为 0；Scale 类型是 Bool，初始值为 false。图 3-55 中，“SphereScale”→“SphereMove”连接线增加条件是 Move 等于 1；“SphereMove”→“SphereScale”连接线增加条件是 Scale 等于 true。

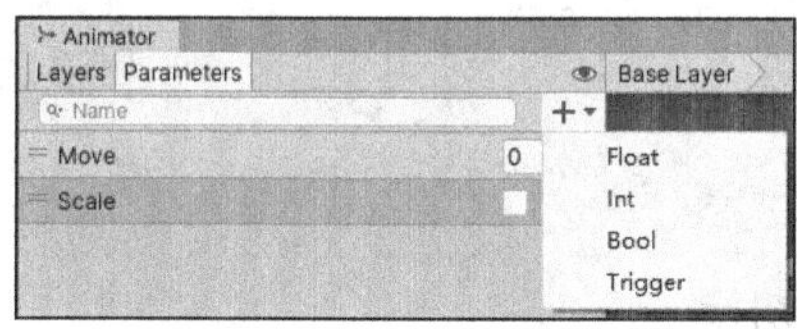

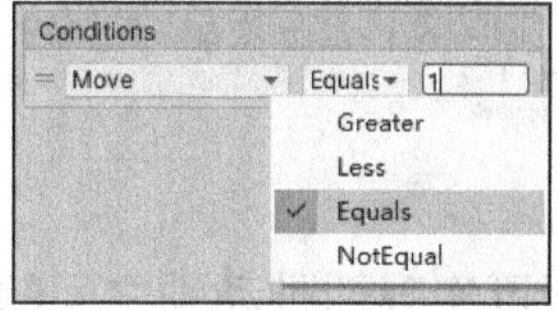

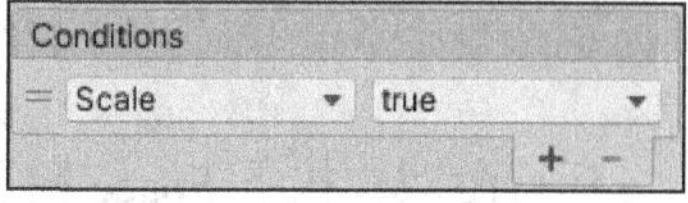

图 3-55　转换条件设置

2. 运行游戏

此时，两个动画之间无法进行转换。手动修改“Parameters”中 Move 和 Scale 的值，可恢复两种动画之间的自动转换，修改属性值如图 3-56 所示。

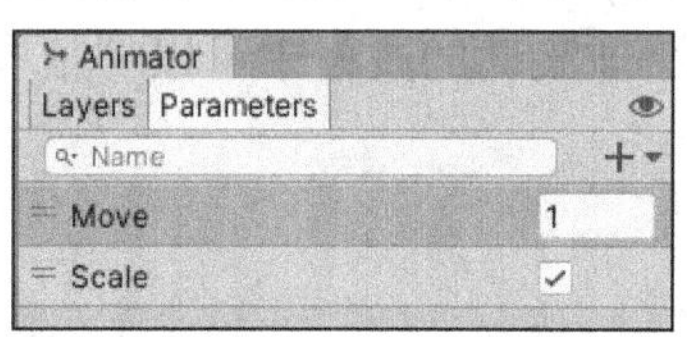

图 3-56　修改属性值

实际操作中，可以改变参数值来实现对动画切换的动态控制。

3.3.3　用脚本控制动画切换

在脚本中控制条件变量 Move 和 Scale 的值，可达到控制动画切换的目的。操作步骤如下。

3.3.3

1. 新建脚本文件

在 Project 面板中，选择“Assets”→“Scripts”文件夹，单击鼠标右键，在弹出的快捷菜单中选择“Create”→“C# Script”，新建脚本文件 AnimaContrl.cs，将其拖曳到 Sphere 游戏对象上。

2. 用脚本实现修改动画的条件变量

打开 AnimaContrl.cs 脚本，添加动画组件属性，代码如下：

```
public class AnimaContrl : MonoBehaviour
{
    private Animator anim;
    //在第一帧更新之前调用 Start 函数
    void Start()
    {
    //获取对象上的 Animator 组件
      anim = this.GetComponent<Animator>();
    }
    //每帧调用 1 次 Update 函数
    void Update()
    {
      if (Input.GetKeyDown(KeyCode.Space))
      {
         anim.SetInteger("Move", 1);//设置 Move=1
         anim.SetBool("Scale", true);//设置 Scale=true
      }
    }
}
```

运行游戏，按下 Space 键即可实现两种动画之间的切换。

3.4 操作实例：RollaBall 游戏项目

Unity 官网提供了很多初级教程以方便用户学习 Unity，读者可自行查阅。

RollaBall 游戏项目来自 Unity 官方实例教程。该游戏项目将制作小球滚动游戏，通过按键控制小球在场景中滚动，小球滚动的过程中可以“拾取”物体并显示得分。本项目涉及以下知识点。

- 创建游戏对象。
- 为游戏对象添加组件。
- 设置游戏对象属性。
- 为游戏对象添加脚本。
- 摄像机跟随游戏对象移动。
- 简单 UI 元素。
- 游戏的发布。

3.4.1 搭建游戏场景

3.4.1

首先介绍搭建小球运动的基本环境：小球、小球滚动的平台和 4 面墙围起来的墙面。操作步骤如下。

1. 创建一个新的项目 RollaBall

单击菜单“File”→“New Project”，输入项目名称 RollaBall，设置项目存放路径。

2. 创建游戏场景

在 Project 面板的 Assets 文件夹中单击鼠标右键，在弹出的快捷菜单中选择“Create”→“Folder”，创建一个 Scenes 文件夹来管理项目中游戏的场景文件；单击菜单“File”→“Save Scene”来保存当前游戏场景文件，将场景文件保存在 Scenes 文件夹中，取名为 MiniGame。

3. 设置灯光

单击菜单“Window”→“Rendering”→“Lighting Settings”，打开 Lighting 设置对话框，勾选“Auto generate”复选框。

4. 添加游戏对象——小球滚动的平台

在 Hierarchy 面板中单击鼠标右键，在弹出的快捷菜单中选择“3D Object”→“Plane”，将其名字修改为 Ground；点击 Inspector 面板中 Transform 旁边的⁝按钮，将 Transform 组件的属性重置（Reset），如图 3-57 所示。重置后将游戏对象放置在场景的(0,0,0)坐标处，此坐标是世界坐标系的原点。Unity 的官方教程中建议每次添加新的 Game Object 时，都将其 Transform 组件的属性重置。

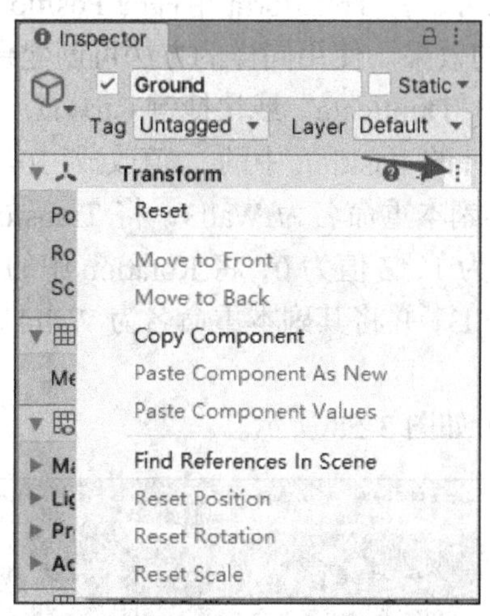

图 3-57　重置 Transform 组件的属性

调整 Ground 对象的大小，将 Transform 组件中的 Scale 属性的 X 值设置为 2、Z 值设置为 2，使游戏平台在 *X*、*Z* 轴方向上扩大一倍。

在 Project 面板中，在 Assets 文件夹中单击鼠标右键，选择“Create”→“Folder”，创建一个 Materials 文件夹来管理项目中的材质球；在 Materials 文件夹中单击鼠标右键，选择“Create”→“Material”，创建一个新的材质球，将其改名为 Background；选中“Background”，在对应的 Inspector 面板中，单击 Albedo 属性后的颜色字段，打开 Color 面板，选择深蓝色，将 Background 材质球设置成深蓝色。

拖曳 Background 材质球到 Scene 面板的 Ground 对象上，将游戏平台设置成深蓝色。

5. 添加游戏主角——小球

在 Hierarchy 面板中单击鼠标右键，在弹出的快捷菜单中选择“3D Object”→“Sphere”，将其名字修改为 Player；将 Inspector 面板中 Transform 组件的属性重置；使小球沿 *Y* 轴方向向上移动 0.5 个单位，使其位于 Ground 平台之上。

6. 改变方向光的角度

为了让小球有更好的光照效果，需调整灯光的照射角度：在 Hierarchy 面板中选中“Directional Light”，将对应 Inspector 面板中 Transform 组件的 Rotation 的 Y 值改成 60。

7. 添加四周的墙面

在 Hierarchy 面板中单击鼠标右键，在弹出的快捷菜单中选择“Creat”→“Create Empty”，将其改名为 Walls，创建一个空物体作为父对象，用于存放游戏场景中的 4 面墙；将 Walls 对应 Inspector 面板中 Transform 组件的属性重置，回到坐标原点。

在 Hierarchy 面板中单击鼠标右键，在弹出的快捷菜单中选择“Create”→“3D Object”→“Cube”，创建一个 Cube 游戏对象，重命名为 Wall1，将其拖曳到 Walls 中作为其子对象，并将其 Transform 组件的属性重置（Reset）；通过工具栏缩放工具按钮调整 Wall1 的大小，使其与游戏平台 Ground 的宽度一样，或者通过设置 Transform 组件的 Scale 中的值，即 X 值为 20、Y 值为 2、Z 值为 0.5 以达到同样的效果；使用工具栏移动工具按钮将 Wall1 移动至平台的边缘，也可设置 Transform 组件的 Position 中的值，即 X 值为 0、Y 值为 1、Z 值为 10 以达到同样的效果。使用同样的方法可创建余下的 3 面墙。

也可使用菜单“Edit”→“Duplicate”或快捷键 Ctrl+D，复制 Wall1，并将其副本重命名为 Wall2，将 Transform 组件的 Position 中的 Z 值改成-10。选中“Wall2”，按下 Ctrl+D 快捷键，复制 Wall2，并将其副本重命名为 Wall3，将 Transform 组件的 Position 中的值进行修改，即 X 值为-10、Y 值为 1、Z 值为 0，将 Rotation 中的 Y 值改成 90。选中“Wall3”，按下 Ctrl+D 快捷键，复制 Wall3，并将其副本重命名为 Wall4，将 Transform 组件的 Position 中的 X 值改成 10。

游戏场景搭建完毕，效果如图 3-58 所示。

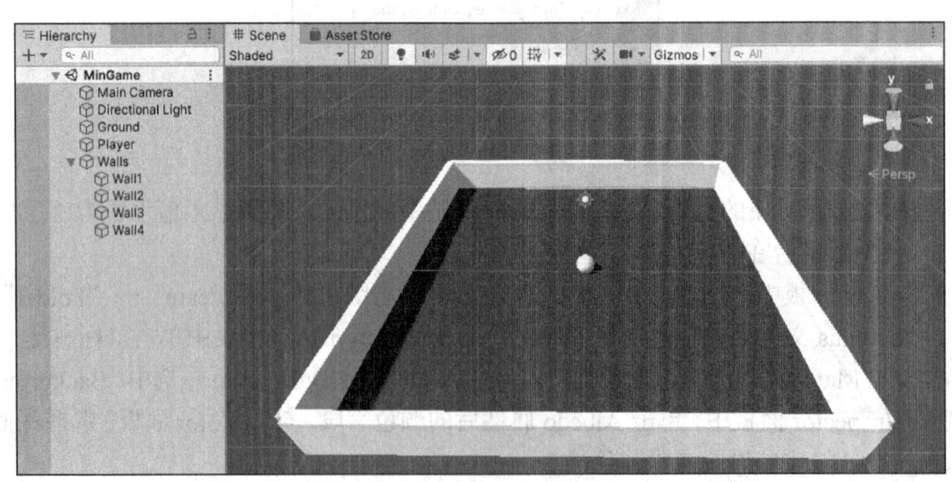

图 3-58 游戏场景效果

3.4.2 小球动起来

小球在游戏平台中滚动，若它能撞击墙面但不会飞出去，这就需要给小球添加刚体组件、脚本来控制小球的移动。操作步骤如下。

1. 给小球添加刚体组件

3.4.2

在 Hierarchy 面板中选中 Player 游戏对象，单击菜单“Component”→“Physics”→“Rigidbody”；或直接在 Player 对应的 Inspector 面板中单击“Add Component”按钮，选择“Physics”→“Rigidbody”。

2. 给小球添加脚本

在 Project 面板的 Assets 文件夹中单击鼠标右键，选择“Create”→“Folder”，创建一个 Scripts 文件夹来管理项目中的脚本；在 Scripts 文件夹中单击鼠标右键，选择“Create”→“C# Script”，创建一个新的脚本，将其重命名为 PlayerController；双击 PlayerController 脚本打开脚本编辑器。

此脚本要实现的功能是获取键盘上的方向键的信息，给小球添加作用力，控制小球在游戏平台中滚动。小球添加了刚体组件，所以它具有物理属性，控制小球的代码可添加到 FixedUpdate()函数中。可将脚本中默认的 Update()函数删除。

在脚本中增加一个控制小球滚动速度的变量 speed，将其设置成公共变量，这样在 Inspector 面板中可以快捷地调整小球的滚动速度。

```
public float speed;//小球的滚动速度
private Rigidbody m_rigidbody; //定义具有刚体组件的变量，实例化一个对象，用于控制小球移动和碰撞
```

在脚本的 Start()函数中，添加获取刚体组件的代码。

```
void Start() {
    //获取游戏对象的刚体组件
    m_rigidbody = gameObject.GetComponent<Rigidbody>();
}
```

在脚本中添加 FixedUpdate()函数，通过 Input.GetAxis()函数来获取键盘上的上、下、左、右方向键的信息。使用按键的值组成 Vector3 三维变量来表示小球运动的方向。rigidbody.AddForce()函数的作用是添加一种力到刚体物体上，使其按照 Vector3 变量表示的方向移动。

```
void FixedUpdate() {
    //获取横坐标轴 x，用键盘上的左、右方向键控制
    float moveHorizontal = Input.GetAxis("Horizontal");
    //获取纵坐标轴 z，用键盘上的上、下方向键控制
    float moveVertical = Input.GetAxis("Vertical");
    Vector3 movement = new Vector3(moveHorizontal, 0.0f, moveVertical);
    //Time.deltaTime 使游戏对象的移动以秒为单位
    m_rigidbody.AddForce(movement * speed * Time.deltaTime);
}
```

完整的 PlayerController.cs 脚本如图 3-59 所示。

将 PlayerController.cs 拖曳到游戏对象 Player 中，在 Inspector 面板的 Player Controller 脚本组件中的“Speed”文本框中输入小球运动的速度值为 200，如图 3-60 所示。

```
PlayerController.cs
Assembly-CSharp          PlayerController          Start()
using System.Collections;
using System.Collections.Generic;
using UnityEngine;

0 个引用
public class PlayerController : MonoBehaviour
{
    public float speed;//小球的滚动速度
    private Rigidbody m_rigidbody; //定义具有刚体组件的变量，实例化一个对象，用于控制小球移动和碰撞

    // Start is called before the first frame update
    0 个引用
    void Start()
    {
        //获取游戏对象的刚体组件
        m_rigidbody = gameObject.GetComponent<Rigidbody>();
    }
    0 个引用
    void FixedUpdate()
    {
        //获取横坐标轴X，用键盘上的左、右方向键控制
        float moveHorizontal = Input.GetAxis("Horizontal");
        //获取纵坐标轴Z，用键盘上的上、下方向键控制
        float moveVertical = Input.GetAxis("Vertical");
        Vector3 movement = new Vector3(moveHorizontal, 0.0f, moveVertical);
        //Time.deltaTime使游戏对象的移动以秒为单位
        m_rigidbody.AddForce(movement * speed * Time.deltaTime);
    }
}
```

图 3-59　完整的 PlayerController.cs 脚本

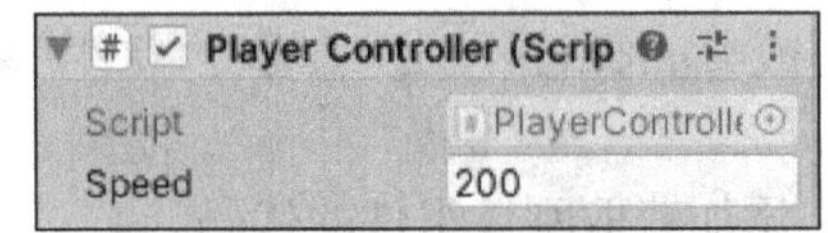

图 3-60　输入速度值

单击“运行”按钮，按下键盘上的方向键，可控制小球在游戏平台中滚动。

3.4.3　摄像机跟随小球移动

3.4.3

在游戏运行过程中，为了更好地观察小球的运动，可以设置摄像机跟随小球移动。操作思路是摄像机的位置跟随小球的位置变化，而摄像机的角度不发生改变。首先用变量记录下摄像机与小球之间的位置偏移量，游戏运行过程中小球与摄像机之间始终保持相同的偏移量。通过脚本实现摄像机跟随小球移动，操作步骤如下。

1. 调整摄像机的角度

设置 Main Camera 的 Transform 组件中 Position 属性，即 X 值为 0、Y 值为 8、Z 值为 −12；设置 Rotation 属性，即 X 值为 45、Y 值为 0、Z 值为 0。

2. 给摄像机添加脚本

在 Project 面板中的 Scripts 文件夹中新建脚本 CameraController.cs。

脚本中首先定义一个公共的 GameObject 变量，用来“告诉”游戏，摄像机将跟随哪个游戏对象移动。定义一个 Vector3 类型的变量 offset，存放摄像机与游戏对象的偏移量。

```
public GameObject player;//存放摄像机跟随的游戏对象——小球
private Vector3 offset; //存放摄像机与游戏对象的偏移量
```

使用 transform.position 获取摄像机和游戏对象的位置，在 Start()函数中将两者的起始位

置数据相减，将得到的两个对象的位置偏移量放入 offset 变量。

```
offset = transform.position - player.transform.position;
```

作为跟随摄像机，摄像机状态的修改代码最好放在 LateUpdate()函数中。LateUpdate()函数和 Update()函数一样，在游戏运行的每一帧都会被运行，但是 LateUpdate()函数是在 Update()函数中的代码都运行结束后才被调用。设置跟随摄像机的位置时，小球在那一帧内已经完成了移动。摄像机的位置数据=小球移动后的位置数据+摄像机与小球的位置偏移量。

```
void LateUpdate() {
    //根据偏移量，计算出小球移动时摄像机的位置数据
    transform.position = player.transform.position + offset;
}
```

完整的摄像机跟随脚本如图 3-61 所示。

```
CameraController.cs  ×   PlayerController.cs
Assembly-CSharp          Camera Controller          Start()

using System.Collections;
using System.Collections.Generic;
using UnityEngine;

0 个引用
public class Camera Controller : MonoBehaviour
{
    public GameObject player;//存放摄像机跟随的影游戏对象——小球
    private Vector3 offset; //存放摄像机与以下对象的偏移里
    // Start is called before the first frame update
    0 个引用
    void Start()
    {
        offset = transform.position - player.transform.position;
    }
     0 个引用
     void LateUpdate()
    {
        //根据偏移里，计算出小球移动时摄像机的位置数据
        transform.position = player.transform.position + offset;
    }
}
```

图 3-61　完整的摄像机跟随脚本

将 CameraController.cs 拖曳到游戏对象 Main Camera 上，在 Main Camera 的 Inspector 面板中可以看到 Camera Controller 组件，将 Player 游戏对象拖曳到“Player”中，Camera Controller 脚本组件如图 3-62 所示。

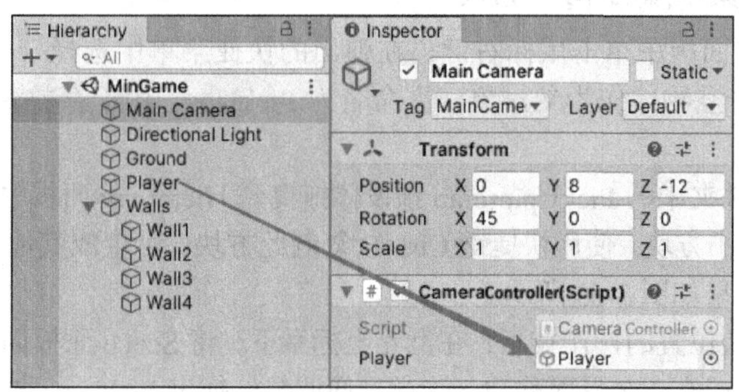

图 3-62　Camera Controller 脚本组件

运行游戏，可以看到摄像机跟随着小球移动，游戏视角也随之改变。

3.4.4 会旋转的方块

3.4.4

游戏平台和小球已经设计好了，接下来介绍制作可以旋转的方块，此方块可以与小球发生碰撞、被小球拾取后消失。为了给游戏增加一些趣味性，可让方块在原地自动旋转。操作步骤如下。

1. 创建一个方块

在 Hierarchy 面板中新建一个 Cube，命名为 PickUp，并单击其 Transform 组件的“Reset”重置到原点；PickUp 与 Player 重叠，为了更好地处理 PickUp 方块，可将 Player 暂时隐藏、不在场景中显示。选中 Player 游戏对象，在 Inspector 面板中取消勾选其名称前的复选框，则可在场景中禁用 Player 游戏对象。

调整 PickUp 游戏对象的 Transform 组件属性值：Position 的 Y 值设为 1，Rotation 的 X、Y、Z 值都设为 45。

2. 添加脚本，让方块自动旋转

在 Project 面板中 Scripts 文件夹中新建脚本 Rotator.cs，使用 transform.Rotate()函数让方块按照固定的角度旋转。

在脚本的 Update()函数中添加以下代码：

```
void Update() {
    transform.Rotate(new Vector3(15,30,45)*Time.deltaTime);
    }
```

将脚本 Rotator.cs 拖曳到 PickUp 游戏对象中，单击“运行”按钮就可以让方块自动旋转。

3. 将 PickUp 游戏对象制作成预设体

在 Project 面板的 Assets 文件夹中单击鼠标右键，在弹出的快捷菜单中选择“Create”→“Folder”，创建一个 Prefabs 文件夹来管理项目中的预设体；将 Hierarchy 面板中的 PickUp 游戏对象直接拖曳到 Prefabs 文件夹中，生成 PickUp.prefab 预设体。使用预设体的好处是“一次制作、重复使用”。修改预设体的属性，所有使用该预设体的游戏对象属性都会发生相应的改变。

4. 在游戏场景中添加 10 个方块

在 Hierarchy 面板中单击鼠标右键，在弹出的快捷菜单中选择“Create”→“Create Empty”，创建一个空物体作为父对象，重命名为 PickUps，用于存放游戏场景中的 10 个方块。

将 Prefabs 文件夹中的 PickUp.prefab 预设体拖曳到 Hierarchy 面板中的 PickUps 空物体下，生成一个新的小方块。使用快捷键 Ctrl+D 复制此方块，可生成其他 9 个方块。调整 10 个方块位置后，效果如图 3-63 所示。

调整 10 个方块位置的操作技巧：在世界坐标系下，将 Scene 面板调整成 *Y* 轴模式，游戏对象平行于地面或在 *X/Z* 平面移动。这样方便调整、拖曳 PickUp 对象。

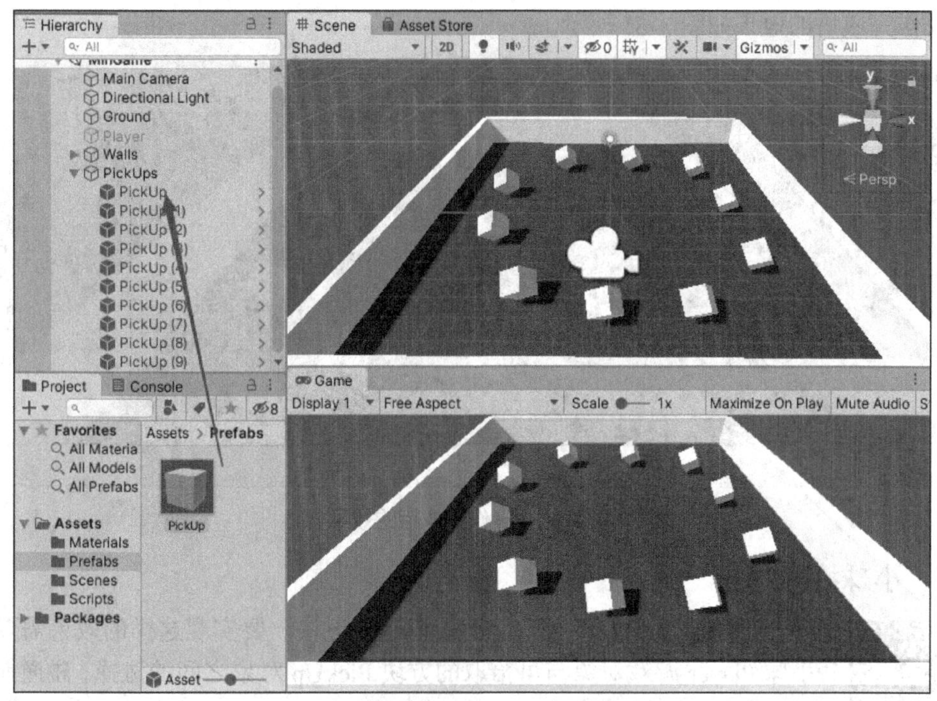

图 3-63　调整方块位置后的效果

在 Hierarchy 面板中选中 Main Camera 对象，按下快捷键 Ctrl+Shift+F（或单击菜单“GameObject”→“Align With View”），可将摄像机的角度调整到与当前 Scene 面板的角度一致。

5. 改变方块的颜色

将方块颜色设置成黄色。在 Project 面板的 Materials 文件夹中，单击鼠标右键，在弹出的快捷菜单中选择“Create”→“Material”，创建一个新的材质球，将其重命名为 PickUp；选中 PickUp，在对应的 Inspector 面板中，单击 Albedo 属性后的颜色字段，打开 Color 面板，将 PickUp 材质球设置成黄色。

拖曳 PickUp 材质球到 Scene 面板的一个方块对象中，此方块对象的颜色变成黄色；在此方块的 Inspector 面板中单击“Apply All”按钮，更改 PickUp 对象的预设体属性，如图 3-64 所示，将颜色更改应用到 PickUp 预设体上，这样所有方块的颜色均会修改成黄色。

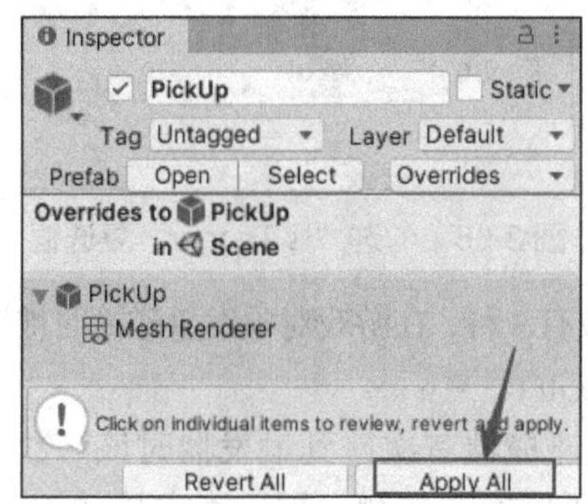

图 3-64　更改 PickUp 对象的预设体属性

操作完成后的效果如图 3-65 所示。

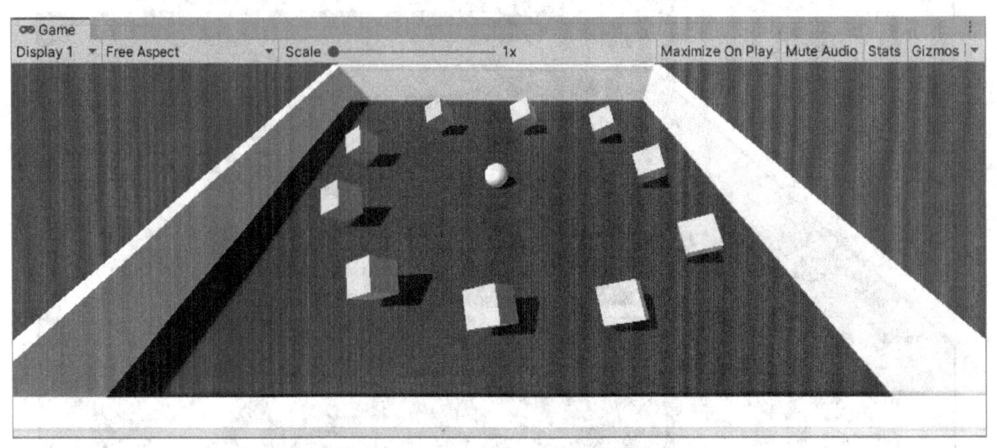

图 3-65 操作完成后的效果

3.4.5 小球拾取方块

3.4.5

小球接触到方块时，能够拾取这些方块。要实现这样的效果需要检测小球 Player 游戏对象与可拾取的方块 PickUp 对象之间的碰撞，碰撞能触发某种操作，如被碰撞的 PickUp 对象消失。

第 2 章中介绍过碰撞器，即两个游戏对象发生碰撞时，碰撞器可以产生系统默认的物理碰撞效果。通常碰撞器会与刚体一起使用，没有碰撞器组件的刚体物体相遇时，会彼此相互穿过。

小球 Player 游戏对象是 Sphere 游戏对象，而 Sphere 游戏对象自带 Sphere Collider，3.4.2 小节中已实现给小球添加刚体组件。方块 PickUp 游戏对象是 Cube 游戏对象，Cube 游戏对象自带 Box Collider。两个物体碰撞时不产生碰撞效果，而是需要触发某种操作，这时就需要使用触发检测来实现。触发检测的前提是游戏对象具有触发器，触发器实际就是一种特殊的碰撞器。勾选碰撞器组件中的“Is Trigger”复选框，碰撞器就变成了触发器，如图 3-66 所示。

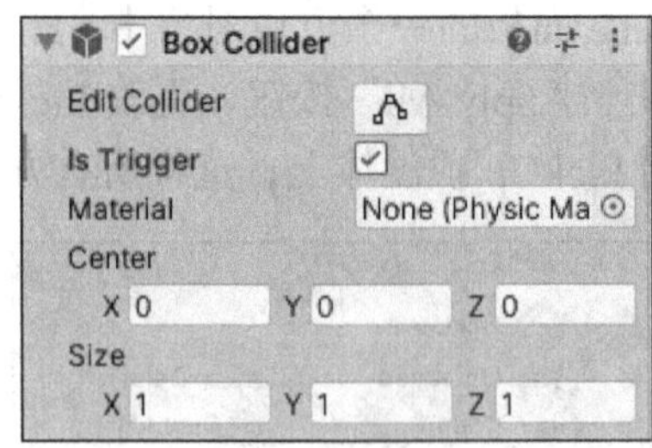

图 3-66 勾选“Is Trigger”复选框

Collider 类中触发检测函数有 3 种，在游戏对象发生碰撞时被调用，分别是 OnTriggerEnter()、OnTriggerStay()、OnTriggerExit()。

- OnTriggerEnter()：当碰撞器首次碰到触发器时该函数被调用。
- OnTriggerStay()：只要碰撞器与触发器一直在接触，就会一直调用该函数。

- OnTriggerExit()：当碰撞器停止与触发器接触时该函数被调用。

在本游戏项目中，小球是碰撞器，会旋转的方块是触发器。当小球碰撞到方块时，小球拾取方块，方块在 Scene 场景中消失。现在的问题是需要判断小球遇到什么物体时才进行拾取操作。场景中有多个可被拾取的物体，我们可以给被拾取的物体增加一个 Tag（标签）。

场景中共有 10 个方块可被拾取，如果一一设置就会很烦琐。此时可修改 PickUp 预设体来快速处理。操作步骤如下。

1. 给 10 个方块添加标签

在 Project 面板中选中 PickUp.prefab 预设体，在对应的 Inspector 面板中单击“Open Prefab”按钮，对预设体进行编辑。添加 Tag 如图 3-67 所示，在“Tag”下拉列表中选择“Add Tag”，添加一个新的标签 PickUp。

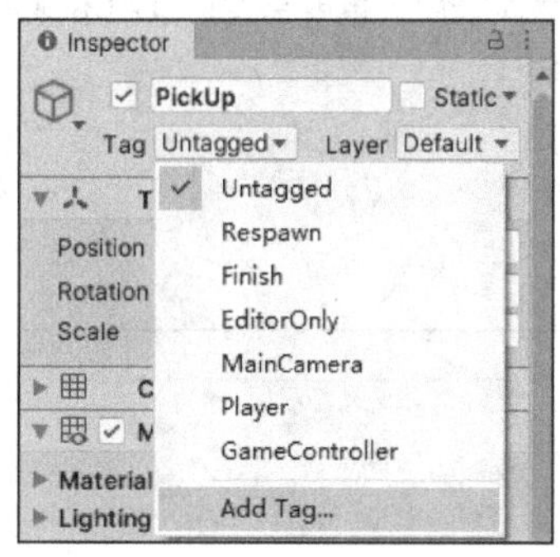

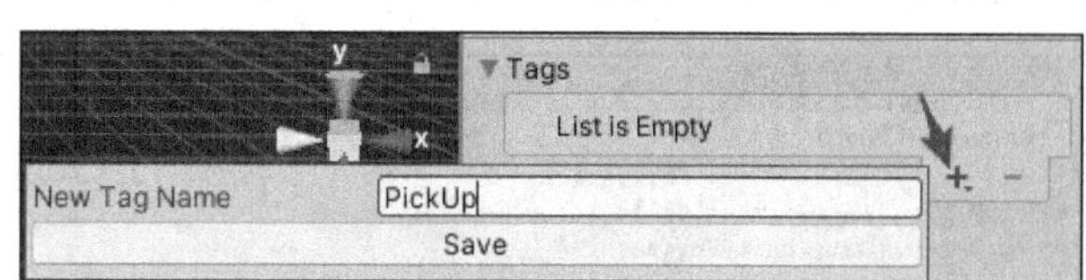

图 3-67　添加 Tag

将 PickUp.prefab 的“Tag”设置成“PickUp”，这样场景中的 10 个方块的标签 Tag 均为“PickUp”。添加 PickUp 标签，如图 3-68 所示。

2. 将 10 个方块设为触发器

在 Project 面板中选中 PickUp.prefab 预设体，在对应的 Inspector 面板中的 Box Collider 组件中勾选“Is Trigger”复选框，将会旋转的方块设置成触发器，如图 3-69 所示。

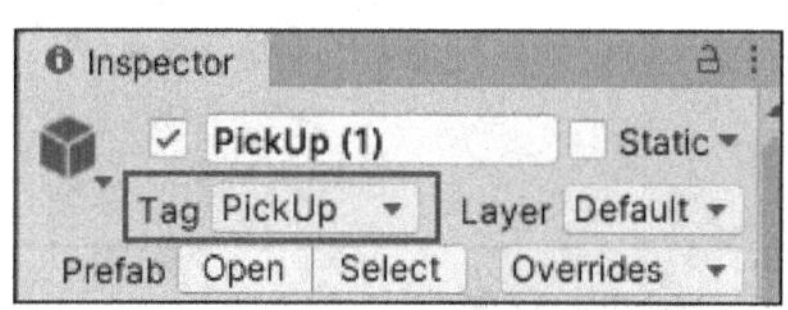

图 3-68　添加 PickUp 标签

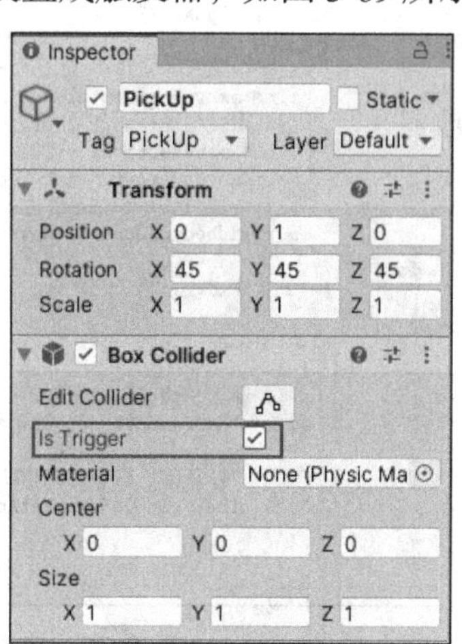

图 3-69　将会旋转的方块设置成触发器

3. 将小球重新显示在场景中

选中 Player 游戏对象，在 Inspector 面板中勾选其名称前的复选框，则可在场景中显示 Player 游戏对象。

4. 修改小球的 PlayerController.cs 脚本

在 PlayerController.cs 中添加 OnTriggerEnter()函数，当小球触碰方块时，可将方块对象禁用，使其不显示在场景中。

```
void OnTriggerEnter(Collider other) //触发检测函数，两个物体第一次接触时调用
{
    //判断与小球接触的物体标签是不是 PickUp
    if (other.gameObject.CompareTag ("PickUp"))
    {
        //如果与小球接触的物体标签是 PickUp，则将此物体禁用，也就是在场景中不显示
        other.gameObject.SetActive(false);
    }
}
```

完整的 PlayerController.cs 脚本如图 3-70 所示。

```
PlayerController.cs*
Assembly-CSharp    PlayerController    Start()
using System.Collections;
using System.Collections.Generic;
using UnityEngine;

0 个引用
public class PlayerController : MonoBehaviour
{
    public float speed;//小球的滚动速度
    private Rigidbody m_rigidbody; //定义具有刚体组件的变量，实例化一个对象，用于控制小球移动和碰撞

    // Start is called before the first frame update
    0 个引用
    void Start()
    {
        //获取游戏对象的刚体组件
        m_rigidbody = gameObject.GetComponent<Rigidbody>();
    }
    0 个引用
    void FixedUpdate()
    {
        //获取横向坐标轴X，键盘上的左、右方向键控制
        float moveHorizontal = Input.GetAxis("Horizontal");
        //获取纵向坐标轴Z，键盘上的上、下方向键控制
        float moveVertical = Input.GetAxis("Vertical");
        Vector3 movement = new Vector3(moveHorizontal, 0.0f, moveVertical);
        //Time.deltaTime使游戏对象的移动以秒为单位
        m_rigidbody.AddForce(movement * speed * Time.deltaTime);
    }
    //触发检测函数，两个物体第一次接触时调用
    0 个引用
    void OnTriggerEnter(Collider other)
    {
        //判断与小球接触的物体标签是不是PickUp
        if (other.gameObject.CompareTag ("PickUp"))
        {
            //如果与小球接触的物体标签是PickUp，则将此物体禁用，也就是在场景中不显示
            other.gameObject.SetActive(false);
        }
    }
}
```

图 3-70 完整的 PlayerController.cs 脚本

5. 运行

单击“运行”按钮，按下键盘上的方向键，控制小球拾取旋转方块。

至此，RollaBall 游戏基本构建完成。

3.4.6　显示记分板

为了让游戏更具可玩性，可在场景中增加一个记分板，记录玩家拾取方块的分数。要实现记分板，需要在场景中添加一个 UI 元素 Text，用来显示玩家的分数。同时，在脚本 PlayerController.cs 中需要用一个变量来记录玩家的分数，并需将变量的值传到 Text 对象中。具体操作步骤如下。

3.4.6

1. 在场景中增加 Text 对象

在 Hierarchy 面板中单击鼠标右键，在弹出的快捷菜单中选择“UI”→“Text”，将其重命名为 CountText，添加 Text 对象如图 3-71 所示。可以看到，在 Hierarchy 面板中同时添加了 Text 的父类对象 Canvas 和 EventSystem 游戏对象，这是 UI 对象的必备元素，Unity 系统会自动添加。只有所有的 UI 元素都是 Canvas 的子对象才能正常工作。

2. 将 Text 对象显示在游戏场景的左上角

添加 CountText 对象后，在 Game 面板中可以看到 New Text 文本显示在屏幕的中心位置，这是因为 Text 对象被固定在它的父类对象 Canvas 的中心位置。修改 Text 的位置，如图 3-72 所示。

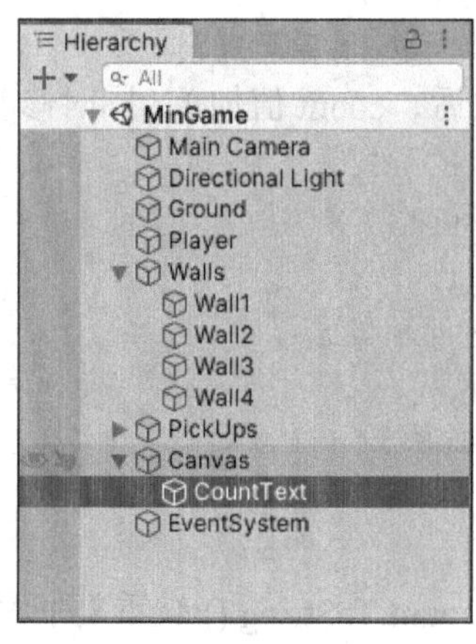

图 3-71　添加 Text 对象

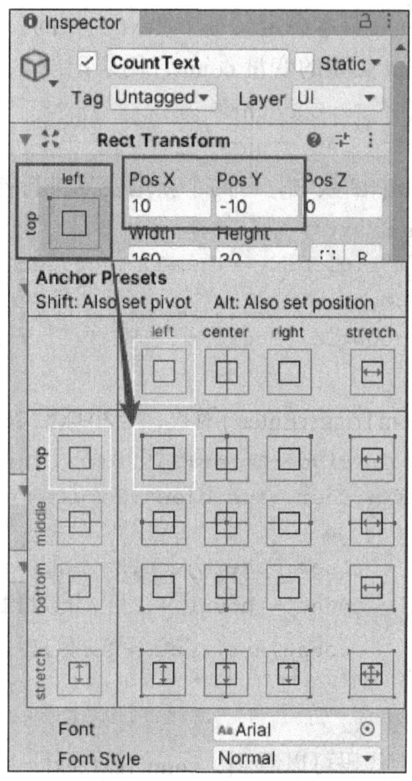

图 3-72　修改 Text 的位置

按下 Shift+Alt 快捷键，同时单击图 3-72 中的“左上”按钮，就可将文本移动到屏幕的左上角位置。将 CountText 对象的 Pos X 的值修改成 10，Pos Y 的值修改成-10，并将文本的颜色改成白色，效果如图 3-73 所示。

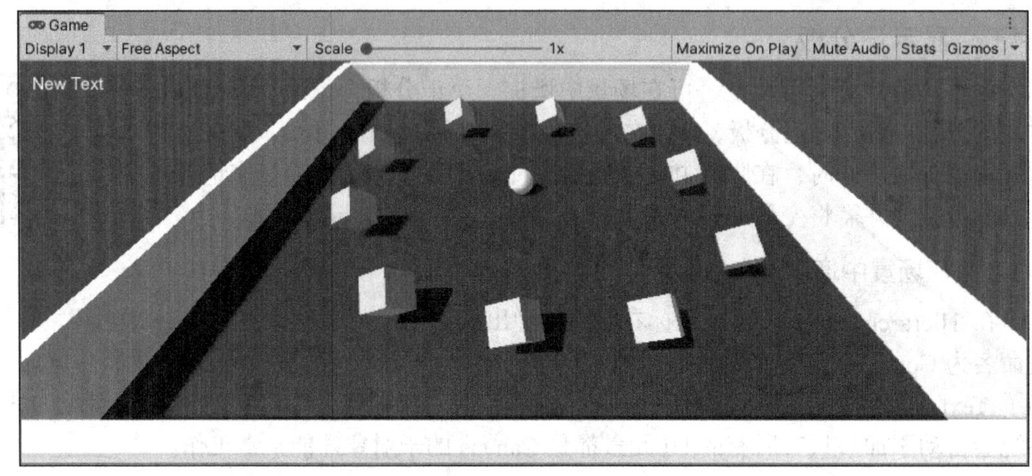

图 3-73　效果

3. 在脚本 PlayerController.cs 中添加记分功能代码

首先，在脚本最前面引入命名空间 UnityEngine.UI，以便使用 Text 类型的变量。

```
using UnityEngine.UI;
```

其次，在脚本中定义一个 Text 类型的公共变量 countText，用来保存 UI 文本对象；并定义一个 int 类型的变量 count，用来记录小球拾取方块的个数，起始值为 0。

```
public Text countText;
private int count;
```

在 Start()函数中，对两个新增变量进行初始化。

```
void Start() {
    m_rigidbody = gameObject.GetComponent<Rigidbody>();
    count = 0;
    countText.text = "分数:" + count.ToString();
}
```

修改 OnTriggerEnter()函数，当小球拾取一个方块后，count 值加 1，同时修改记分板。

```
void OnTriggerEnter(Collider other){
   if (other.gameObject.CompareTag ("PickUp"))
    {
      other.gameObject.SetActive(false);
      count = count + 1;//分数加 1
       countText.text = "分数:" + count.ToString();
    }
}
```

从以上代码可以看到，countText.text = "分数:" + count.ToString ();被重复书写了两次，代码编写不够简洁，因此可创建一个函数来实现此代码功能。新建函数 SetCountText()，代码如下：

```
void SetCountText(){
    countText.text = "分数:" + count.ToString();
  }
```

脚本 PlayerController.cs，代码如下：

```
using System.Collections;
using System.Collections.Generic;
using UnityEngine;
using UnityEngine.UI;

public class PlayerController : MonoBehaviour
{
    public float speed;//小球的滚动速度
    private Rigidbody m_rigidbody; //定义具有刚体组件的变量，实例化一个对象，
                                                          用于控制小球移动和碰撞
    public Text countText;
    private int count;//记录小球拾取方块的个数

    //在第一帧更新之前调用 Start 函数
    void Start()
    {
        //获取游戏对象的刚体组件
        m_rigidbody = gameObject.GetComponent<Rigidbody>();
        count = 0;
        SetCountText();
    }
    void FixedUpdate()
    {
        //获取横坐标轴 X，用键盘上的左、右方向键控制
        float moveHorizontal = Input.GetAxis("Horizontal");
        //获取纵坐标轴 Z，用键盘上的上、下方向键控制
        float moveVertical = Input.GetAxis("Vertical");
        Vector3 movement = new Vector3(moveHorizontal, 0.0f, moveVertical);
        //Time.deltaTime 使游戏对象的移动以秒为单位
        m_rigidbody.AddForce(movement * speed * Time.deltaTime);
    }
    //触发检测函数，两个物体第一次接触时调用
    void OnTriggerEnter(Collider other)
    {
        //判断与小球接触的物体标签是不是 PickUp
        if (other.gameObject.CompareTag ("PickUp"))
        {
         //如果与小球接触的物体标签是 PickUp，则将此物体禁用，也就是在场景中不显示
```

```
                other.gameObject.SetActive(false);
                count = count + 1;//分数加 1
                SetCountText();
            }
        }
    //更新分数
     void SetCountText()
     {
         countText.text = "分数:" + count.ToString();
     }
}
```

4. 设置属性

在 Unity 编辑器里面，将 CountText 对象拖入 Player 里面的“Count Text”中，设置 Count Text 属性如图 3-74 所示。

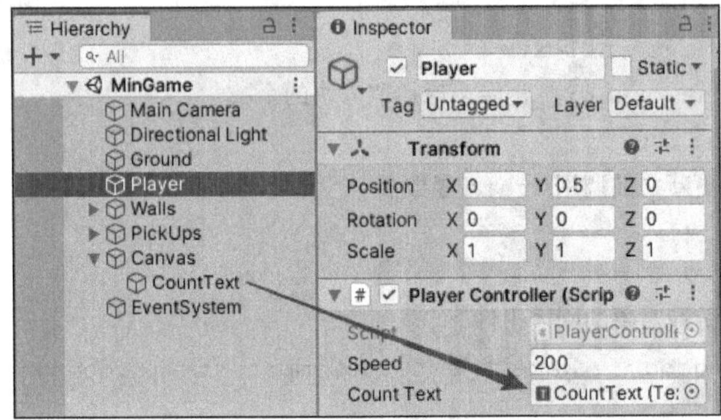

图 3-74　设置 Count Text 属性

5. 运行

单击“运行”按钮，控制小球拾取旋转方块，可在 Game 面板中看到玩家获得的分数，游戏运行效果如图 3-75 所示。

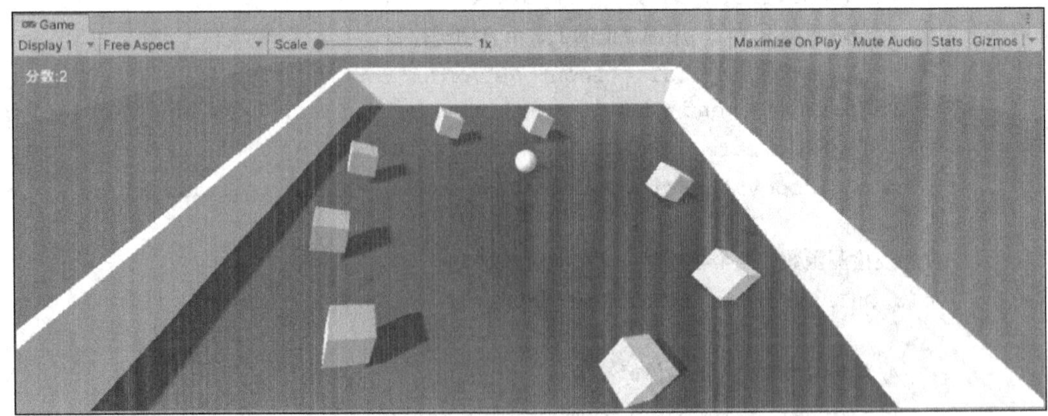

图 3-75　游戏运行效果

3.4.7　显示游戏胜利文本

3.4.7

小球拾取完所有方块后，在面板中应实现显示文本“You Win!”。操作步骤如下。

（1）在 Hierarchy 面板中，单击鼠标右键，在弹出的快捷菜单中选择“UI”→“Text”，将其重命名为 WinText。

调整 WinText 对象的属性如图 3-76 所示，在 Inspector 面板中修改 WinText 的属性，Pos Y 值为 70，Font Size 值为 26，居中对齐，Color 设置为红色。

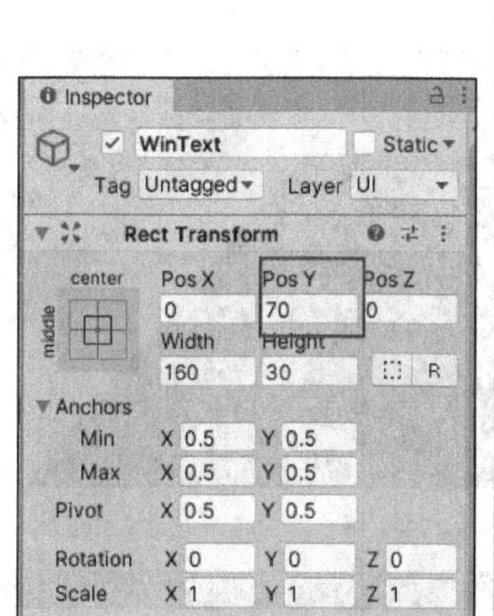

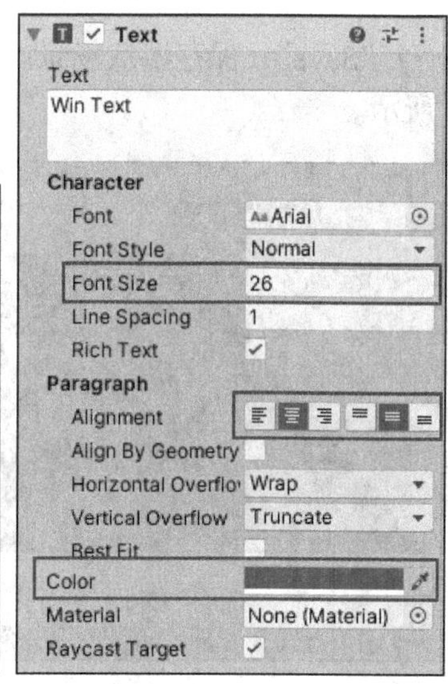

图 3-76　调整 WinText 对象的属性

（2）修改脚本 PlayerController.cs。

在脚本中定义一个 Text 类型的公共变量 winText，用来保存 UI 文本对象。

```
public Text winText;
```

在 Start()函数中，对新增变量进行初始化。

```
void Start() {
    m_rigidbody = gameObject.GetComponent<Rigidbody>();
     count = 0;
     SetCountText();
     winText.text = "";//初始化
}
```

修改 SetCountText()函数，当小球拾取完所有的方块时，将 winText 对象中的文本赋值为“You Win!”。

```
void SetCountText(){
    countText.text = "分数:" + count.ToString();
     if (count >= 10) {
        winText.text = "You Win!";
     }
}
```

（3）在 Unity 编辑器里面，将 WinText 对象拖曳到 Player 里面的“Win Text”中，如图 3-77 所示。

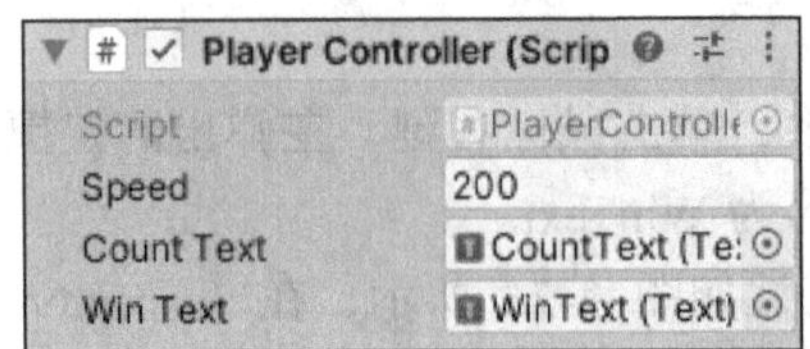

图 3-77　拖曳对象

单击“File”→“Save”，保存游戏场景。运行游戏，当小球拾取全部方块后，游戏胜利画面如图 3-78 所示。

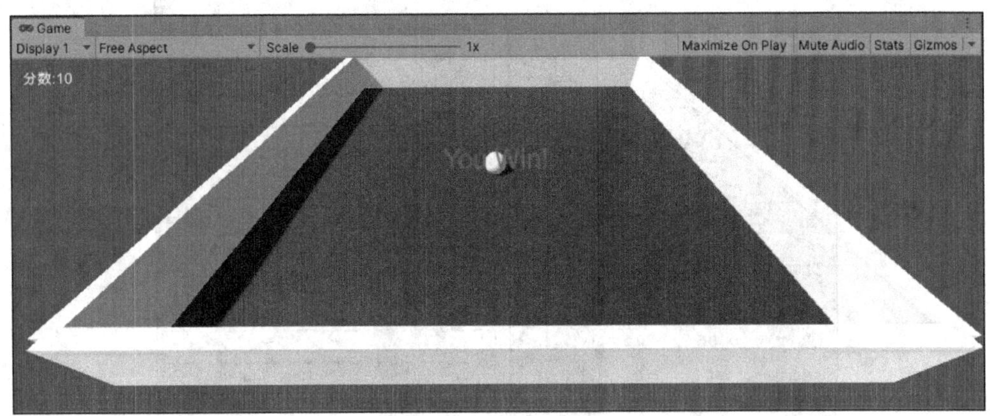

图 3-78　游戏胜利画面

脚本 PlayerController.cs 完整代码如下：

```
using System.Collections;
using System.Collections.Generic;
using UnityEngine;
using UnityEngine.UI;

public class PlayerController : MonoBehaviour
{
    public float speed;//小球的滚动速度
    private Rigidbody m_rigidbody; //定义具有刚体组件的变量，实例化一个对象，
                                                              用于控制小球移动和碰撞
    public Text countText;
    private int count;//记录小球拾取方块的个数
    public Text winText;

    //在第一帧更新之前调用 Start 函数
    void Start()
    {
        //获取游戏对象的刚体组件
```

```
        m_rigidbody = gameObject.GetComponent<Rigidbody>();
        count = 0;
        SetCountText();
        winText.text = "";//初始化
    }
    void FixedUpdate()
    {
        //获取横坐标轴 X，用键盘上的左、右方向键控制
        float moveHorizontal = Input.GetAxis("Horizontal");
        //获取纵坐标轴 Z，用键盘上的上、下方向键控制
        float moveVertical = Input.GetAxis("Vertical");
        Vector3 movement = new Vector3(moveHorizontal, 0.0f, moveVertical);
        //Time.deltaTime 使游戏对象的移动以秒为单位
        m_rigidbody.AddForce(movement * speed * Time.deltaTime);
    }
    //触发检测函数，两个物体第一次接触时调用
    void OnTriggerEnter(Collider other)
    {
        //判断与小球接触的物体标签是不是 PickUp
        if (other.gameObject.CompareTag ("PickUp"))
        {
        //如果与小球接触的物体标签是 PickUp，则将此物体禁用，也就是在场景中不显示
            other.gameObject.SetActive(false);
            count = count + 1;//分数加 1
            SetCountText();
        }
    }
    //更新分数
    void SetCountText()
    {
        countText.text = "分数:" + count.ToString();
        if (count >= 10)
        {
            winText.text = "You Win!";
        }
    }
}
```

3.4.8 发布游戏

3.4.8

一个完整的 Unity 项目制作完毕后，可以将其发布到很多主流游戏平台，其中 PC 平台是应用较广泛的平台，本节讲解将 Unity 游戏发布到 PC 平台的方法。单击菜单“File”→“Build Settings”，打开 Unity 发布设置窗口，如图 3-79 所示。

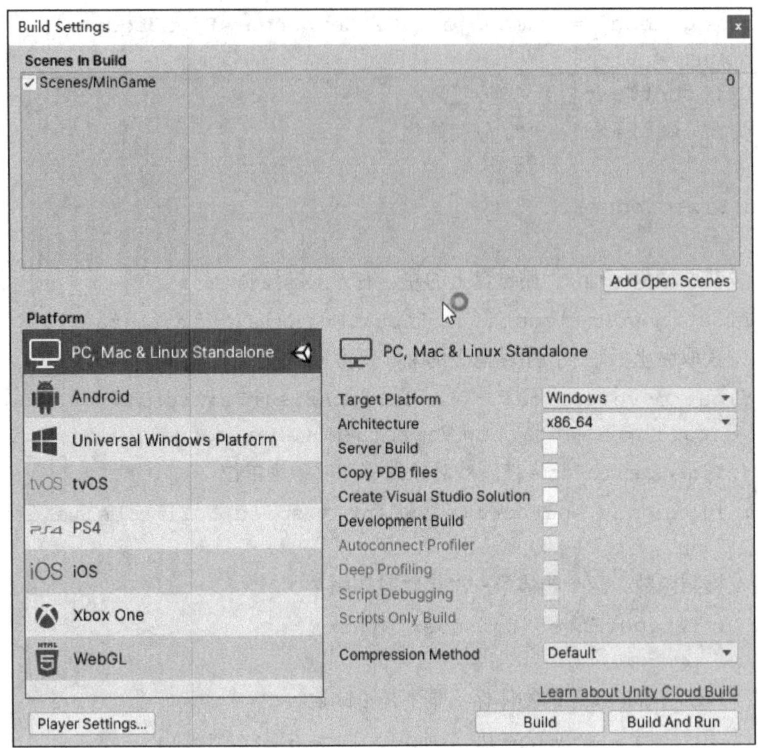

图 3-79　打开 Unity 发布设置窗口

单击“Add Open Scenes”按钮添加当前场景，选择 Windows 平台，单击“Build”按钮，在打开的对话框中输入游戏名称 Roll a Ball，就可创建可执行文件 Roll a Ball.exe。双击 Roll a Ball.exe，可打开 Roll a Ball 游戏运行初始对话框，如图 3-80 所示，单击“Play!”按钮即可运行本游戏，Roll a Ball 游戏运行效果如图 3-81 所示。

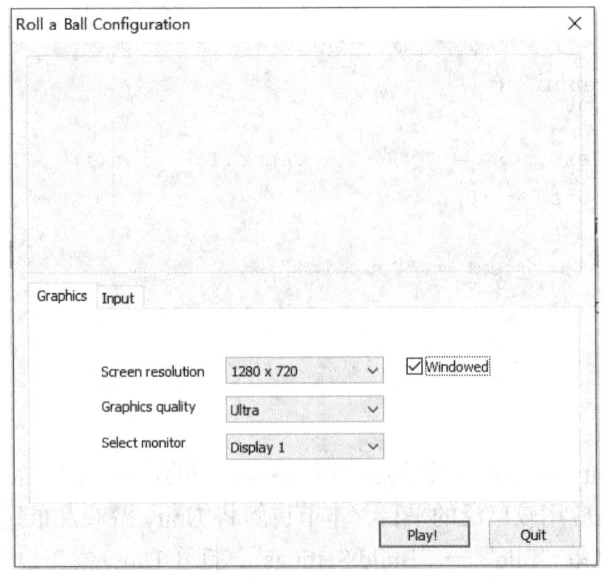

图 3-80　Roll a Ball 游戏运行初始对话框

图 3-81　Roll a Ball 游戏运行效果

3.5 小结

本章介绍了 Unity 中脚本的基本知识，结合实例讲解了如何使用脚本来创建游戏对象以及为游戏添加组件。本章通过小球滚动游戏实例，介绍了制作 Unity 游戏的一些基础内容，包括游戏对象的碰撞处理、创建预设体、添加 UI 元素等。建议读者登录 Unity 官网查看 Unity 的帮助文档，查找对应实例中使用到的 API 说明。

第 4 章　可视化编程工具 Bolt

对于非计算机类专业的人士，编程语言的学习可能有相对较高的门槛，这在一定程度上妨碍了他们对新技术的运用，而可视化的编程工具可以帮助他们解决这个问题。掌握可视化编程工具不需要太专业的计算机知识，一般开发人员只要具备基本的逻辑分析能力，就可以像搭积木一样完成整个程序的构建。

学习目标

- 了解可视化编程的特点。
- 了解可视化编程工具 Bolt 的各种模块和基本操作方法。
- 了解结合 Bolt 和 Unity 进行逻辑编程的思路和方法。

4.1　Bolt 插件的下载和安装

4.1

可视化编程工具有很多，在 Unity 平台上，比较常用的插件有 PlayMaker、Bolt 等，而 Bolt 在风格上接近于虚幻引擎的蓝图系统，功能十分强大。本章选择 Bolt 插件作为介绍对象。

Bolt 插件采用功能模块化的方式，功能模块通过输入、输出接口，按照一定的逻辑组织、连接起来，完成一定的功能。Bolt 有两种组织方式，一种是 Flow Graph（流图），一种是 State Graph（状态图），如图 4-1 所示。

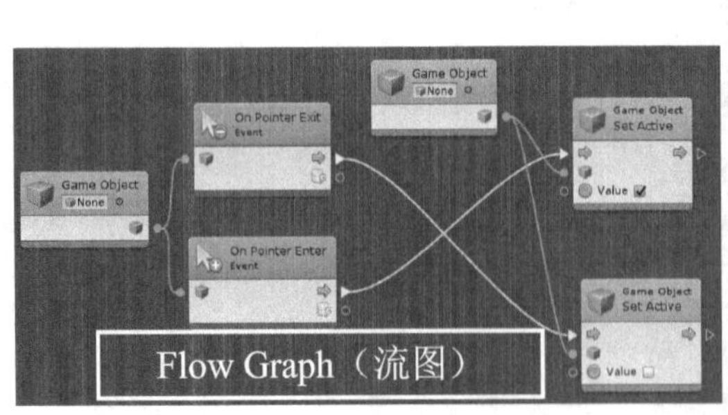

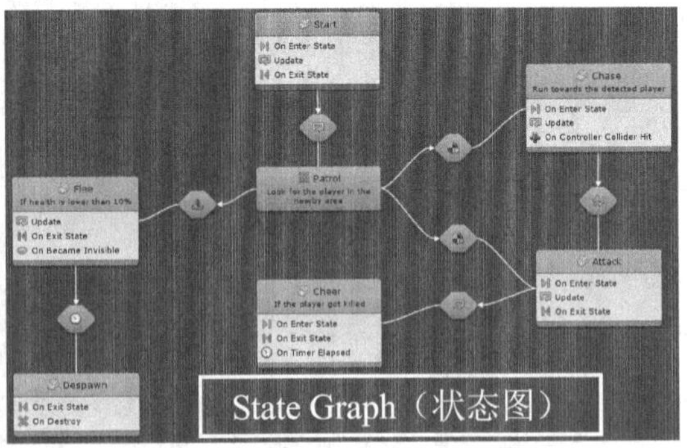

图 4-1　Flow Graph（流图）和 State Graph（状态图）

Flow Graph 适用于通用逻辑的制作，State Graph 适用于角色的智能行为树、游戏状态组织等。多个 Flow Graph 可以组合成一个 State Graph，而 Flow Graph 和 State Graph 也可以互相嵌套，实现完善、复杂的功能。因此，Flow Graph 是基础工具，使用它就可以实现大多数功能。本章就通过作用范围更广、更通用的 Flow Graph 来介绍 Bolt 的使用方法。

Bolt 插件可以在 Unity 官网的 Asset Store 中下载。本书使用的是 Bolt 1.4.0f3，将下载的 unitypackage 文件拖入 Unity 工程。拖入结束后会出现配置窗口，只需全部按照默认选项进行配置即可。其中，第二步配置是让用户按照自己的喜好来选择元素的命名方法，选择 Bolt 的命名方法界面如图 4-2 所示，用户可以选择 “Human Naming” 或者 “Programmer Naming”。“Human Naming” 按照自然语言（英语）的方式来命名各种元素，“Programmer Naming” 则按照编程语言的方式来命名。

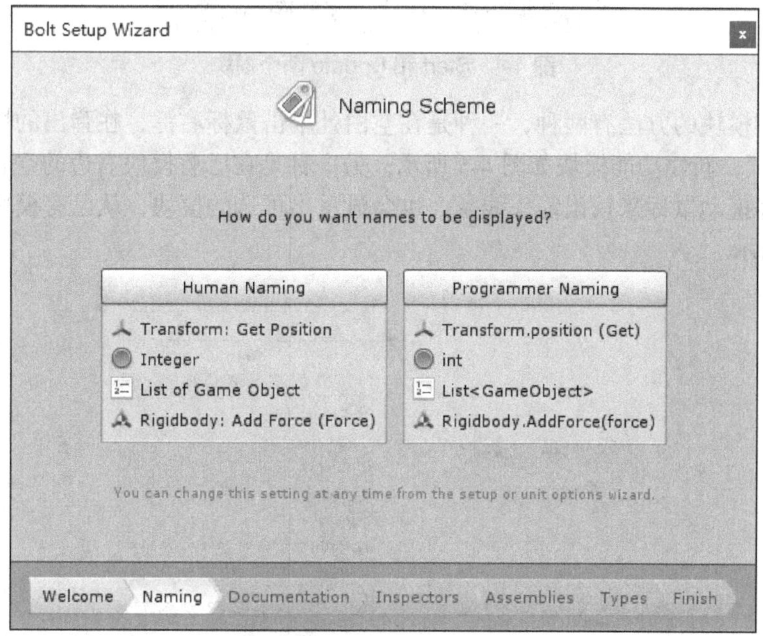

图 4-2　选择 Bolt 的命名方法界面

4.2　Flow Graph 工具的应用

无论有没有编程基础，读者只要有基本的逻辑思维能力，一般都能够掌握可视化编程工具的使用方法。下面先通过一个简单的键盘按键控制物体移动的例子来介绍 Bolt 的基本使用方法。具体步骤如下。

4.2

（1）新建场景，添加一个 Cube。这个 Cube 就是我们的控制目标。

（2）选中这个 Cube 物体，在 Inspector 面板中，单击 “Add Component” 按钮，选择 Bolt 类别中的 Flow Machine，给 Cube 添加一个 Flow Machine 组件，如图 4-3 所示。单击 “New” 按钮，新建一个 Macro（宏），为其取名并保存在合适的目录中。

图 4-3　给 Cube 添加一个 Flow Machine 组件

（3）单击“Edit Graph”按钮，打开编辑窗口；此时可以看到 Start 和 Update 两个模块，如图 4-4 所示，它们的功能和新建的 C#脚本中的 Start()和 Update()函数是一样的。

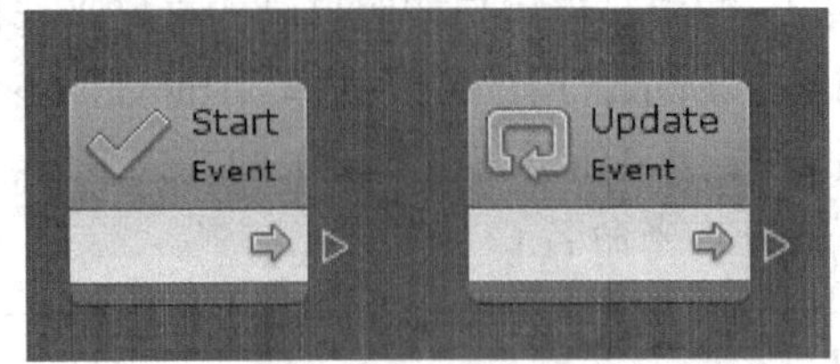

图 4-4　Start 和 Update 两个模块

（4）新建模块的方法有两种，一种是在空白处单击鼠标右键，在弹出的快捷菜单中选择“Add Unit”，新建功能模块如图 4-5 所示；另一种是在已有模块右边的空心三角形上按住鼠标左键并拖动鼠标来拉出箭头线条，也会显示出可选的模块，从已有模块新建功能模块如图 4-6 所示。

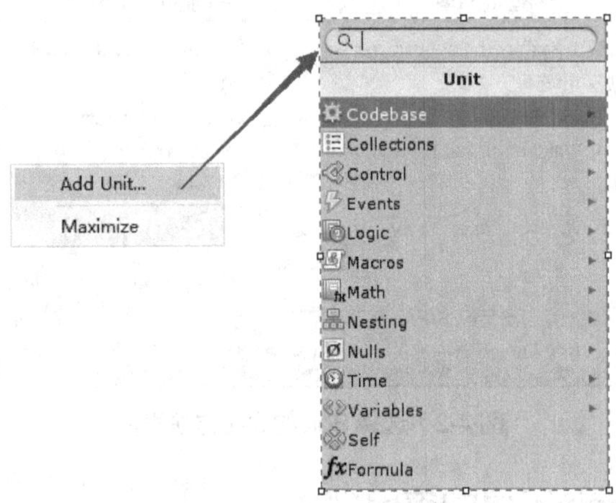

图 4-5　新建功能模块

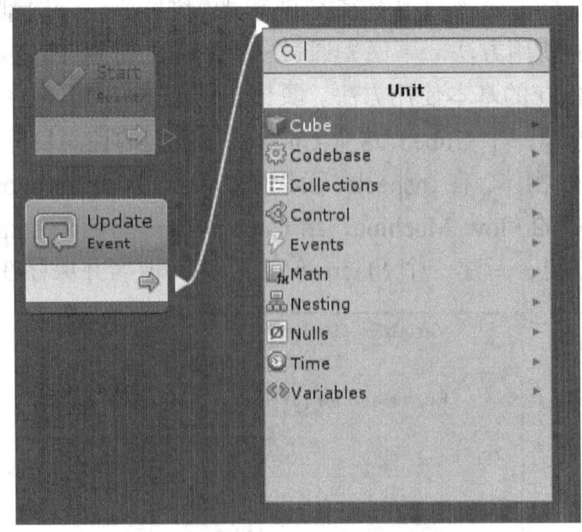

图 4-6　从已有模块新建功能模块

可选的模块比较多，要找到某个具体的模块，可以单击右边带小三角形的项，一级一级地找下去，也可以在上面的搜索框里输入关键字进行搜索。在对模块名称比较熟悉之后，在搜索框中搜索通常是效率最高的方式。

（5）下面先实现 Cube 的移动功能。此功能可以用 Transform 下面的 Translate 模块来实现。按第 4 步中介绍的方法，在弹出界面的搜索框中输入“Translate”进行搜索，选择 Translate 模块如图 4-7 所示。

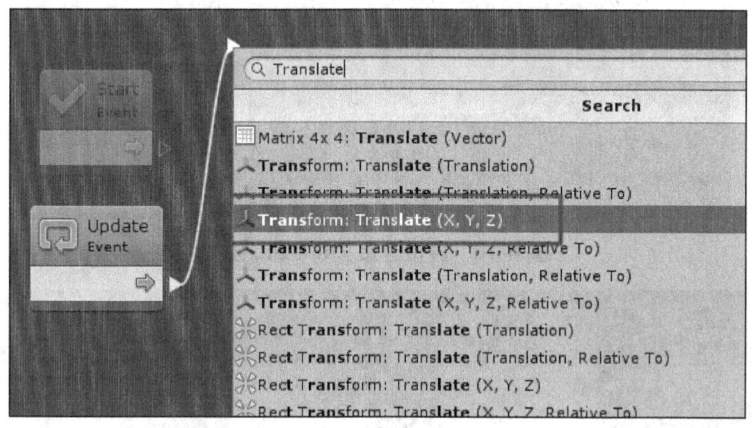

图 4-7　选择 Translate 模块

（6）在新添加的 Translate 模块中，修改 Z 轴属性为 0.1，如图 4-8 所示，即可实现 Cube 按每帧移动 0.1 个单位的速度沿 Z 轴正方向移动，可以运行场景查看效果。

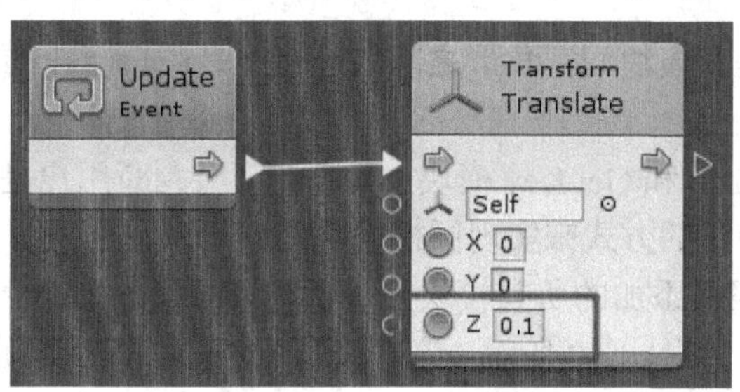

图 4-8　修改 Z 轴属性

（7）现在 Cube 是自动移动的，下面实现用按键控制其移动。先在模块之间连线的端点处单击鼠标右键，取消原有的连接；再新建一个 Get Key 模块，设置“Key”为“W”，如图 4-9 所示。

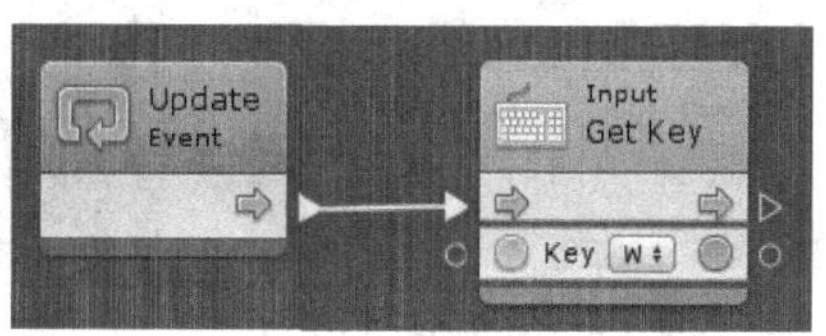

图 4-9　新建模块并设置“Key”为“W”

（8）此时，如果直接连接 Translate 模块，如图 4-10 所示，并不能达到只有按下 W 键才能移动的目的，而是 Cube 自动开始移动。要实现按下 W 键才能移动，必须再添加一个 Branch 分支模块，用 Branch 模块来判断是否按下了 W 键，如图 4-11 所示。Branch 模块的作用是用 True 和 False 形成分支结构，只有按下 W 键后，程序的流程才会执行 True 的分支。

图 4-10　直接连接 Translate 模块

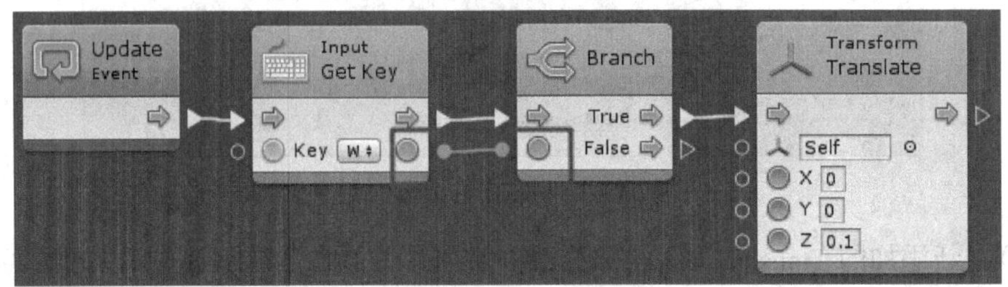

图 4-11　用 Branch 模块来判断是否按下了 W 键

这里需要说明的是，模块间三角形之间的连接，是逻辑流程的连接；而圆形之间的连接，是指数据的传递。

上面步骤采用 Update 和 Get Key 模块，每一帧都会判断用户是否按键。下面介绍另外一种方法，采用事件侦听的方式来实现同样的功能。

（1）删除上面步骤中添加的所有模块，包括 Update 和 Start 模块。添加 On Keyboard Input 模块并修改属性，如图 4-12 所示。该模块属于 Event 事件类别，起到侦听用户键盘输入事件的作用。

（2）再添加和前面步骤中一样的 Translate 模块，修改 *Z* 轴属性为 0.1，即可实现同样的功能。使用 On Keyboard Input 模块实现移动功能，如图 4-13 所示。

图 4-12　添加 On Keyboard Input 模块并修改属性

图 4-13　使用 On Keyboard Input 模块实现移动功能

4.3 Bolt 常用模块介绍

从 4.2 节的内容可以看到，Bolt 主要依靠各种功能模块来实现功能。所以，了解常用的功能模块是使用 Bolt 的基础。

4.3.1 Unity API 功能模块

Unity API 的功能模块是 Bolt 的重点部分，正是这部分的功能，才使得 Bolt 能在 Unity 中发挥作用。按照 Unity API 的划分，功能模块又分成很多小的类。下面介绍其中几种比较常用的类。

4.3.1

1. Transform 类

Transform 是 Unity API 中非常重要的类，可实现关于物体空间操作的功能。Bolt 中 Transform 类的功能模块如图 4-14 所示。

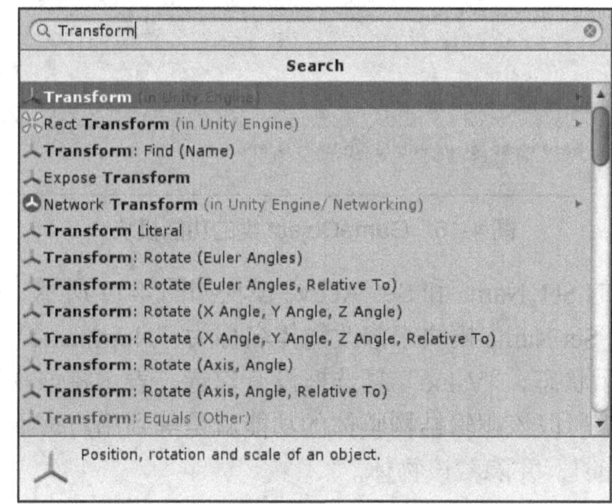

图 4-14　Transform 类的功能模块

在 4.2 节中，已经介绍了使用 Translate 模块实现物体的移动。其他常用的功能模块还有旋转、朝向、查找层级结构的上下级关系等。目标跟踪功能如图 4-15 所示，图中的逻辑结构使用了朝向模块 Look At，设定了一个球体“Sphere”作为目标，通过每一帧都“Look At”目标，实现了物体跟踪指向目标的功能。

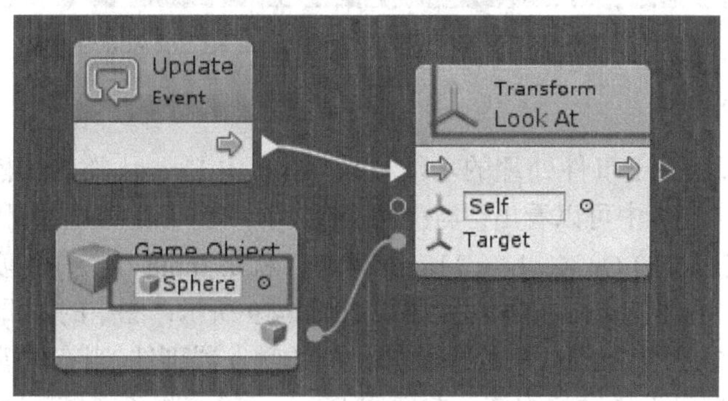

图 4-15　目标跟踪功能

2. GameObject 类

GameObject 类承担了所有关于游戏对象的操作，Bolt 中 GameObject 类的功能模块如图 4-16 所示。

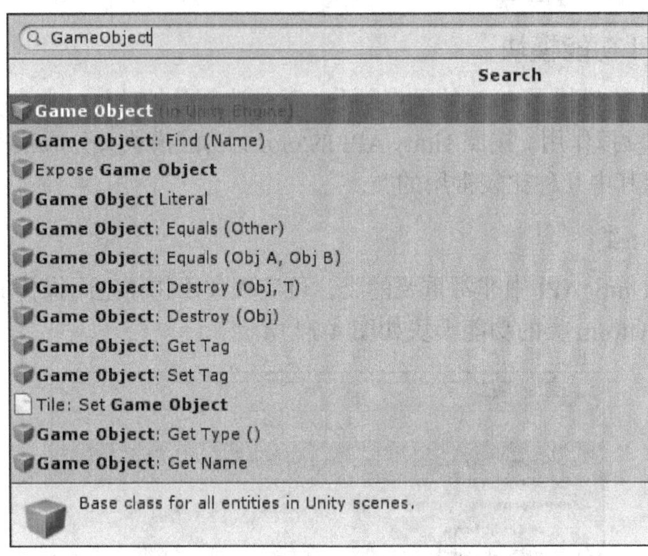

图 4-16　GameObject 类的功能模块

GameObject 类中的 Set Name 和 Set Active 模块如图 4-17 所示，图中的逻辑结构使用了 GameObject 类中的 Set Name 模块来修改物体名称为“NewName”。又使用了 Set Active 模块来修改物体的显示状态，“Value”复选框没有勾选，表示将该物体的显示状态调整为 False，该物体被隐藏。所以该逻辑结构整体的功能就是等到用户按下 C 键后，修改游戏对象的名称为“NewName”，并隐藏该物体。

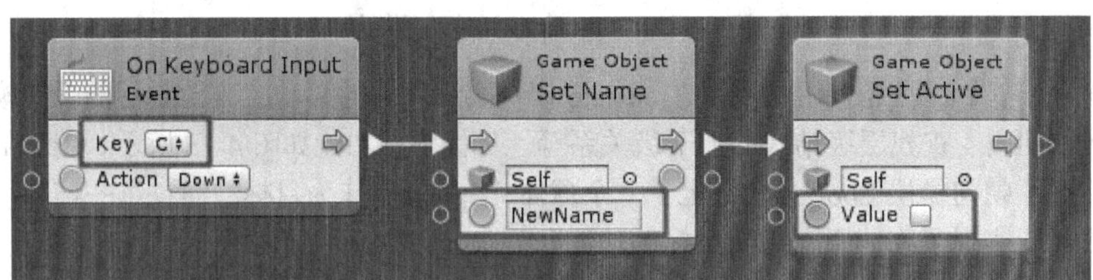

图 4-17　GameObject 类中的 Set Name 和 Set Active 模块

3. Events 类

Events 类里都是关于事件处理的功能模块，Bolt 中 Events 类的功能模块选择界面如图 4-18 所示。从图 4-18 中可以看出，与前两个类不同，Events 类里面又分了很多小类。例如，在前面已经使用过的 On Keyboard Input 模块，就是 Input 小类中的功能模块。

Events 类中的 On Trigger Enter 功能模块如图 4-19 所示，图中的逻辑结构使用了 Events 类中的 On Trigger Enter 功能模块来处理物体碰撞的触发器事件。当有碰撞事件发生的时候，就通过 Collider 获取触发碰撞的物体，并使用 Destroy 模块将该物体删除。

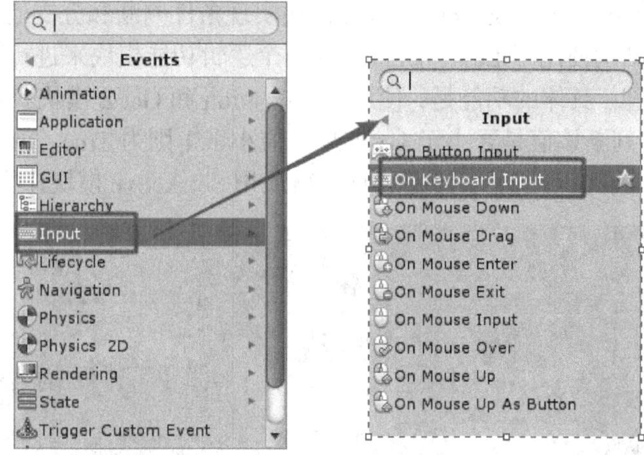

图 4-18　Bolt 中 Events 类的功能模块选择界面

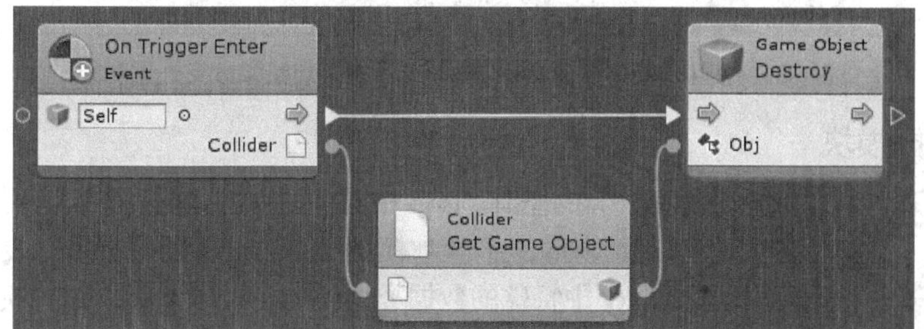

图 4-19　Events 类中的 On Trigger Enter 功能模块

4.3.2　逻辑功能模块

4.3.2

逻辑功能模块主要有两种，一种是 Control 类，包含 if 条件判断、for 循环和 while 循环等内容；另一种是 Logic 类，包含大于、小于、与、或、非等逻辑判断。Control 和 Logic 类逻辑功能模块如图 4-20 所示。

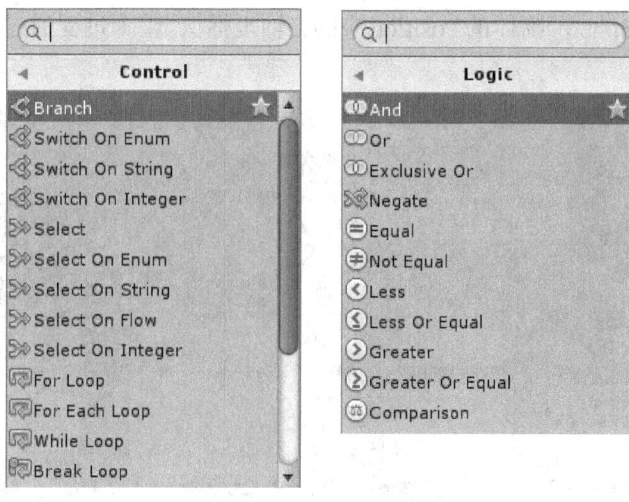

图 4-20　Control 和 Logic 类逻辑功能模块

使用 Less（逻辑小于）和 Branch（分支）模块实现条件判断和分支处理功能，如图 4-21 所示，图中的逻辑结构使用了 Less、Branch 这两个逻辑功能模块来进行数值大小的比较，以及比较结果的处理。具体的功能是，使用 Get Position 和 Get Z 模块获取物体的 Z 轴坐标值，使用 Less 模块判断该值是否小于 1。如果该值小于 1 则为 True，就使用 Set Active 模块将物体隐藏；如果该值不小于 1 则为 False，就使用 Set Active 模块让物体保持显示状态。

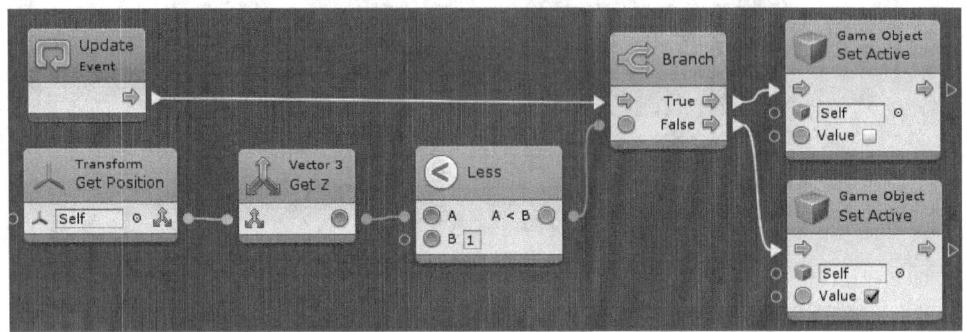

图 4-21 使用 Less 和 Branch 模块实现条件判断和分支处理功能

4.3.3 数据模块

4.3.3

数据是所有计算的基础。Bolt 中对于所有的数据类型都有对应的模块支持，例如，基础类型 Integer 整数模块和 String 字符串模块、复合数据类型 List 模块以及 Unity 中特殊的数据类型 Vector 3 模块等。这些模块分散在多个类中，用搜索的方式可以更方便地找到它们。

在逻辑流程里，数据的使用方式千变万化，数据模块的使用方式也灵活多变，需要根据具体情况选择合适的方式。例如，同样是设定物体的坐标，有时是直接设定具体的数值，有时又需要将其设置为另外一个物体的坐标值。数值模块的两种用法示例如图 4-22 所示，最右边的 Set Position 模块用来设定物体的坐标，数据类型是 Vector 3，所以它的左边用 Create Vector 3 模块创建一个 Vector 3 数据来和它对接。这个 Vector 3 数据中的 X 和 Y 都以 Float 模块提供的具体数字 2.5 为值，而 Z 则表示通过 Get Position 模块和 Get Z 模块来获取“Sphere”物体的 Position 中的 Z 轴坐标值。整个过程通过 On Keyboard Input 模块触发。

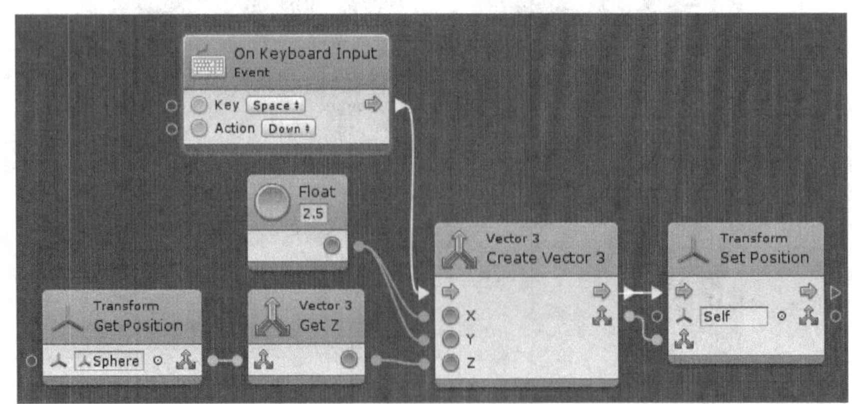

图 4-22 数值模块的两种用法示例

4.3.4　自定义数据变量

4.3.4

Bolt 除了提供各种数据模块，还支持自定义数据变量，使用其可以灵活地实现复杂功能。

和编程语言中的一样，Bolt 中的自定义变量也会区分作用范围。打开任意一个 Flow Graph，将界面最大化，自定义变量的作用范围如图 4-23 所示。

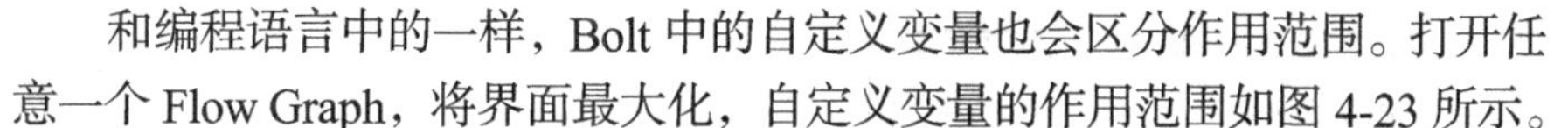

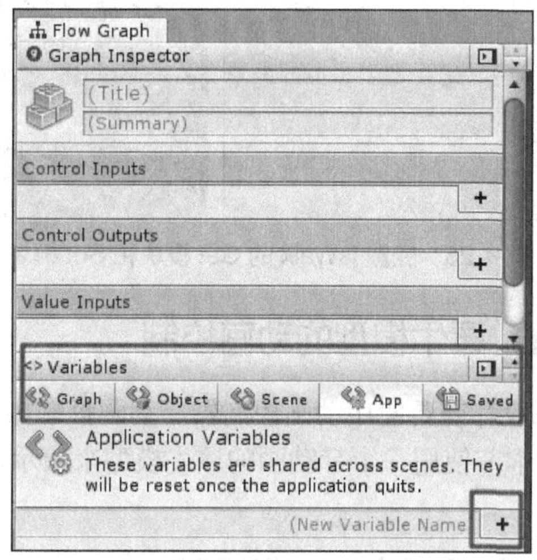

图 4-23　自定义变量的作用范围

从图 4-23 中可以看到，Bolt 定义了 5 种自定义变量的作用范围，从左到右范围逐渐扩大。

- Graph：变量只在当前 Flow Graph 中使用。
- Object：变量可以在物体的各个 Flow Graph 中使用。
- Scene：变量可以在场景的任意 Flow Graph 中使用。
- App：变量可以在工程应用里的任意 Flow Graph 中使用。
- Saved：变量持久保存在设备上，退出工程应用后，再次打开还可以继续使用变量。

添加自定义数据变量的方法有两种，一种方法是直接单击图 4-23 中的“+”按钮，另一种方法是在物体上添加 Variables 组件，再单击组件对应的“+”按钮。接着选择具体的数据类型，并填入初始值即可。自定义数据变量如图 4-24 所示，其中包含一个 Float 类型的 speed 变量，初始值为 0；还包含一个 Boolean 类型的 isWalk 变量，因为“Value”复选框是被勾选了的，所以初始值为 True。

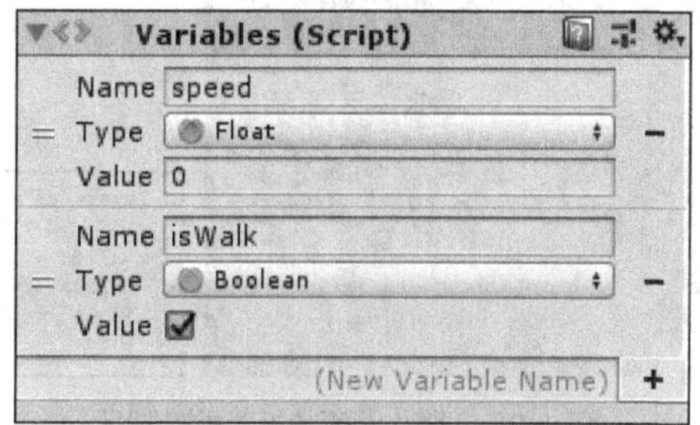

图 4-24　自定义数据变量

对于自定义数据变量的获取（Get）和赋值（Set），可以在选择模块的界面中输入变量的名称进行搜索，即可看到“Get”和“Set”的模块选项。变量 isWalk 的 Get 模块和 Set 模块如图 4-25 所示。

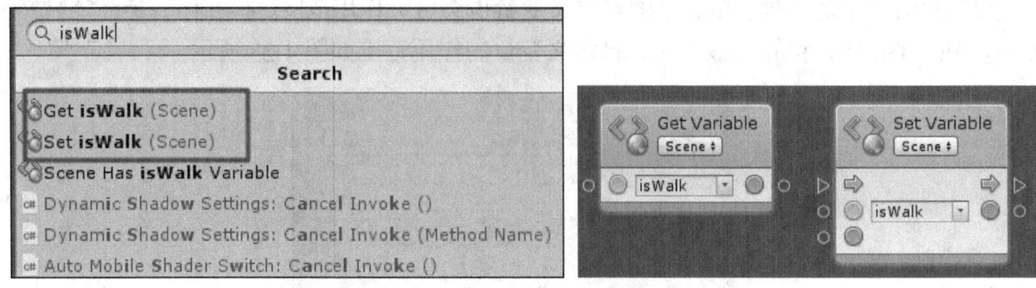

图 4-25　变量 isWalk 的 Get 模块和 Set 模块

4.4 操作实例 1：犀牛模型的动画控制

涉及动画的场景，一般都需要使用动画控制器。动画控制器是常见的，只要有动画的应用，基本都会用到它。本节使用一个带动画的犀牛模型来演示使用 Bolt 控制动画控制器的方法。

4.4.1 犀牛模型的动画片段和动画控制器解析

犀牛模型的 4 个动画片段如图 4-26 所示，分别是 attack、die、run 和 walk。

4.4.1

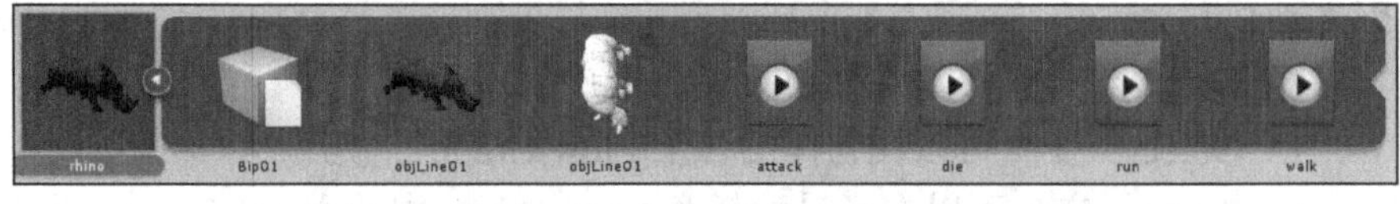

图 4-26　犀牛模型的 4 个动画片段

犀牛模型的动画控制器如图 4-27 所示，默认动作是 walk，walk 动作和 attack 动作可以互相转换，从任何动作状态都可以转换到 die 动作。动作转换依靠“attack”和“die”这两个 Trigger 类型的参数来实现，如图 4-28 所示。run 动作在本例中没有用到。

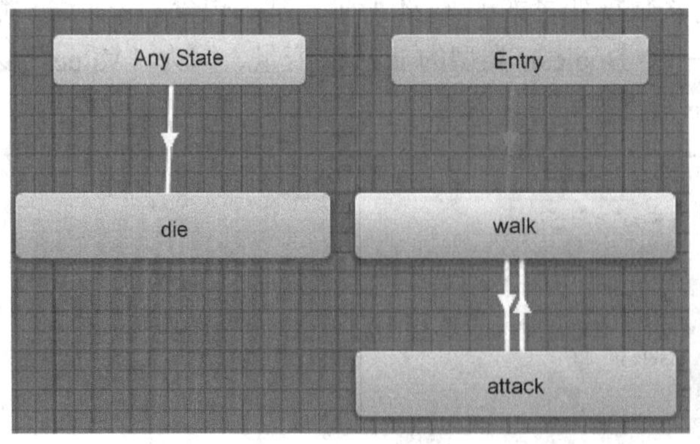

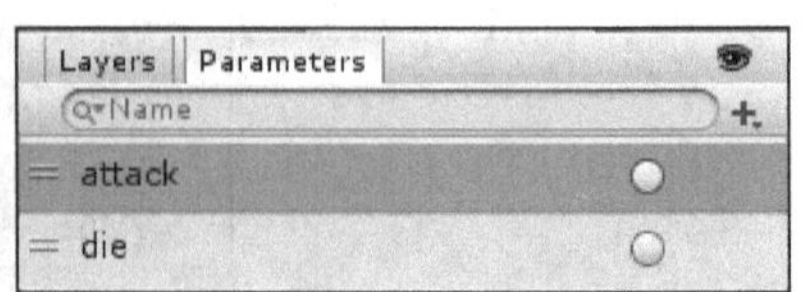

图 4-27　犀牛模型的动画控制器

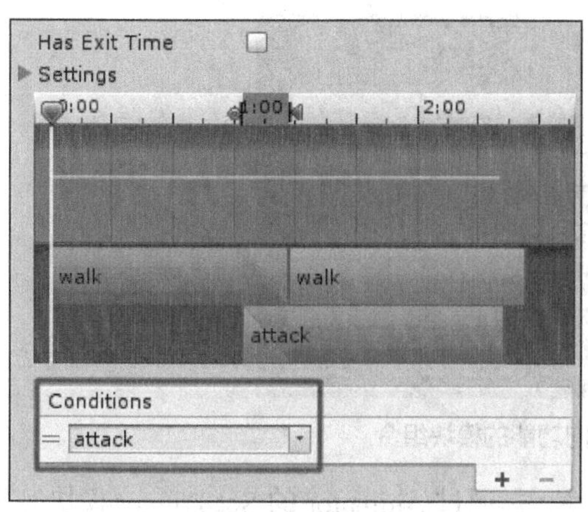

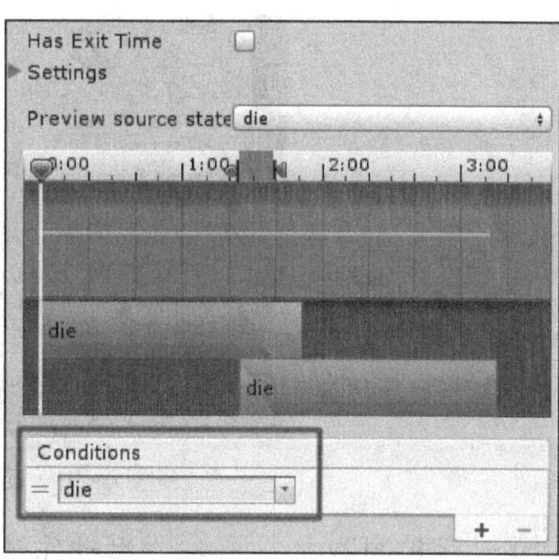

图 4-28　动作转换用到的 Trigger 类型的参数

4.4.2　使用 Bolt 操控犀牛模型的运动

现在的犀牛模型是“原地踏步”，下面来实现两个主要功能。一是实现第三人称的控制方式，即通过按下键盘上的上、下、左、右方向键，控制犀牛模型的前进、后退和转向；二是通过按键，实现犀牛模型的 attack 动作和 die 动作的调用。具体的实现步骤如下。

4.4.2

（1）将犀牛模型从 Project 面板中拖入场景，为其添加 Bolt 的 Flow Machine 组件，单击“New”按钮，新建一个 Macro。

（2）先实现犀牛模型的前进、后退和转向；打开 Flow Machine 组件的编辑窗口，参考 4.2 节，使用 On Keyboard Input 模块实现键盘控制；前进功能和后退功能会使用 Translate 模块，前进功能所使用的 Translate 模块的 Z 轴数值为 0.1，后退功能所使用的 Translate 模块的 Z 轴数值则为-0.1。前进功能和后退功能的模块组合如图 4-29 所示。实现转向使用 Rotate 模块，根据左、右转向，分别修改 Y 轴的欧拉角数值为 1 和-1。转向功能的模块组合如图 4-30 所示。

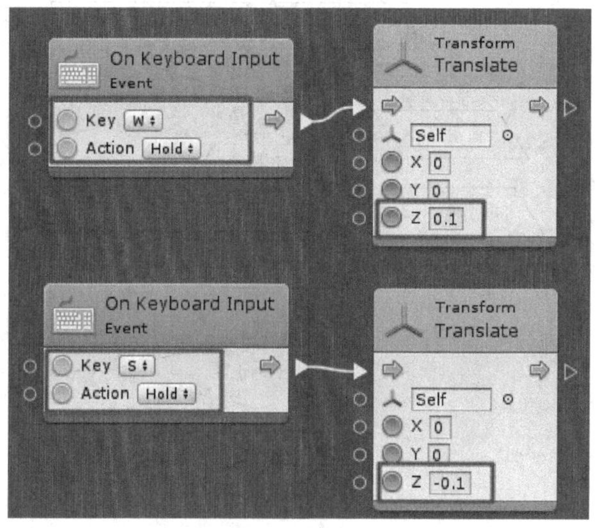

图 4-29　前进、后退功能的模块组合

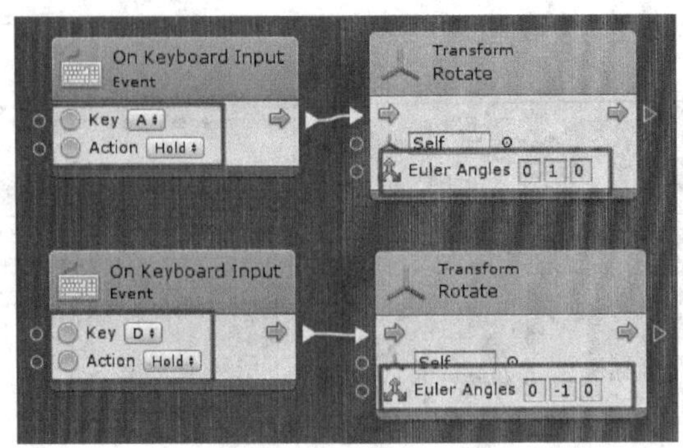

图 4-30　转向功能的模块组合

（3）动画控制器中 Trigger 类型动作转换，是通过 Animator 的 Set Trigger 模块实现的。添加 On Keyboard Input 模块和 Set Trigger 模块，如图 4-31 所示，即可实现按下 Space 键，完成 walk 动作到 attack 动作的转换。

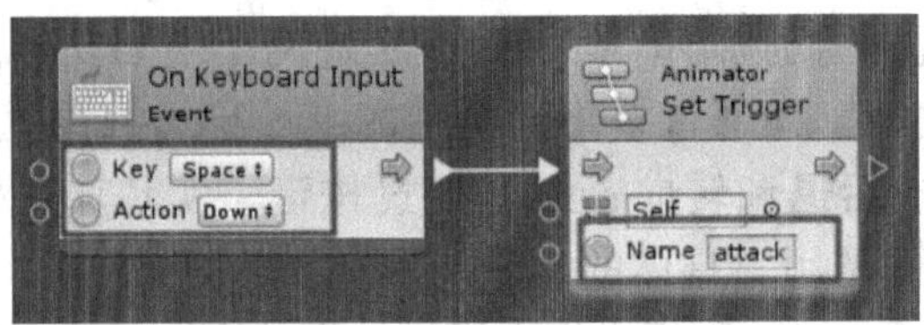

图 4-31　实现动作转换

On Keyboard Input 模块中的 Action 参数值为 Down，而不是 Hold，表明按下 Space 键并松开，即可实现后续 Set Trigger 模块功能，而非一直按住 Space 键。

（4）对于 die 动作，可以模拟真实游戏中游戏角色血量减少到 0 以后再触发。逻辑图如图 4-32 所示。

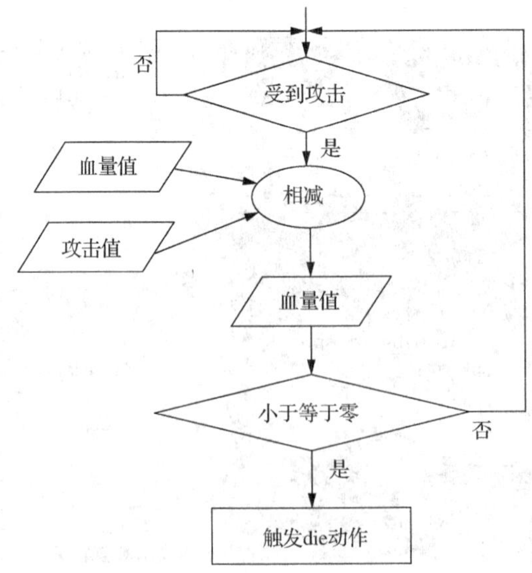

图 4-32　血量减少到 0 触发 die 动作逻辑图

（5）依照流程图，首先需要添加两个自定义变量，一个表示犀牛的血量值，命名为 LifePoint，假设初始值为 10；一个表示攻击值，命名为 DamagePoint，假设初始值为 3。Bolt 中的变量组件如图 4-33 所示，这里的两个变量都为整型，即图中的 Integer 类型。

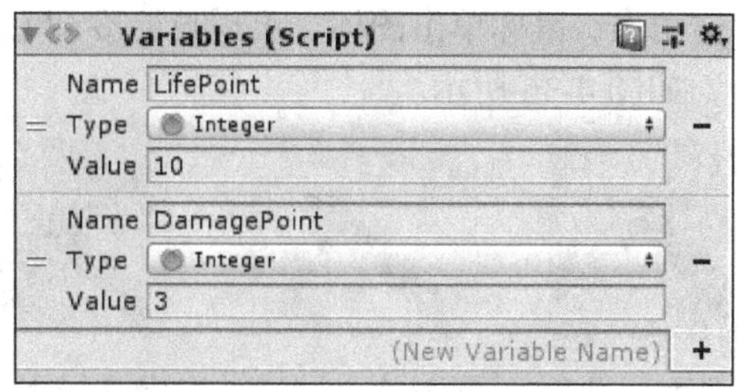

图 4-33　Bolt 中的变量组件

（6）流程图中的“受到攻击”，可以用 On Keyboard Input 模块模拟；“相减”使用 Subtract 模块模拟；“小于等于零”的判断使用 Less Or Equal 模块模拟；判断结果的分支结构，则使用 Branch 模块模拟。

模拟减少血量来调用 die 动作的 FlowMachine 结构，如图 4-34 所示。

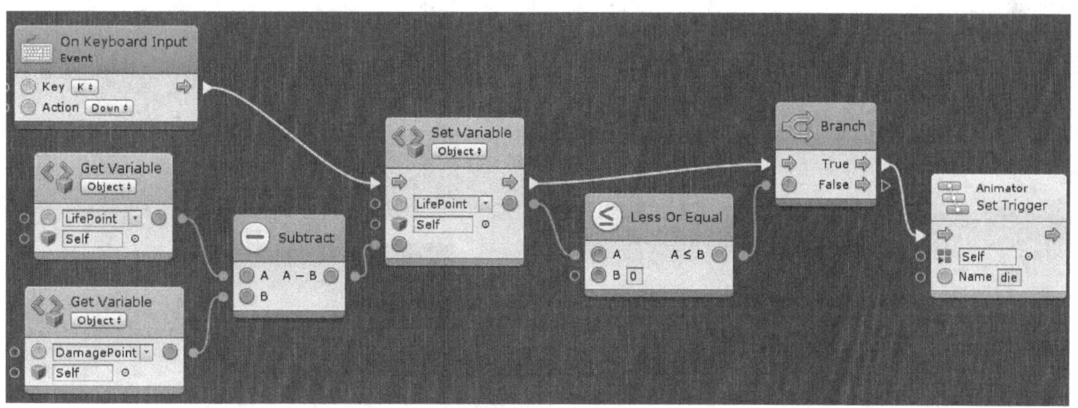

图 4-34　模拟减少血量来调用 die 动作的 FlowMachine 结构

至此，犀牛模型的所有动画片段都能使用 Bolt 进行适当的调用和转换了。

4.5　操作实例 2：技能冷却 UI 动画制作

技能冷却 UI 动画是游戏中常见的一种效果，如图 4-35 所示，当某种条件达成后，就以一定的速度在 UI 图标上展现一个顺时针或者逆时针的图片阴影旋转消失动画。本节通过实现该功能来演示 Bolt 关于 UI 的操作方法。

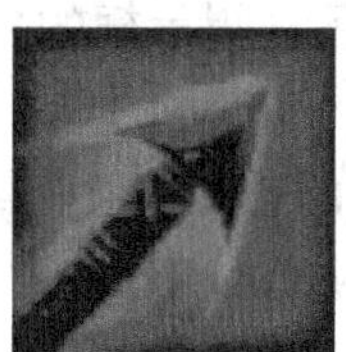  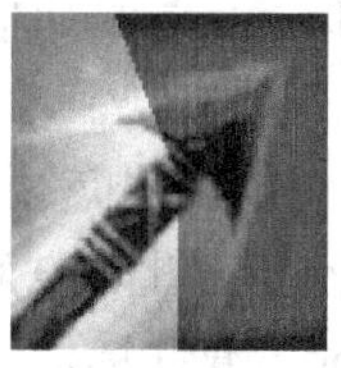  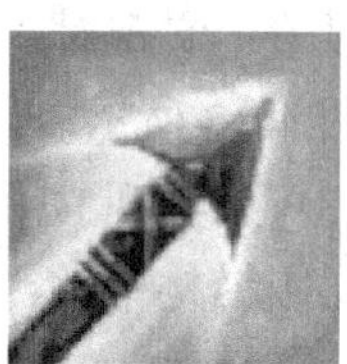

图 4-35　技能冷却 UI 动画

4.5.1

4.5.1　UI 构建解析

UI 的具体功能决定了它的层次结构。本例中技能冷却 UI 的表现形式是：鼠标指针划入图标时，图标四周出现一个提示框；鼠标指针划出图标时，提示框消失；鼠标单击图标，出现技能冷却 UI 动画。技能冷却图标的各种状态，如图 4-36 所示。

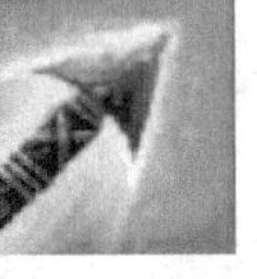

鼠标指针划出状态

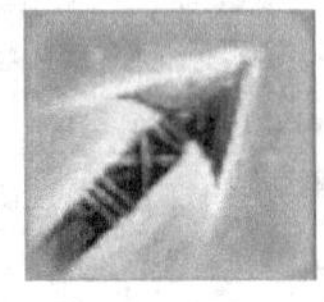

鼠标指针划入状态

技能冷却状态

图 4-36　技能冷却图标的各种状态

因为有这样的状态变化，所以这个 UI 需要 3 张图，一张是正常的图标，一张是边框图，还有一张是覆盖在图标上的黑色图。其中边框图和黑色图都是具有 Alpha 通道的带透明度的图片。技能冷却图标的层级结构如图 4-37 所示。在默认的正常状态下，将“Border Image”和“Buffer Image”2 张图片都先隐藏起来。

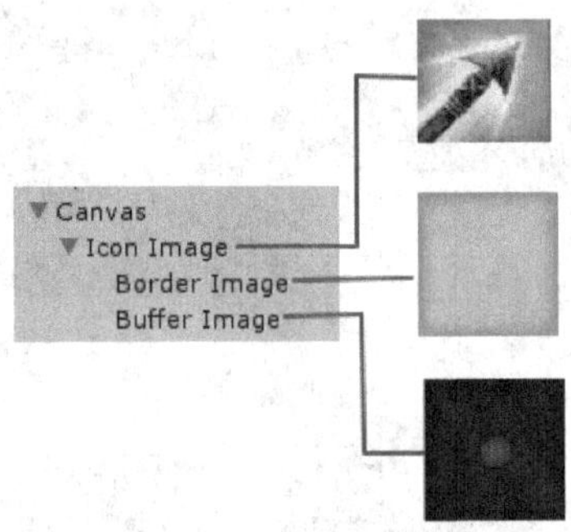

图 4-37　技能冷却图标的层级结构

4.5.2　使用 Bolt 实现冷却动画

4.5.2

搭建好 UI 的层次结构以后，就使用 Bolt 来实现具体的功能，操作步骤如下。

（1）在正常状态的物体上，也就是在 4-37 中的“Icon Image”物体上，添加 Flow Machine 组件，单击“New”按钮，新建一个 Macro。单击“Edit Graph”按钮打开 FlowMachine 的编辑窗口。

（2）添加 Events 类里的 On Pointer Enter 和 On Pointer Exit 功能模块，以获取鼠标指针划入事件和鼠标指针划出事件。与它们对接的都是 Set Active 模块，利用“Value”属性的不同赋值，实现对“Border Image”物体，也就是边框图片的隐藏或显示。提示框的功能实现如图 4-38 所示。

（3）要实现 UI 图片阴影旋转消失的技能冷却效果，需要先修改 UI 的 Image 组件属性。单击层级结构中的“Buffer Image”物体，按图 4-39 对 Image 组件进行修改。其中，“Image Type”属性改为“Filled”，“Fill Method”属性选择“Radial 360”，这样图片就是以图片中心为原点，采用 360° 旋转的形式进行填充。配合设置“Fill Amount”属性的数值，就能决定填充的范围。1 代表 360°，全部填充；0 代表 0°，全部无填充。下面主要介绍通过 Bolt 来修改“Fill Amount”属性。

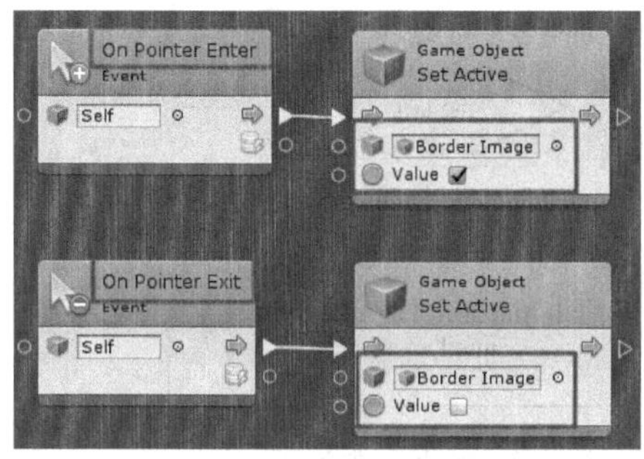

图 4-38　提示框的功能实现

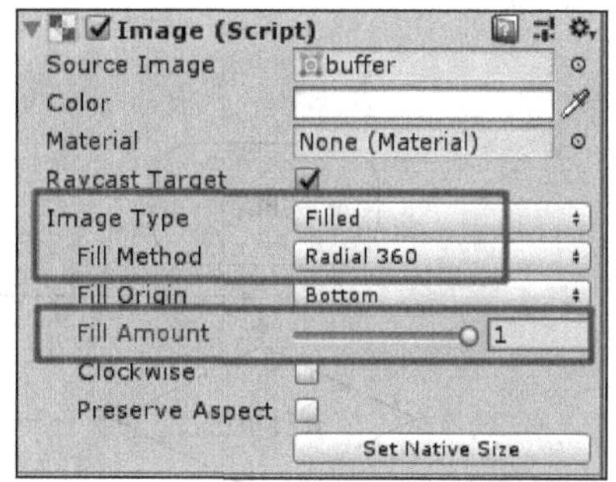

图 4-39　Image 组件的属性修改

（4）根据前面说明的操作过程，先总结出技能冷却操作的流程。实现技能冷却效果的流程图如图 4-40 所示。

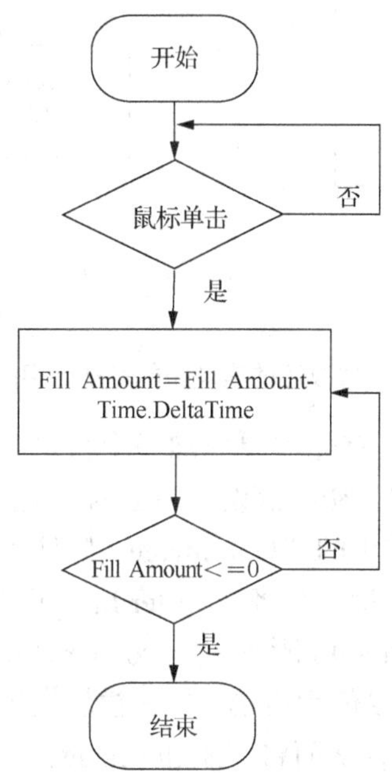

图 4-40　实现技能冷却效果的流程图

仔细观察流程图，会发现鼠标单击事件的发生是瞬间的，而图片填充属性“Fill Amount”的减少是一个会持续一段时间的过程，每一帧都将“Fill Amount”减去上一帧的时间间隔“Time.DeltaTime”，而一帧的时间间隔是一个很小的数字。

在逻辑上，一个瞬间发生的事件只能触发一个过程的开始，但不能维持一个过程的持续。要维持一个持续过程，需要另外定义一个布尔类型的变量来作为中间沟通的桥梁。假设这个变量名称为“isStart”，则修改后的流程变为两个部分，修改后的实现技能冷却效果的流程图如图 4-41 所示。鼠标单击事件只影响布尔类型变量 isStart 的值，而 isStart 变量决定了图片填充属性“Fill Amount”是否开始变化，并维持变化的过程，直到“Fill Amount”属性小于等于 0，这个过程才结束。

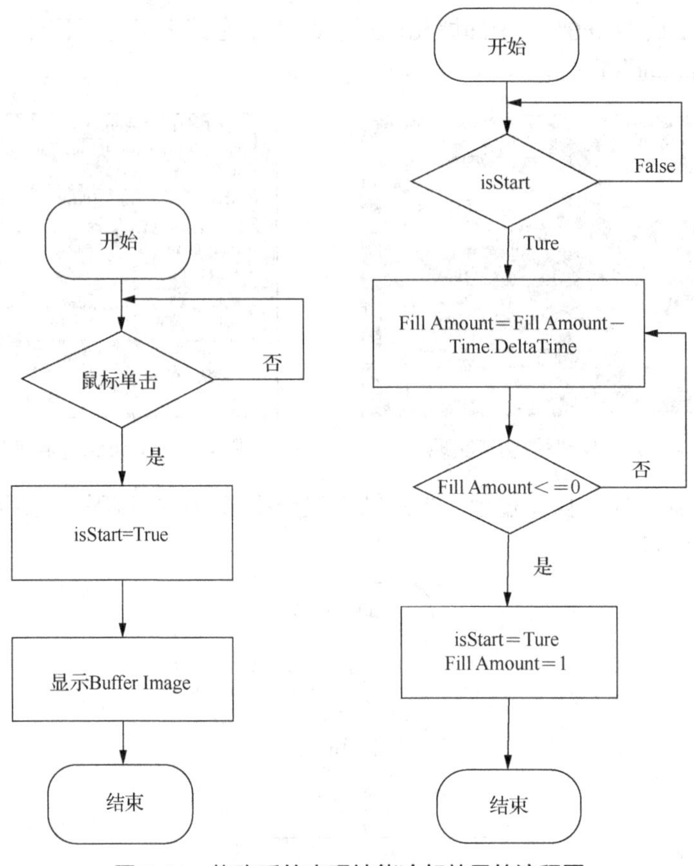

图 4-41　修改后的实现技能冷却效果的流程图

（5）依照修改后的流程图，首先需要添加一个自定义变量 isStart，如图 4-42 所示，“Value”复选框没有勾选，说明其初始值设定为 False。这个变量可以是全局的，也可以是局部的。本例将其放在层级结构中的“Icon Image”物体上，作为局部变量使用。

（6）鼠标单击改变 isStart 变量，并将“Buffer Image”物体显示出来，鼠标单击事件驱动改变变量和物体显示状态如图 4-43 所示。On Pointer Down 模块获取鼠标单击事件，调用 Set Variable 模块将 isStart 变量赋值为由 Boolean 模块提供的 True 值，并将 isStart 赋值给 Set Active 模块的“Value”属性，从而将“Buffer Image”物体设置为显示状态。

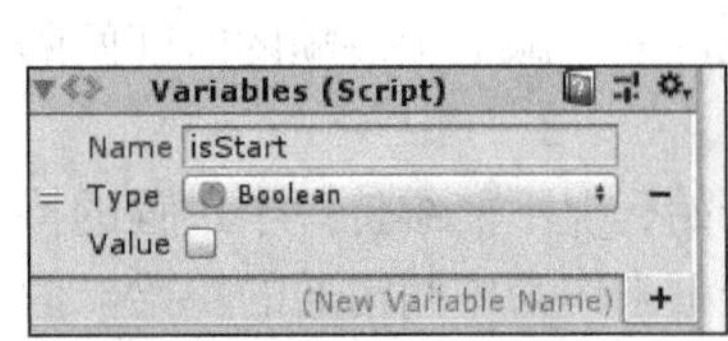

图 4-42　自定义变量 isStart

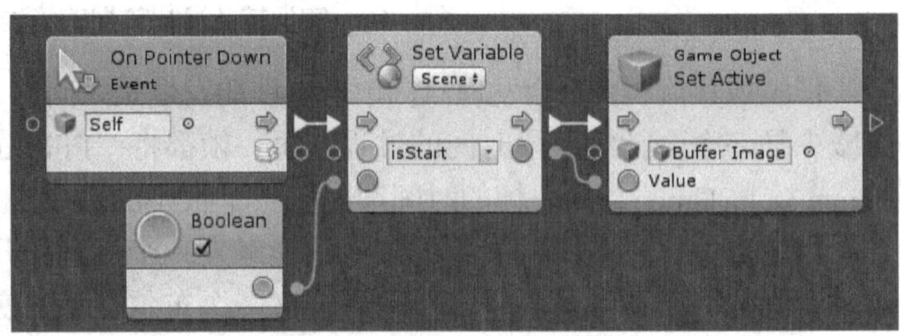

图 4-43　鼠标单击事件驱动改变变量和物体显示状态

（7）最后实现“Buffer Image”的冷却动画。为了方便处理且减少逻辑模块的使用，这一步骤中不使用前面创建的 Flow Graph，而是在“Buffer Image”物体上新建一个 Flow Graph。

完成后的冷却动画逻辑结构如图 4-44 所示。1 号框里采用 Update 和 Get Variable 模块，每一帧都判断 isStart 变量是否为 True，如果为 True，就执行 3 号框里的 Set Fill Amount 模块来设定“Buffer Image”的“Fill Amount”属性，设定的值由 2 号框里的 Get Fill Amount 和 Get Delta Time 模块的值相减得到。

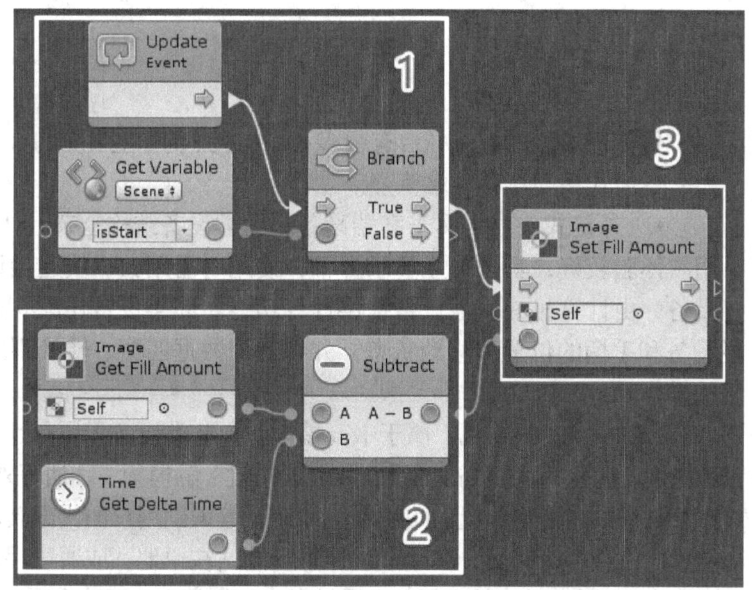

图 4-44　完成后的冷却动画逻辑结构

至此，整个技能冷却的 UI 动画就制作完成了。

4.6 小结

本章介绍了可视化编程的概念，并结合具体实例，介绍了在 Unity 中常用的可视化编程工具 Bolt 的使用方法。通过本章的学习，读者可以对可视化编程的概念，以及具体的操作模式有清晰的认识。

第5章 VR开发

第5章

目前市场上的VR平台有很多种，VR头显可主要分为3类：外接式头显、一体式头显、移动端头显。

- 外接式头显，属于高端设备。此类设备结构复杂，技术要求较高，用户体验较好，具备独立显示屏幕，使用时需用数据线连接计算机或其他设备，由计算机或其他设备提供计算功能。此类设备还配有追踪系统，可以追踪用户头显设备和手柄的位置和移动状态，并将追踪数据匹配、转换到虚拟世界中，实现具有真实感的操作。
- 一体式头显，也叫VR一体机，属于中高端设备。此类设备无须和计算机相连，而是在头显里内置针对VR优化的Android系统，并配以按键、触摸板、手柄等外部硬件设备。一般地，一体式头显设备只能使用内置的陀螺仪、加速计等识别用户的头部转动信息，而不能提供用户移动位置的信息，所以用户在虚拟世界里只能站在原地，或通过手柄等其他方式进行跳转等变相的移动。但随着技术的发展，也开始有一些产品突破了这个限制，例如Oculus系列，特别是Oculus Quest产品，官方表示可以在$50m^2$的真实空间范围内随意移动。
- 移动端头显，结构简单、价格低廉，需要接入手机，在手机上运行VR程序，利用手机内置的陀螺仪、外接的蓝牙手柄等实现VR操作。移动端头显本质上和一体式头显是同一类产品，只是一体式头显内置了移动电子设备，移动端头显需要另外接入手机。

本章选择HTC VIVE、Nibiru VR和Oculus Quest这几种目前市场上应用较多的平台，分别介绍VR开发的常见技术，以及VR技术和机械设计、建筑、游戏等行业的融合应用。

学习目标

- 了解VR技术的基本概念。
- 了解VR的常用软件和硬件设备。
- 掌握常用VR开发平台的基本开发方法。
- 掌握常见VR应用在制作上的技术要点。

5.1 VR开发的通用性问题

5.1和5.1.1

由于还处在初期成长阶段，VR技术发展、变化非常快。不仅硬件种类多样，而且各种厂家和品牌的产品之间也有较大差异。这就对学习、开发和应用造成了一定的影响。这种情况会随着技术的进步和标准的逐步统一而得到解决。本节介绍一款能够跨平台开发的工具——VRTK，以及开发中经常用到的Android环境配置方法。

5.1.1 VRTK开发工具

VRTK（Virtual Reality Toolkit）是一款免费的开源工具包。它提供了在Unity中进行跨平台VR开发的技术，支持谷歌公司的Daydream、Steam平台的SteamVR、元宇宙公司的Oculus等目前主流的VR设备。它的目标就是提供高效、易用的内容创建方式。VRTK封装得很好，操作简单，非常容易上手，用户只需在场景中进行拖放即可构建自己的虚拟世界。它甚至还提供了模拟器（Simulator），可以在计算机上模拟各种VR操作。它极大地方便了开发人员，加快了开发进度，是使用Unity进行VR项目制作的利器。

VRTK的下载方式主要有两种，一种是在网上搜索并下载；另一种是在Unity软件中通过菜单“Window”→“Asset Store”打开Asset Store，在其中搜索并下载，Unity Asset Store中的VRTK下载画面如图5-1所示。一般网上的VRTK版本更新得更快。在Asset Store中下载的VRTK则可以自动导入Unity工程。

图5-1 Unity Asset Store中的VRTK下载画面

5.1.2 Unity中Android环境的配置

5.1.2

移动平台是VR应用的“主战场”，除了少数类似HTC VIVE需要连接计算机的设备以外，其他的VR设备都是基于iOS或者Android这样的移动平台。由于iOS自身的封闭性，需要借助专门的设备，不利于学习，所以本章将以通用性更强的Android平台作为VR开发制作的载体进行介绍。

在Unity中开发Android应用必须先配置好Android开发环境。在Unity 2018以前的版本中需要自行手动配置。而对于Unity 2018之后的版本，可以在Unity Hub中安装Unity时选择自动配置Android环境，具体请看2.1.1小节的内容。但是，因为软件的稳定性和开发习惯，目前还有非常多的个人和机构在使用老版本的Unity进行开发工作。考虑到这种情况，本书还是占用一点篇幅介绍传统的手动配置Android环境的方法。具体步骤如下。

（1）需要配置好Java开发环境。在Oracle的官网下载Java开发工具包JDK并安装，安装过程保持默认的设置即可。JDK的安装如图5-2所示。

（2）JDK安装完成后，需要配置Windows操作系统的环境变量。在桌面上“我的电脑”图标上单击鼠标右键，在弹出的快捷菜单中选择“属性”命令，打开界面。单击“高级系统设置”，在打开的对话框中，单击“环境变量”按钮，进入“环境变量”对话框，新建和编辑系统变量。配置环境变量的流程如图5-3所示。

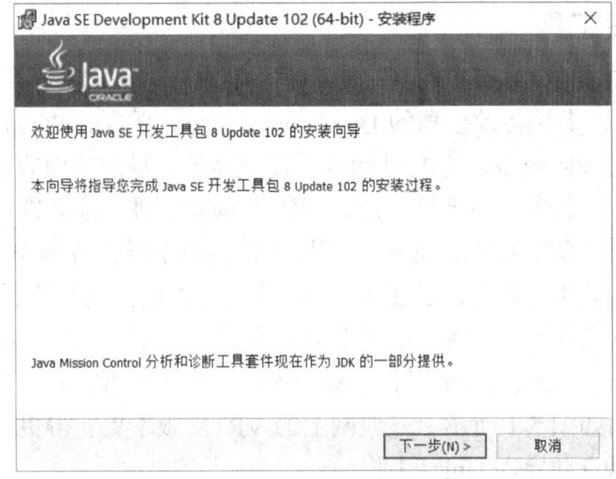

图 5-2　JDK 的安装

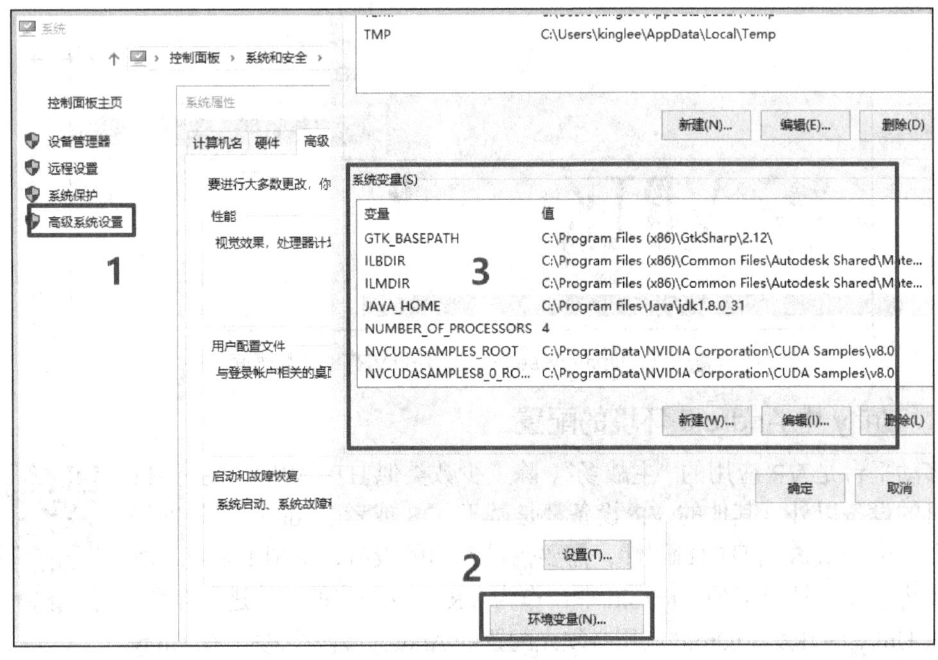

图 5-3　配置环境变量的流程

（3）单击图 5-3 中的“新建”按钮，新建系统变量。新建 JAVA_HOME 系统变量和设置变量值，如图 5-4 所示。其中，变量值需要根据第 1 步中安装的路径填写。

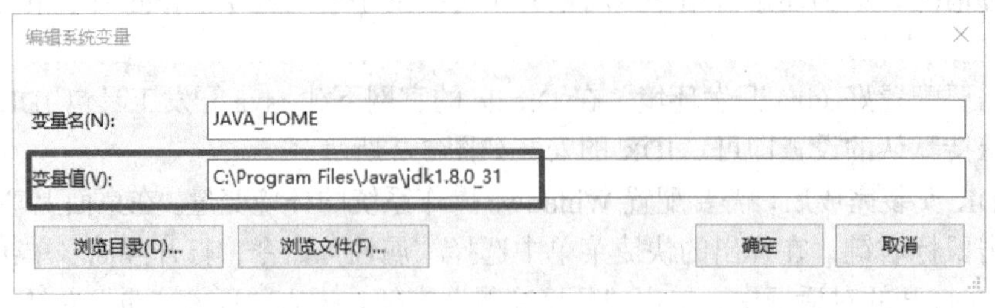

图 5-4　新建 JAVA_HOME 系统变量和设置变量值

（4）再次单击图 5-3 中的“新建”按钮，新建系统变量。新建 CLASSPATH 系统变量和设置变量值，如图 5-5 所示。其中，变量值需要根据第 1 步中安装的路径填写。

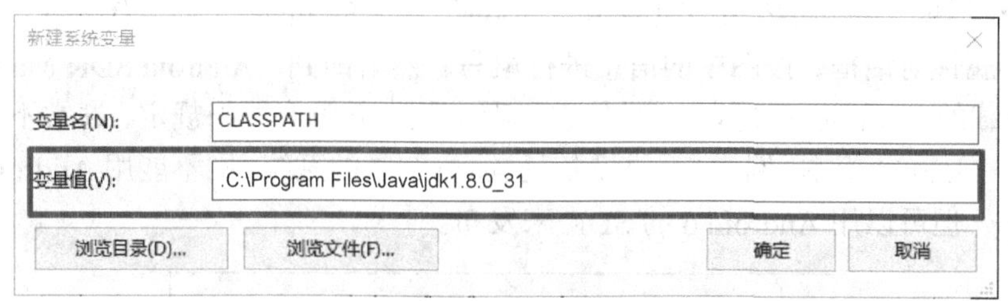

图 5-5　新建 CLASSPATH 系统变量和设置变量值

```
.C:\Program Files\Java\jdk1.8.0_31
```

这里需要注意的是，在变量值的最前面有一个“.”。

（5）在图 5-3 中的 3 号框所示区域找到 Path 变量，单击“编辑”按钮，进入“编辑环境变量”对话框，单击“新建”按钮，新建两个变量，如图 5-6 所示。具体路径需要根据实际安装的路径来填写。

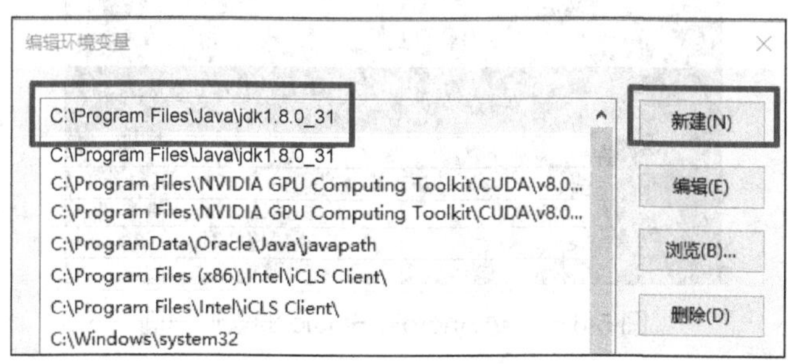

图 5-6　“编辑环境变量”对话框

（6）到这里 Java 的环境就配置完成了。运行 cmd 命令，打开命令行窗口，运行“java -version”命令，如果出现图 5-7 所示的信息，则说明 JDK 安装、配置成功。

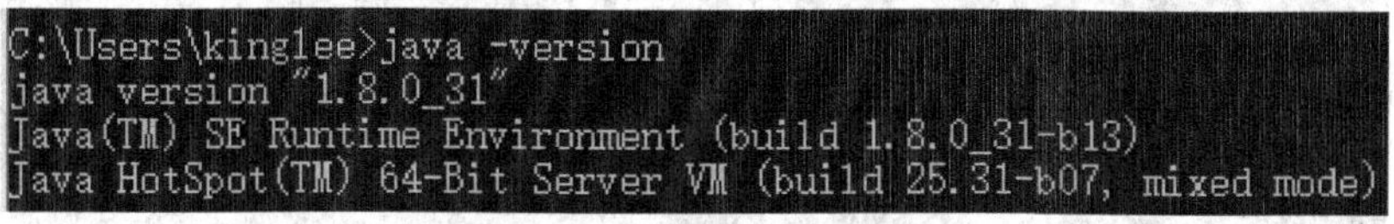

```
C:\Users\kinglee>java -version
java version "1.8.0_31"
Java(TM) SE Runtime Environment (build 1.8.0_31-b13)
Java HotSpot(TM) 64-Bit Server VM (build 25.31-b07, mixed mode)
```

图 5-7　Java 开发环境信息

配置好 Java 开发环境后，可以进行 Android SDK 的安装，有几种方法都可以实现，如可以直接下载 Android SDK 的安装包，或者通过安装 Android Studio 来间接地安装 Android SDK。如果对开发应用程序的需求比较多，建议安装 Android Studio。因为这个软件不仅可以管理 Android SDK，而且在用 Unity 进行 Android 项目开发时，可以和它进行联合调试。

下面介绍通过安装 Android Studio 来下载和配置 Android SDK。

（1）在 Android Studio 的官网免费下载软件包并安装。安装的过程中，除了需要设定软件的安装路径之外，其他都保持默认设置即可。

（2）安装完成后，启动 Android Studio 的欢迎界面，如图 5-8 所示。单击“Configure”，

在弹出的菜单中选择“SDK Manager”，打开图 5-9 所示的 Android Studio 的 Android SDK 管理界面，单击下方的“Launch Standalone SDK Manager”，进入图 5-10 所示的“Android SDK Manager”对话框。在对话框中单击菜单“Tools”→“Settings”，打开图 5-11 所示的设置代理服务器属性对话框，按图中的信息进行填写。然后回到“Android SDK Manager”对话框，选择下载的 Android API 版本。具体选择哪个版本并没有严格规定，通常不能高于目标手机设备的 Android 版本。例如，手机设备是 Android 7 的系统，则不能用 Android 8 的 SDK 来发布 App，但可以用 Android 6 的 SDK 来发布。

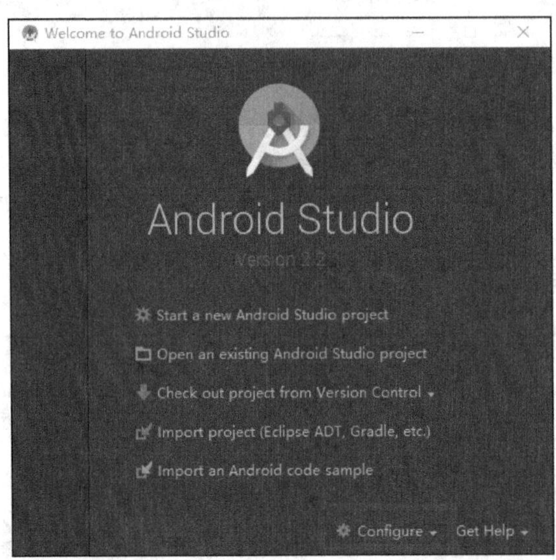

图 5-8 启动 Android Studio 的欢迎界面

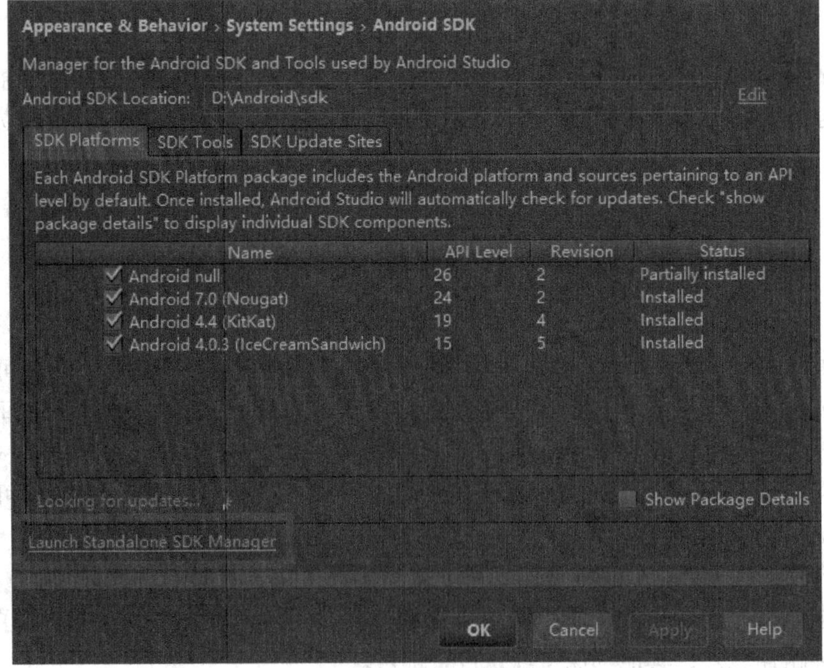

图 5-9 Android Studio 的 Android SDK 管理界面

Android SDK Manager

Packages　Tools

SDK Path: D:\Android\sdk

Packages

Name	API	Rev.	Status
Tools			
Android SDK Tools		25.2.5	Installed
Android SDK Platform-tools		27.0.1	Update available: rev. 28.0.1
Android 8.0.0 (API 26)			
Android 7.1.1 (API 25)			
Android 7.0 (API 24)			
Android 6.0 (API 23)			
Android 5.1.1 (API 22)			
Android 5.0.1 (API 21)			
Android 4.4W.2 (API 20)			
Android 4.4.2 (API 19)			
SDK Platform	19	4	Installed
ARM EABI v7a System Image	19	5	Installed
Intel x86 Atom System Image	19	5	Update available: rev. 6
Google APIs ARM EABI v7a Syste	19	26	Update available: rev. 37
Google APIs Intel x86 Atom Syst	19	26	Update available: rev. 37
Google APIs	19	20	Installed
Glass Development Kit Preview	*19*	*11*	*Not installed*

图 5-10　“Android SDK Manager”对话框

Android SDK Manager - Settings

Proxy Settings

HTTP Proxy Server　mirrors.neusoft.edu.cn

HTTP Proxy Port　80

Manifest Cache

Directory: C:\Users\Administrator\.android\cache

Current Size: 751 KiB

Use download cache　Clear Cache

Others

Force https://... sources to be fetched using http://...

Ask before restarting ADB

Enable Preview Tools

Close

图 5-11　设置代理服务器属性对话框

至此，计算机的 Android 开发环境就配置完成了。5.3 节中会继续介绍在 Unity 中配置 Android App 的方法。

5.2 HTC VIVE 平台

5.2

HTC VIVE 是 HTC 和 Valve 联合开发的产品，是目前市场上消费级 VR 产品中用户体验较好的产品之一。在 Steam VR 平台上相关的应用中，使用 HTC VIVE 的占了一半左右。整套 HTC VIVE 设备包含外接式头显、手柄、定位器，如图 5-12 所示。其中外接式头显通过数据线连接到计算机。

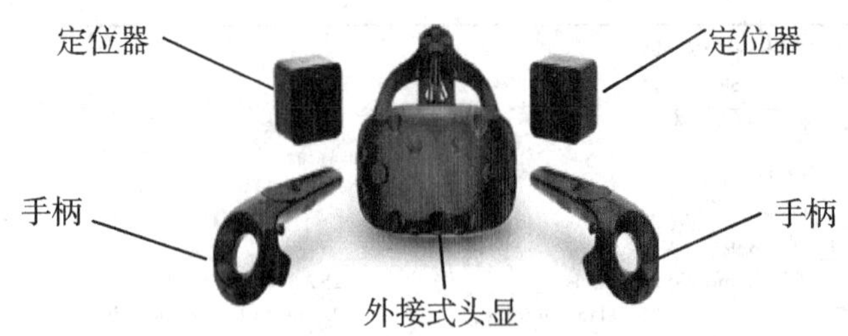

图 5-12　HTC VIVE 套件

要在计算机上运行 HTC VIVE 设备，必须满足以下条件。

- 计算机最低配置：CPU 为 Intel Core i5-4590，显卡为 NVIDIA GTX 970。
- 安装并配置好 HTC VIVE 硬件环境。具体的安装和配置方法可以参考 HTC VIVE 官网的说明。
- 安装 Steam 和 SteamVR。下载和安装方法可以参考 Steam 官网的说明。

做好这些准备工作后，可以在 Steam 平台下载一些 VR 作品，用 HTC VIVE 体验一下虚拟现实的各种应用。

5.2.1 HTC VIVE 平台开发包 VRTK 的使用

5.2.1

VRTK 与 HTC VIVE 的兼容性很好，并且使用 VRTK 比直接使用 HTC 提供的开发工具开发要简便很多。后面会基于 VRTK 来介绍 HTC VIVE 应用的开发方法，包括手柄按键的响应、空间的跳转和移动、抓取物体、基本的 UI 操作等内容。另外，HTC VIVE 应用的开发还需要配合使用 SteamVR Plugin 插件。VRTK 和 SteamVR Plugin 都可以在 Unity 的 Asset Store 中搜索到并能免费下载。由于版本变化较快，为了防止 Unity、VRTK、SteamVR Plugin 之间产生版本冲突，需要选择合适的版本来互相匹配。本书所选的版本如下：

- Unity 2018.4；
- SteamVR Plugin 1.2.2；
- VRTK 3.3。

HTC VIVE 手柄各按键名称中英文对照如图 5-13 所示。其中，英文名称将会在 VRTK 的交互设置脚本里用到。

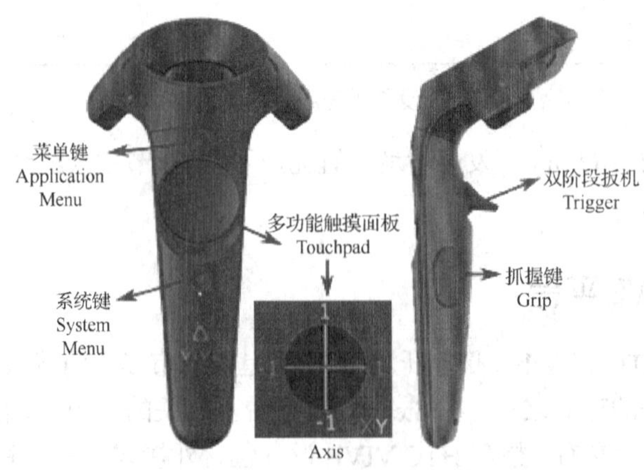

图 5-13　HTC VIVE 手柄各按键名称中英文对照

5.2.2　SteamVR Plugin 和 VRTK 的下载和安装

SteamVR Plugin 和 VRTK 可以通过 Unity 的 Asset Store 直接下载和导入。打开 Unity 软件，通过“Window”→“Asset Store”菜单打开 Asset Store，在搜索框中分别输入两款插件的名字搜索即可找到它们。然后单击“下载”按钮，下载完成后在同一个界面里单击“导入”按钮，即可把插件导入工程，导入 SteamVR Plugin 和 VRTK 两个插件后 Unity 工程里的文件结构如图 5-14 所示。

5.2.2

图 5-14　导入 SteamVR Plugin 和 VRTK 两个插件后 Unity 工程里的文件结构

当 Unity 工程里包含 SteamVR Plugin 的时候，第一次打开 SteamVR 时的设置对话框如图 5-15 所示，单击“Accept All”按钮即可完成默认设置。

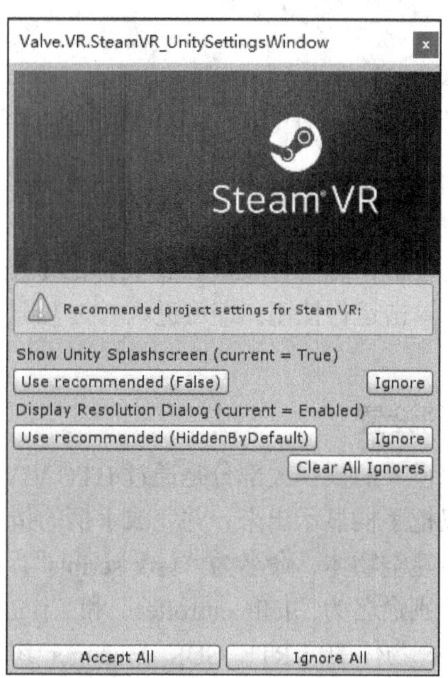

图 5-15　第一次打开 SteamVR 时的设置对话框

5.2.3　HTC VIVE 的基本设置

VRTK 的使用非常方便，按下面的步骤操作即可完成基本设置工作。

（1）新建一个场景，删除其中自带的摄像机。

（2）新建一个 Plane 三维物体，将其放置到坐标原点处，命名为“floor”，作为地板。

（3）新建一个空物体，将其放置到坐标原点处，命名为“sdk manager”，

5.2.3

在其上添加 VRTK_SDK Manager 组件。

（4）新建一个空物体，将其放置到坐标原点处，命名为“sdk setup”，在其上添加 VRTK_SDK Setup 组件；在“SDK Selection”里选择 VR 平台为“SteamVR”。如果没有 HTC VIVE 设备，这里的 SDK 也可以选择“Simulator”，这样 VRTK 就是使用键盘、鼠标来模拟 VR 的各种操作。

（5）将 SteamVR 插件中的 CameraRig 和 SteamVR 预设体，如图 5-16 所示，作为子物体添加到 sdk setup 物体下。

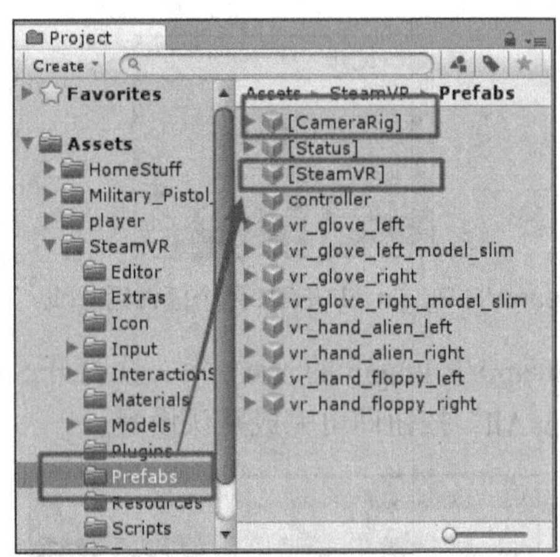

图 5-16　SteamVR 插件中的 CameraRig 和 SteamVR 预设体

（6）在 sdk manager 物体的 VRTK_SDK Manager 组件中单击“Auto Populate”按钮，将前面设置的 SteamVR SDK 自动填充进来。

（7）为了让头显的高度正常，需要将 sdk setup 物体的 Y 坐标值修改为 0.5。

经过这些基本设置后，单击运行按钮，即可进入 VR 场景，通过头显就可以看到虚拟世界。

5.2.4　HTC VIVE 手柄的设置

5.2.4

在虚拟世界的操作大部分是通过 HTC VIVE 手柄来完成的。通过下面的步骤可以把手柄显示出来，并完成手柄的指向操作。

（1）新建空物体，命名为“vrtk scripts”，在其下建立两个空物体作为子物体，分别命名为“leftController”和“rightController”，并将它们拖入 sdk manager 物体的 VRTK_SDK Manager 组件的左、右控制器选项里，VRTK_SDK Manager 中左、右控制器的设置如图 5-17 所示。这样设置就是告知 VRTK 哪两个物体是左、右手柄的控制器。

（2）在 leftController 和 rightController 物体上都添加 VRTK_Pointer 和 VRTK_Straight Pointer Renderer 组件。其中，VRTK_Pointer 组件的作用是让手柄具备发出射线的功能；VRTK_Straight Pointer Renderer 组件的功能是以直线的形式来渲染手柄发出的射线。然后，分别将 leftController 和 rightController 物体的 VRTK_Straight Pointer Renderer 组件作为参数导入对应的 VRTK_Pointer 组件的“Pointer Renderer”中，指定使用直线渲染的形式，设置手柄的指向渲染器 Pointer Renderer 属性如图 5-18 所示。

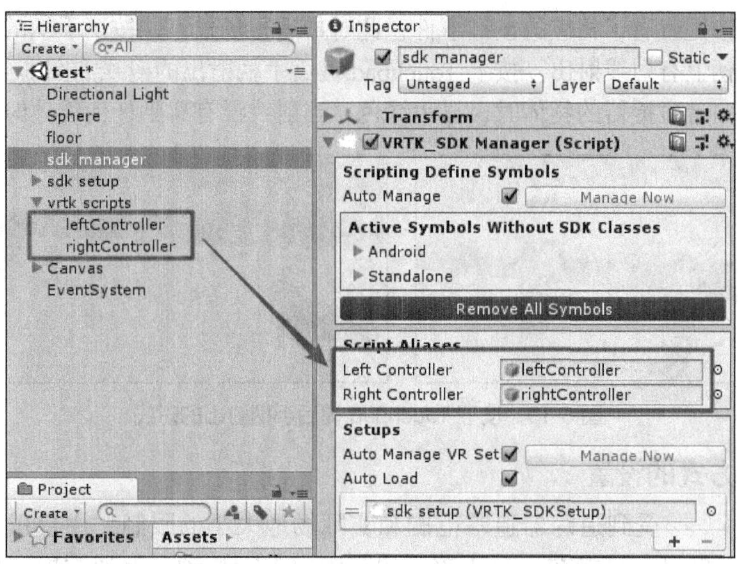

图 5-17　VRTK_SDK Manager 中左、右控制器的设置

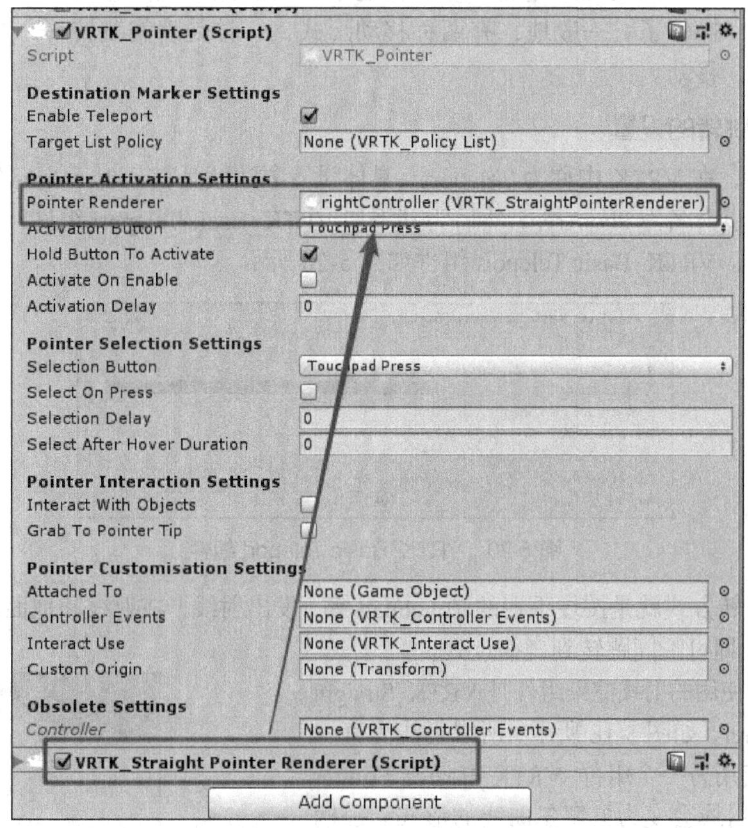

图 5-18　设置手柄的指向渲染器 Pointer Renderer 属性

此时，运行场景，可以看到两个手柄，但是手柄还不能进行指向操作。因为现在还缺少手柄按键事件的指定。

（3）在 leftController 和 rightController 物体上都添加 VRTK_Controller Events 组件，这

样两个手柄的按键就有了相应的按键事件；此时再运行场景，并按下手柄的 Touchpad 键，就可以看到手柄上有射线射出。按下 Touchpad 键后手柄射出的射线如图 5-19 所示。

当射线指向带碰撞器的物体时，显示绿色；当射线没有碰到任何物体时，显示红色。

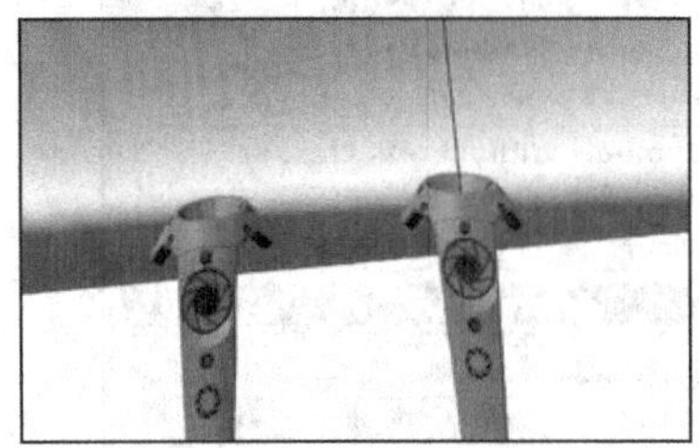
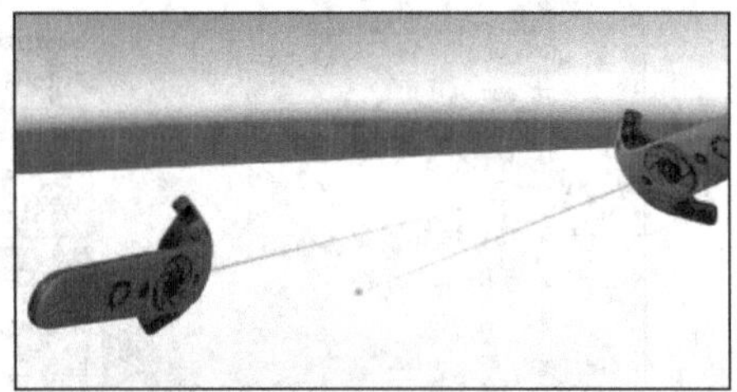

图 5-19　按下 Touchpad 键后手柄射出的射线

5.2.5　移动方式的设置

5.2.5

受到追踪器追踪范围和实际场地大小的限制，用户戴着头显在虚拟世界中只能在一个比较小的范围内进行移动，但通常虚拟世界可能都有一个比较大的环境。那么在这个大的虚拟环境中移动，就是必要的基础操作了。一般地，有两种移动形式，一种是瞬间跳转，一种是连续平滑移动。

1. 瞬间跳转的设置

瞬间跳转，在 VRTK 中称为 Teleport。具体设置方法就是在 vrtk scripts 物体下添加一个空物体，可以命名为 PlayArea，然后为其添加 VRTK_Basic Teleport 组件，所有属性保持默认设置即可。VRTK_Basic Teleport 组件如图 5-20 所示。

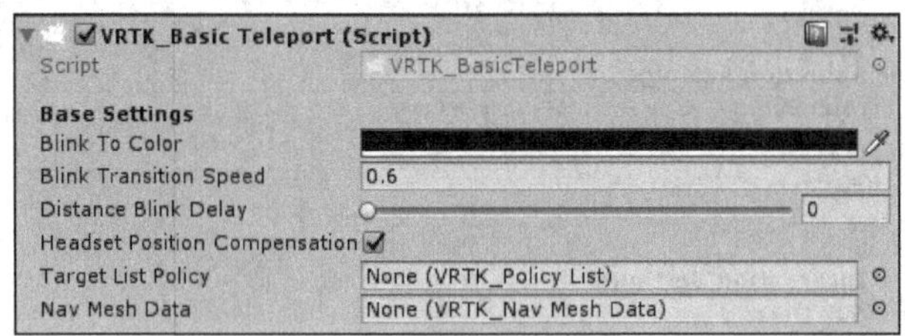

图 5-20　VRTK_Basic Teleport 组件

这时的跳转方式就是按住手柄的 Touchpad 键，发出射线，在射线和地面碰撞后，松开 Touchpad 键，即可瞬间跳转到碰撞点处。

因为这时使用的射线渲染组件是 VRTK_Straight Pointer Renderer，如图 5-18 所示，所以射线为直线形式。如果使用另一个组件 VRTK_Bezier Pointer Renderer，则射线会变为贝塞尔曲线的形式。手柄发出的贝塞尔曲线形式的射线如图 5-21 所示。

图 5-21　手柄发出的贝塞尔曲线形式的射线

2. 连续平滑移动的设置

将 VRTK_Touchpad Control 组件添加到场景中的 CameraRig 物体上，并选择 leftController 或者

rightController 物体，将其拉入 VRTK_Touchpad Control 组件的“Controller”中完成设置，如图 5-22 所示。此时运行场景，按下相应手柄的 Touchpad 键即可实现在场景中向前、后、左、右平滑移动。

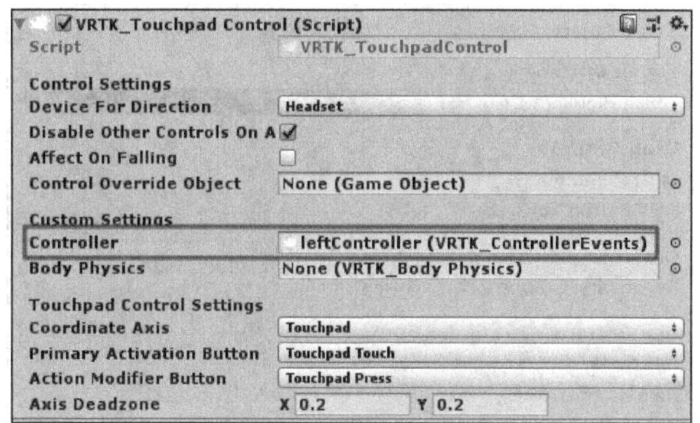

图 5-22　VRTK_Touchpad Control 组件的“Controller”属性

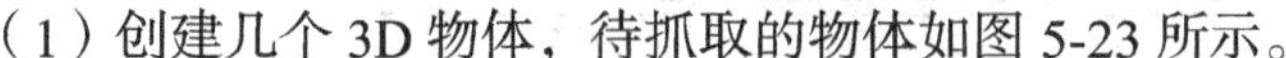

5.2.6　可交互物体的设置

5.2.6

在虚拟世界中，实现对物体的触碰、抓取等操作是基本需求之一。这在 VRTK 中是通过设置交互物体来实现的，具体方法如下。

（1）创建几个 3D 物体，待抓取的物体如图 5-23 所示。

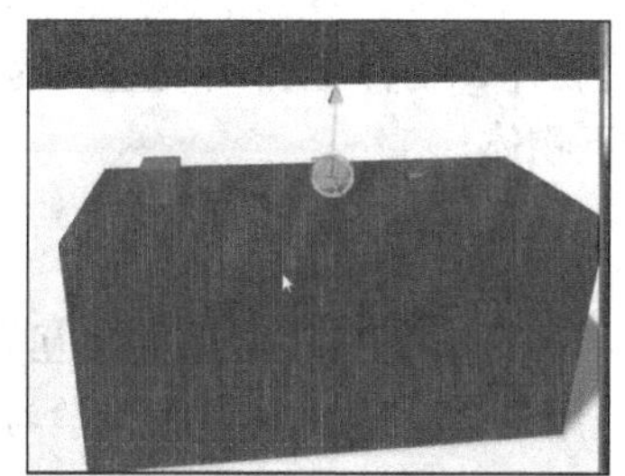

图 5-23　待抓取的物体

（2）对 leftController 和 rightController 物体添加 VRTK_Interact Touch 和 VRTK_Interact Grab 组件，使手柄具有触碰（Touch）和抓取（Grab）功能。抓取功能的手柄按键默认设置如图 5-24 所示，抓取功能是使用手柄的 Grip 键实现的，可以根据需要换成其他的按键。

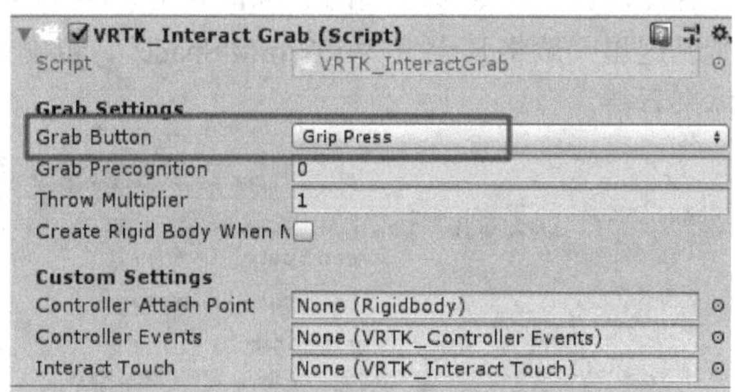

图 5-24　抓取功能的手柄按键默认设置

（3）选中 3D 物体，单击“Window”→“VRTK”→“Setup Interactable Object”，选中“Hold Button To Grab”选项，单击按钮“Setup selected object(s)”，即可自动完成所有组件和组件属性设置，使该物体具备和手柄交互的能力。“Setup Interactable Object”对话框如图 5-25 所示。

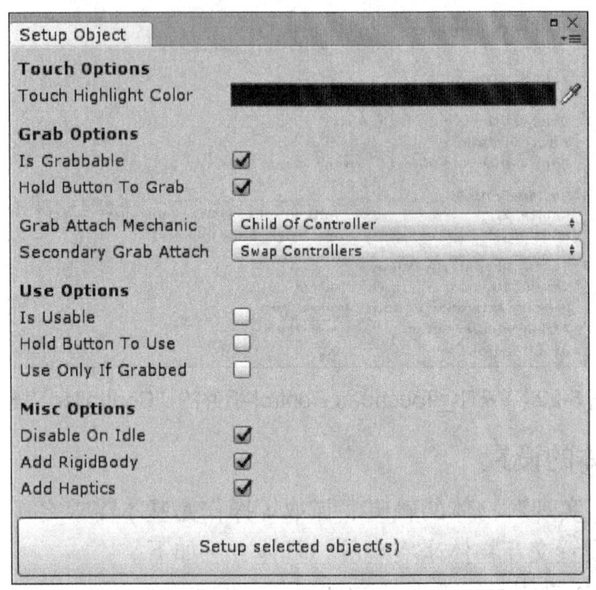

图 5-25 “Setup Interactable Object”对话框

（4）运行场景，用手柄触碰物体，物体上会出现边框提示；按住手柄的 Grip 键，可以抓起物体，松开 Grip 键，则放下物体。

5.2.7 UI 的操作

5.2.7

UI 操作是“屏幕时代”较常见的交互方式，在虚拟现实中，将 UI 的操作移植过来，用户会感觉比较熟悉，学习 VR 操作的难度就会降低，从而有利于 VR 的推广和普及。

1. 三维空间中的 UI

Unity 中的 UI 元素都是放在 Canvas 物体下的，由 Canvas 物体提供 UI 的总体属性。其中，属性“Render Mode”决定了 UI 以何种形式进行渲染。Canvas 属性中 UI 渲染模式的选择如图 5-26 所示，其默认设置是“Screen Space – Overlay”，也就是将 UI 叠加在屏幕上。如果是这样，那么在虚拟现实的三维世界里，UI 就只能看，而不能被用户用来进行交互操作。所以这里一般将其设置为“World Space”，也就是将 UI 元素当作三维虚拟世界里的普通物体来看待。

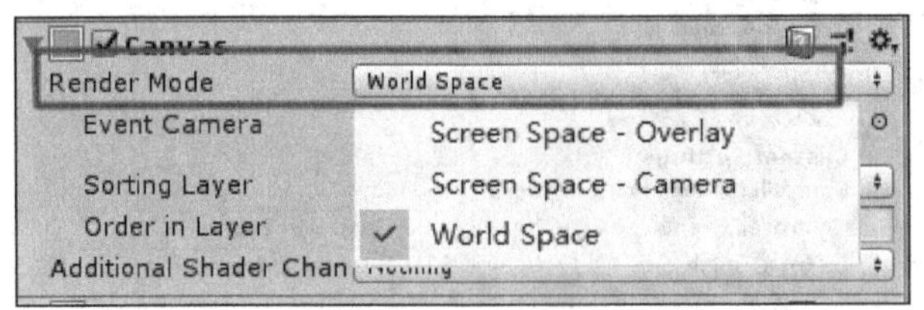

图 5-26 Canvas 属性中 UI 渲染模式的选择

2. UI 位置的调整

调整好渲染模式后，还需要将 UI 放置到合适的位置。这里可以只调节具体某一个 UI 元素，也可以将 Canvas 整体都进行调节。无论是调节哪个层次的物体，都是修改其 Rect Transform 组件中坐标、宽度和高度、比例大小等，UI 的 Rect Transform 组件如图 5-27 所示。

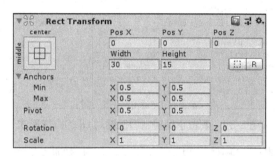

图 5-27　UI 的 Rect Transform 组件

调整过后，三维场景中的 UI 元素如图 5-28 所示。

图 5-28　三维场景中的 UI 元素

3. UI 和 HTC VIVE 手柄的交互

5.2.4 小节中介绍了 HTC VIVE 手柄发射直线形式的射线的设置，这是和 UI 元素交互的基础。在此基础之上，继续给左、右手柄控制器添加两个组件：VRTK_Controller Events 和 VRTK_UI Pointer。给手柄控制器添加组件提供 UI 交互能力，如图 5-29 所示。其中 VRTK_Controller Events 组件使控制器具备了处理事件交互的功能，VRTK_UI Pointer 组件则设置了手柄控制器上具体哪些按键可通过何种操作来模拟对 UI 元素的交互。配置手柄控制器按键对 UI 的操作形式如图 5-30 所示，组件规定了激活射线是通过手柄上的 Touchpad 键实现的，激活的形式是"Hold Button"，也就是要按住 Touchpad 键不放。射线选取 UI 元素的形式是按住手柄上的双阶段扳机，单击 UI 元素则是通过按下双阶段扳机然后放开的方式来实现。

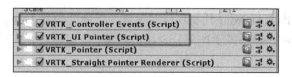

图 5-29　给手柄控制器添加组件提供 UI 交互能力

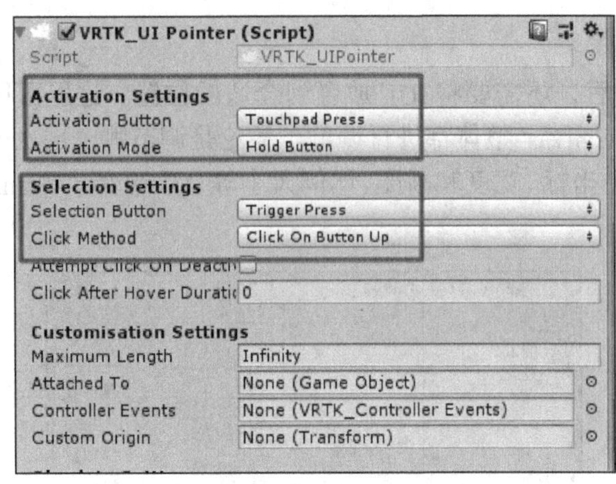

图 5-30 配置手柄控制器按键对 UI 的操作形式

最后，再给 UI 元素的父物体，也就是 Canvas 物体添加 VRTK_UI Canvas 组件。这样就实现了通过手柄发射射线对 UI 进行操作的功能。剩下的工作，就和普通的 UI 元素交互的一样了。

经过这样的设置之后，UI 操作上还有一个小问题，就是射线会穿过 UI 元素，可能会对其后面的物体产生影响。为了消除这种可能性，可以在 UI 元素后方放置一个碰撞器，来阻挡射线继续往后延伸。

5.3 Nibiru 平台

5.3 和 5.3.1

Nibiru 是国产的 VR 操作系统平台，它在 Android 的基础上针对 VR 一体机进行了大量优化和改进，是国内使用最多的 VR 一体机开发平台之一。

Nibiru 有完整的产品生态链。除了 VR 系统和 VR 一体机硬件产品外，它还有 AR 系统和 AR 眼镜硬件产品、Nibiru Creator 内容创作工具、VR/AR 场景播控系统、Remote Rendering 仿真系统等，是国内比较先进的产品平台。Nibiru 还提供了比较完善的开发环境，其官方网站维持了一个活跃的开发社群，能给开发者提供相关帮助。

5.3.1 在 Unity 中配置 Android 系统

不同于 HTC VIVE 运行在 PC 上，Nibiru 的应用是运行在 VR 一体机上的，其内核通常是 Android 系统。所以使用 Unity 开发 Nibiru 应用时，需要配置 Unity 的 Android 开发环境，这样才能最终发布成功。如果只是学习如何使用 Nibiru，只需要在 Unity 中看到效果，而不需要发布 Android 形式的安装包，则可以不配置 Android 环境。Nibiru 支持在 Unity 中直接观察 VR 效果。

5.1 节中已经介绍过 Android 开发环境的配置，下面介绍在 Unity 中针对 Android 平台做一些配置工作。读者如果不需要这部分介绍的功能，可以跳过，直接阅读后面关于 Nibiru VR 基本使用方法的部分。

（1）打开 Unity 软件，单击菜单“Edit”→“Preferences”，选择“External Tools”选项卡，设置 Android SDK 和 JDK 的安装路径，如图 5-31 所示。

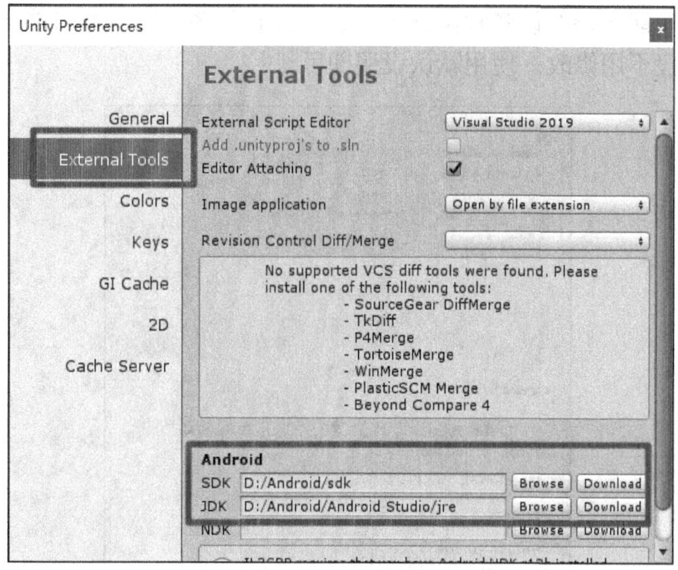

图 5-31　设置 Android SDK 和 JDK 的安装路径

（2）单击菜单“File”→“Build Settings”，在“Build Settings”对话框中单击“Switch Platform”，选择“Android”。在 Unity 的“Build Settings”对话框中设置 Android 系统为发布目标系统，如图 5-32 所示。

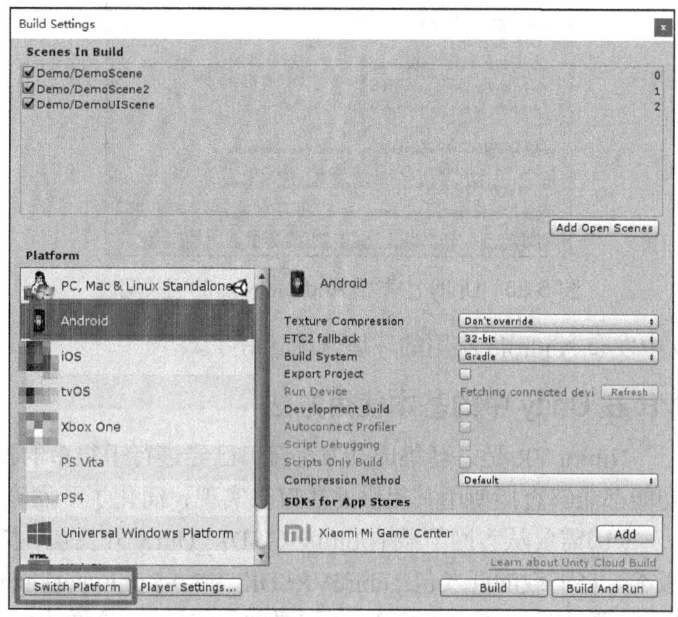

图 5-32　在 Unity 的“Build Settings”对话框中设置 Android 系统为发布目标系统

（3）单击“PlayerSettings”按钮，选择“Other Settings”选项，按照图 5-33 设置 Unity 中发布 Android App 的相关属性。其中，“Bundle Identifier”属性是按照“com.公司名称.App 名称”的格式来填写的，图 5-33 中公司名称为“gdqy”，App 名称为 Temp。

“Minimum API Level”属性规定了发布的 App 所能支持的最小 Android 版本。支持的最小版本越低，所能支持的设备种类就越多，但也有很多高级功能可能会不支持。支持的最高版本属性一般不用修改，使用默认设置即可。

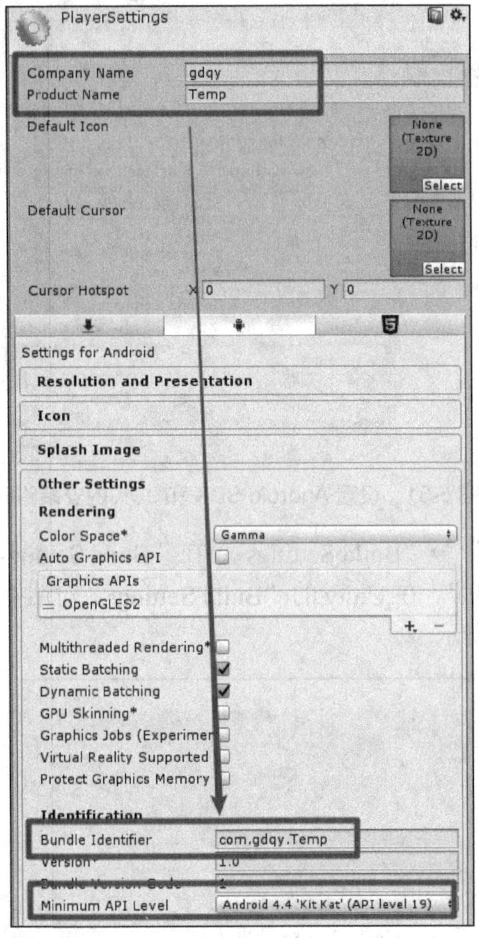

图 5-33　Unity 中发布 Android App 的相关属性

至此，Unity 中发布 Android 应用的环境就配置好了。

5.3.2　Nibiru VR 在 Unity 中的基本使用方法

5.3.2

Nibiru VR 是一套集成开发环境，已经进行了很多的预设和封装，很多功能都能够直接使用其提供的接口来实现，简化了开发流程。

（1）需要从官网下载 NibiruVR_SDK_Unity 开发包，本书使用的是 2.0.5 版本。将下载的开发包 NibiruVRSDK_V2.0.5.unitypackage 导入 Unity 工程后，需要针对 Unity 的 Android 配置做一些设置，这样才可正确发布 Android 应用。如果只是在计算机上做实验，则可以跳过这一步骤。

具体的设置方法，是通过 Unity 的菜单“Edit”→“Project Settings”→“Graphics”，打开工程图像设置界面，将 NVR/Resources 目录下的 SolidColor 和 UnlitTexture 这两个着色器文件，拖入“Always Included Shaders”如图 5-34 所示。

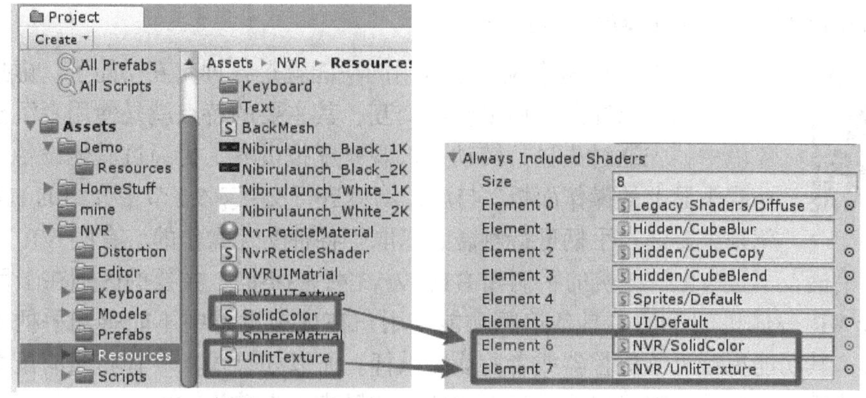

图 5-34　设置 SolidColor 和 UnlitTexture 这两个着色器文件

（2）NibiruVR_SDK_Unity 开发包的使用方法很简单。先新建一个场景，删除其中自带的 Main Camera，把 NVR/Prefabs 目录下的 MainCamera 和 NvrViewerMain 这两个预设体拖入场景，即完成了初始设置。此时运行场景，即可看到图 5-35 所示的 Nibiru VR 初始运行效果——左右眼双屏画面；按住 Alt 键的同时，移动鼠标，可以模拟戴着 VR 头显转动头部的效果。现在因为没有参照物，移动时看不出效果。可以加入 NVR/Prefabs 目录下的 NvrSphere 预设体，再次运行场景，可看到室内环境；此时再运行场景，即可通过键盘和鼠标模拟头显转动来观察这个房间了，加了房间参照物后的运行效果如图 5-36 所示。

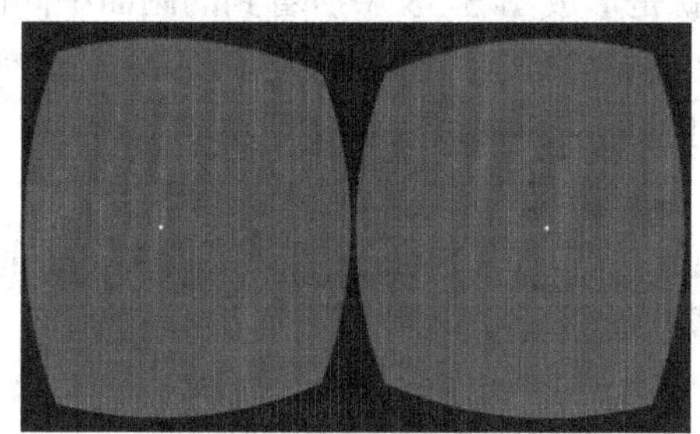

图 5-35　Nibiru VR 初始运行效果

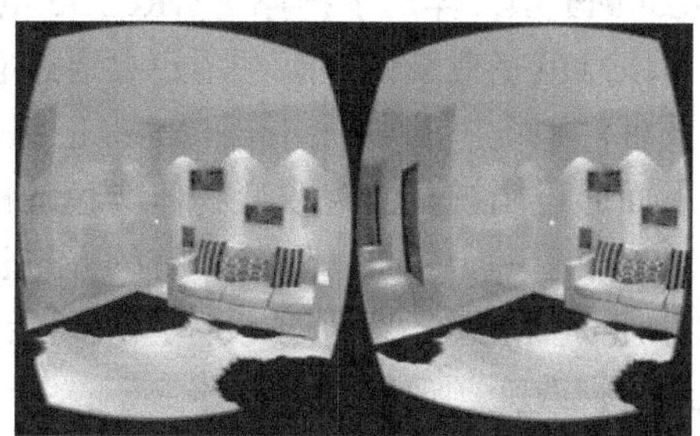

图 5-36　加了房间参照物后的运行效果

（3）在 NvrViewerMain 预设体中，有一个 Nvr Viewer 组件可用来实现一些 VR 形式的设定，如图 5-37 所示。例如，“VR Mode Enabled”控制是否以 VR 模式运行场景，如果不勾选该复选框，则不会出现图 5-36 那样的双目效果，而是出现一个普通的画面，通过键盘和鼠标模拟头显转动的功能不变，这样可以扩大画面，有利于在计算机上观察效果；“Lock HeadTracker”控制是否锁定头显；“Distortion Enabled”控制是否显示镜头畸变效果。

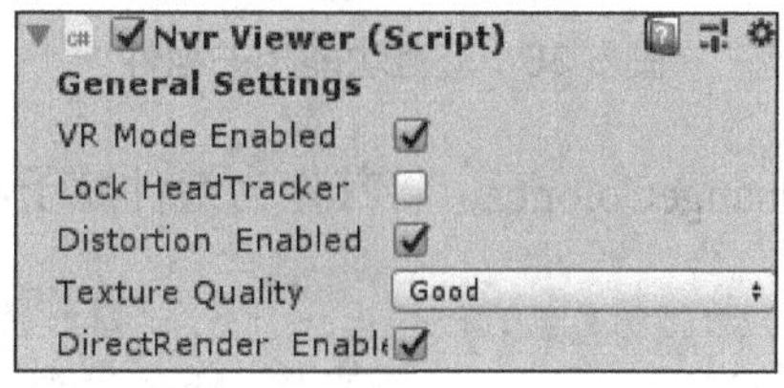

图 5-37　Nvr Viewer 组件

5.3.3 Nibiru VR 中交互功能的实现

5.3.3

对 VR 一体机来说，较常用的功能就是各种交互功能了。虚拟现实的交互不同于以往的任何平台的交互，其主要的特点就是使用者沉浸在虚拟环境中，先通过头显，转动头部观察虚拟世界，再通过其他设备，比如手柄或头显上的操作面板，与虚拟物体进行交互。5.2 节中介绍的 HTC VIVE 就是主要通过手柄进行触碰、抓取等各种交互操作的。有些 VR 一体机设备也配有手柄，不过 VR 一体机的手柄和 HTC VIVE 手柄不同，主要的区别在于目前市场上大部分 VR 一体机的手柄不具备追踪功能，用户在虚拟世界中不能感知手柄（手）的空间位置，其功能更接近于遥控器或者游戏操纵杆。所以如果 VR 一体机没有配手柄，也不会影响使用，手柄的功能可以用头显上的按键和触摸板来替代实现。

下面介绍视线注视交互和 VR 头显按键交互这两种 Nibiru 头显中较常见的功能。

1. 视线注视交互功能

所谓视线注视交互，是指通过虚拟世界中对应 VR 头显的摄像机，发出一条虚拟的射线，通过这条射线和虚拟世界中前方的物体发生碰撞，从而感知和获取到这些物体，继而可以对这些物体进行相应的操作，实现交互功能。

NibiruVR_SDK_Unity 开发包已经将视线注视交互功能封装好了，在 MainCamera 预设体上，可以看到一个 Physics Raycaster 组件，这个组件提供了在摄像机上发射射线的功能。MainCamera 预设体的子物体 NvrReticle 的功能就是形成图 5-35 中所看到的画面中间的白色点，该点就是视线的焦点，用户可通过它来指向某个物体。再结合 NvrViewerMain 预设体以及事件系统里的 Gaze Input Module 组件，可共同实现视线注视交互功能。

下面通过用视线注视改变物体颜色的例子，来介绍具体的实现过程。

（1）新建一个场景，删除原有的 Main Camera，把 NVR/Prefabs 目录下的 MainCamera 和 NvrViewerMain 这两个预设体拖入场景，完成初始设置。再添加一个 Cube 物体，作为用视线注视改变颜色的目标物体。

（2）新建一个空物体，改名为“Event System”，在其上添加 Gaze Input Module 组件。添加 Gaze Input Module 组件后，会自动添加一个 Event System 组件，交互功能相关组件如图 5-38 所示。这两个组件定义了视线注视的各种操作。

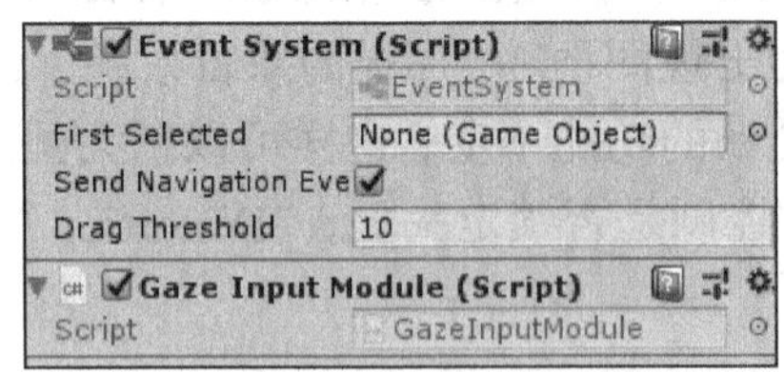

图 5-38　交互功能相关组件

（3）新建一个 C#脚本 changeColor.cs，将其作为组件赋予 Cube 物体。脚本内容如下：

```
using System.Collections;
using System.Collections.Generic;
using UnityEngine;
```

```
public class changeColor : MonoBehaviour {

        public void SetGazedAt(bool gazedAt) {
            if(gazedAt)
                GetComponent<Renderer>().material.color = Color.red;
            else
                GetComponent<Renderer>().material.color = Color.white;
        }
}
```

可以看到这个脚本的功能比较简单，只有一个 public 类型的函数 SetGazedAt()，其会根据 bool 类型的参数 gazedAt 来决定物体的材质颜色为红色还是白色。

（4）给 Cube 物体再添加一个 EventTrigger 组件，这个组件用来处理事件触发的工作。单击组件中的“Add New Event Type”按钮，添加 Pointer Enter 和 Pointer Exit 两个事件，它们就是视线进入和移出 Cube 物体的事件。单击事件窗口中的“+”按钮，将 Cube 拖入框，两个事件处理函数都选择 changeColor.cs 脚本中的 SetGazedAt()函数，Cube 的 Event Trigger 组件如图 5-39 所示。这样设置之后，就代表视线进入和移出 Cube 物体事件发生后的处理函数都是 SetGazedAt()函数。

因为 SetGazedAt()函数有一个 bool 类型的参数，所以在图 5-39 中可以看到 Pointer Enter 事件的处理函数中该参数被勾选，代表其值为 true；而 Pointer Exit 事件的处理函数中该参数没有被勾选，代表其值为 false。再结合代码，可以看到，当视线进入 Cube 物体后，Pointer Enter 事件发生，处理函数 SetGazedAt()会根据为 true 的 gazedAt 参数，把 Cube 的颜色改为红色；视线移出 Cube 物体后，Pointer Exit 事件发生，处理函数 SetGazedAt()会根据为 false 的 gazedAt 参数，把 Cube 的颜色改为白色。

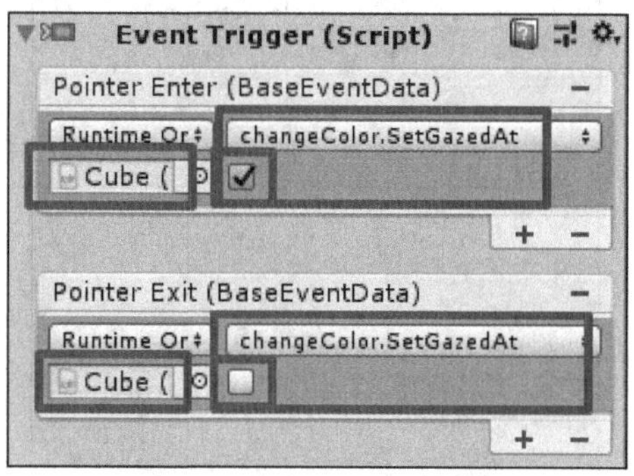

图 5-39　Cube 的 Event Trigger 组件

（5）运行场景，通过按住 Alt 键并移动鼠标，模仿戴着头显转动头部的操作，来观察视线注视交互功能。

2. VR 头显按键交互功能

VR 头显上一般都有按键或者是触摸板，提供了一定的交互功能。VR 头显上的按键如图 5-40 所示，有音量大小调节键，OK 键，上、下、左、右方向键等。有些厂家提供的 VR 一体机的手柄的功能其实和这些头显上的按键或触摸板的功能是一样的。

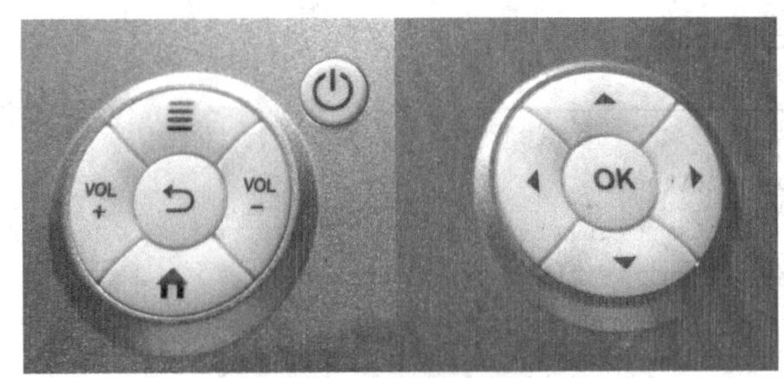

图 5-40　VR 头显上的按键

在 Nibiru 的 SDK 中，VR 头显按键交互的实现和视线注视交互的实现方法是类似的。例如，针对前面的例子，实现在视线注入 Cube 物体的情况下，按下 OK 键，使 Cube 物体变大一倍的功能，方法如下。

（1）打开脚本 changeColor.cs，在其中添加函数 SetGazedTrigger()，函数内容如下：

```
public void SetGazedTrigger() {
    transform.localScale *= 2;
}
```

（2）找到 Cube 物体，在其 Event Trigger 组件中，单击“Add New Event Type”按钮，添加 Pointer Click 事件；单击事件窗口中的“+”按钮，将 Cube 拖入框，事件处理函数选择 changeColor.cs 脚本中的 SetGazedTrigger()函数，新添加的 Pointer Click 事件处理函数如图 5-41 所示。这样设置之后，就代表在视线注入的情况下，按下 OK 键后的处理函数是 SetGazedTrigger()。

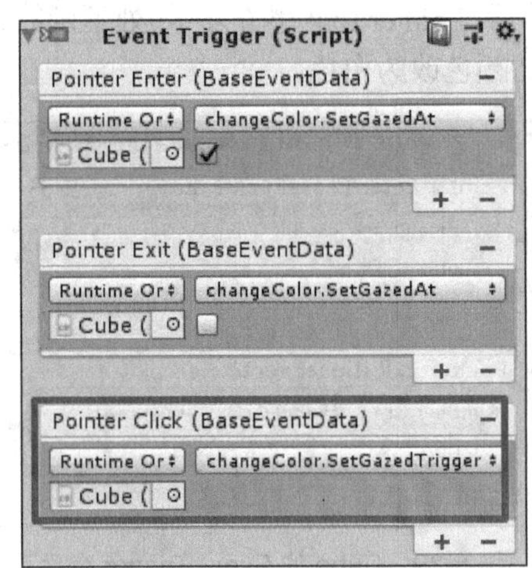

图 5-41　新添加的 Pointer Click 事件处理函数

（3）至此制作完毕，运行场景观看效果。当视线注入 Cube 的时候，单击鼠标左键，来模仿按下 VR 头显上的 OK 键，从而观察 Cube 变大的效果。

5.4

5.4　Oculus Quest 平台

Oculus Quest 是元宇宙公司旗下在虚拟现实方面的产品，在 2019 年 5 月正式发售。Oculus Quest 属于一体式 VR 头显设备，Oculus Quest 头显和手柄如图 5-42 所示。其内核是 Android 系统，价格并不昂贵，有人认为它是能够为普通大众打开虚拟世界大门的一款产品。它与其他 VR 头显产品主要的不同在于，它通过头显上分布在 4 个角的摄像头和内置算法，实现了六自由度的空间定位追踪系统，无须任何外设与线缆，摆脱了对高昂价格的计算机设备的依赖，玩家可以在虚拟世界里更加自由地行动。并且，设备整体价格大幅下降，更加有利于被普通大众接受。

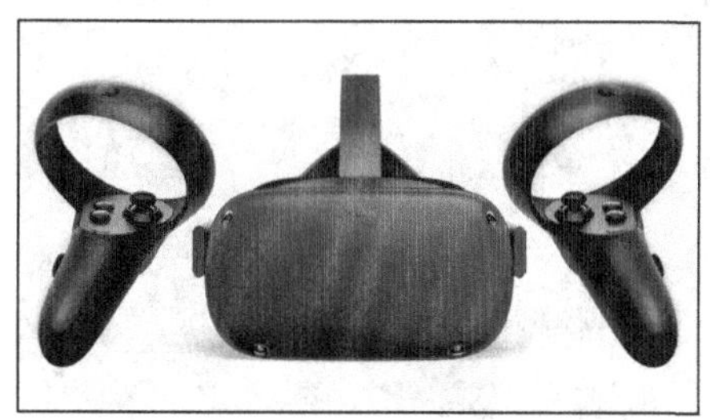

图 5-42 Oculus Quest 头显和手柄

5.2 节中介绍了使用 VRTK 来开发 HTC VIVE 平台的应用，本节将介绍直接使用 Oculus 官方提供的开发工具，因为这些工具的封装性很好，使用起来也很方便。Unity 可选择 2019 版。当然，按照 Oculus 官方的说法，使用 Unity 2017.4 以上的版本都是可以的。

5.4.1 Unity 中 Oculus Quest 开发包的安装配置

每次使用 Unity 进行开发，都需要先在 Unity 中配置环境，Oculus Quest 也不例外。具体做法如下。

5.4.1

（1）按照 5.1.2 小节和 5.3.1 小节的内容分别配置好计算机和 Unity 的 Android 开发环境。注意，如图 5-33 所示，“PlayerSettings”里面的“Minimum API Level”必须设为“API Level 19”或者更高级别，因为 Oculus Quest 不支持低于 API Level 19 的 Android 系统。

（2）在 Unity 的 Asset Store 中搜索并下载免费的 Oculus Integration，然后将其导入 Unity。该资源是 Oculus 官方提供的开发 SDK。Oculus Integration 下载界面如图 5-43 所示。

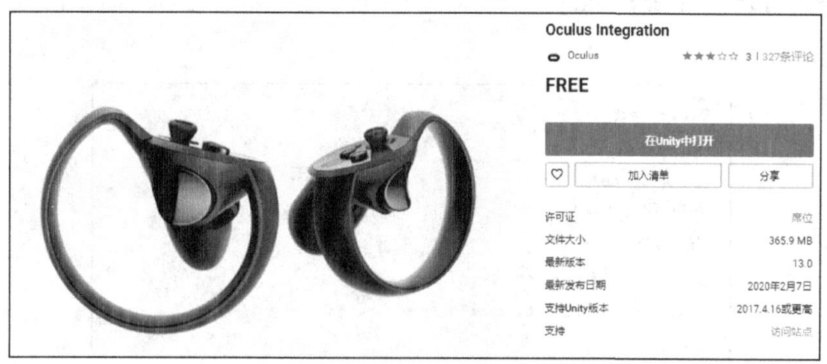

图 5-43 Oculus Integration 下载界面

（3）在 Unity 中，单击菜单“Edit”→“Project Settings”打开工程设置窗口，Unity 中配置 Oculus 平台 VR 开发如图 5-44 所示。在“Player”选项卡中，找到“XR Settings”，勾选“Virtual Reality Supported”复选框，然后单击“+”按钮，在弹出的列表中选择“Oculus”。

这样设置之后，结合前面步骤中导入的 Oculus Integration 工具包，Unity 就具备了开发 Oculus 平台应用的能力。

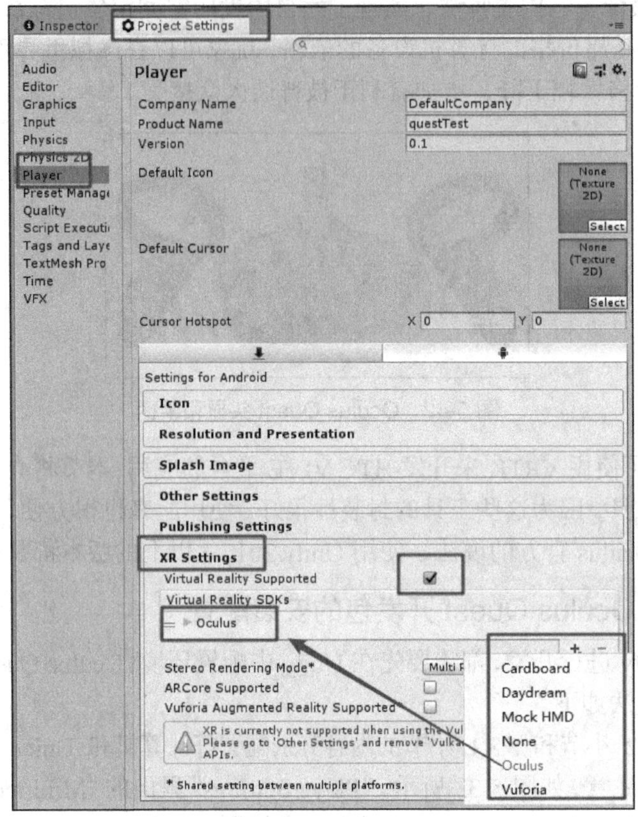

图 5-44　Unity 中配置 Oculus 平台 VR 开发

从图 5-44 中可以看到，有一个警告标志，说明这时在配置上还有一些问题。这是由于 Unity 的一些默认属性设置和当前的 Oculus 有一些冲突的地方。解决方法很简单，还是在这个界面中，打开“Other Settings”，删除“Vulkan”选项以适应 Oculus 的配置，如图 5-45 所示。

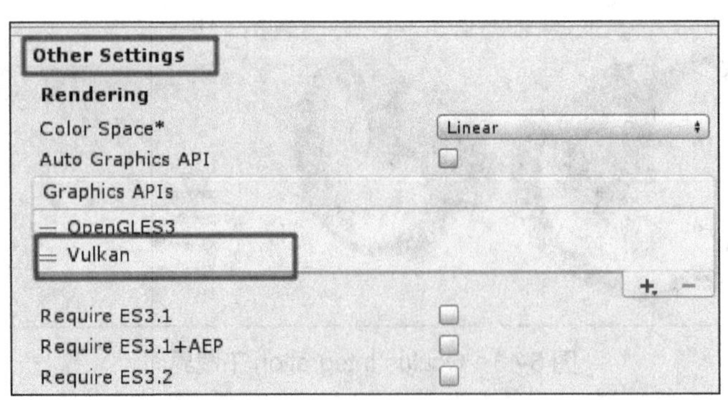

图 5-45　删除“Vulkan”选项以适应 Oculus 的配置

（4）经过以上操作，在 Unity 中就准备好了 Oculus 的开发配置。下面还需要从 Oculus

的官网生成并获取开发 App 的许可证 ID。

打开 Oculus 的官网，注册开发者账号并登录，单击网页中的“Create New App”按钮，创建 Oculus App 账号，如图 5-46 所示。在打开的界面中输入要创建的 App 的名称，Platform 平台选择“Quest（App lab）”，然后单击“创建”按钮，如图 5-47 所示。

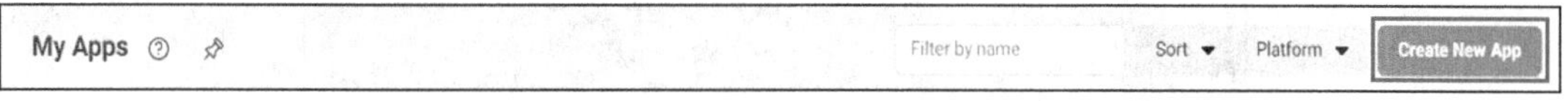

图 5-46　创建 Oculus App 账号

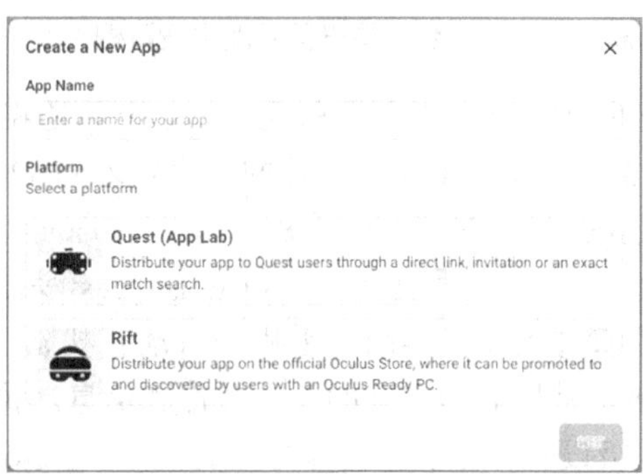

图 5-47　输入 Oculus App 的名称并选择平台

在单击“创建”按钮之后，可以在界面左侧菜单栏的“API”中找到新申请到的 App ID，如图 5-48 所示。

回到 Unity 中，单击菜单“Oculus”→“Platform”→“Edit Settings”打开平台设置界面，将申请到的 App ID 复制到其中，并取消勾选“Use Standalone Platform”复选框，设置 Unity 中的 Oculus App ID 如图 5-49 所示。

图 5-48　新申请到的 App ID

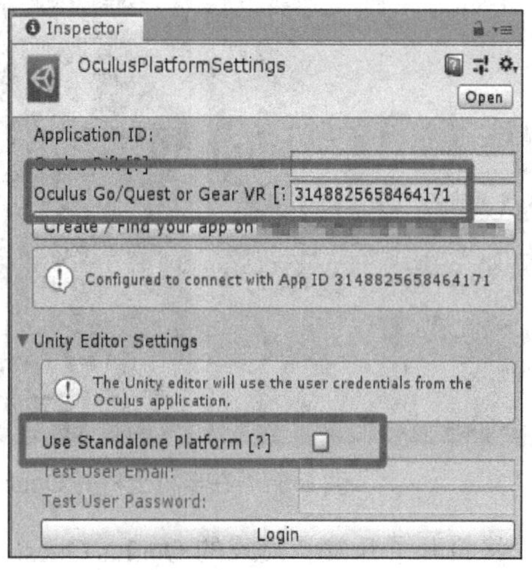

图 5-49　设置 Unity 中的 Oculus App ID

继续单击菜单“Oculus”→“Tools”→“Oculus Platform Tools”打开平台工具设置界面，在其中选择“Oculus Quest”，并复制、粘贴 App ID，在平台工具设置界面中设置相关属性如图 5-50 所示。

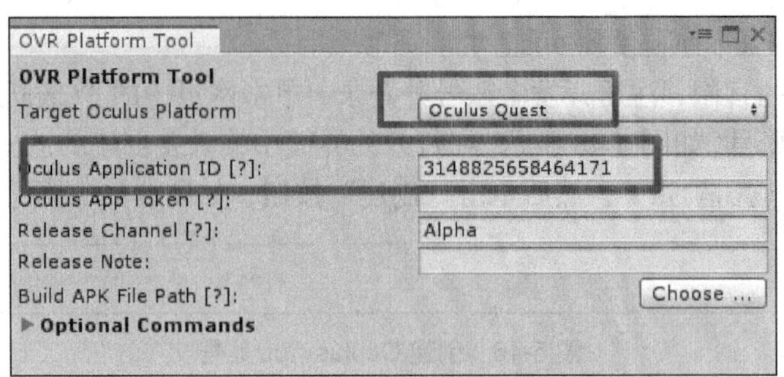

图 5-50　在平台工具设置界面中设置相关属性

至此，Unity 中的 Oculus Quest 开发配置就完成了。下面还需要将 Oculus Quest 头显的开发者模式打开，这样才能从 Unity 中将开发好的应用导入 Oculus Quest 设备。

（5）启用 Oculus Quest 头显，并找一台手机，打开手机的蓝牙和定位功能。然后在手机上安装并运行 Oculus 官方 App，在手机上打开 Oculus Quest 头显的开发者模式，如图 5-51 所示。单击“Settings”按钮进入设置界面，手机会自动查找附近的头显并连接，图 5-51 中 2 号框所示的就是连接正常后显示出来的头显名称和信息。再单击 3 号框处的“More Settings”按钮，进入下一级设置界面。单击 4 号框处的“Developer Mode”按钮，进入再下一级界面。设置打开 5 号框处的“开关”。这样，Oculus Quest 头显的开发者模式就被打开了。

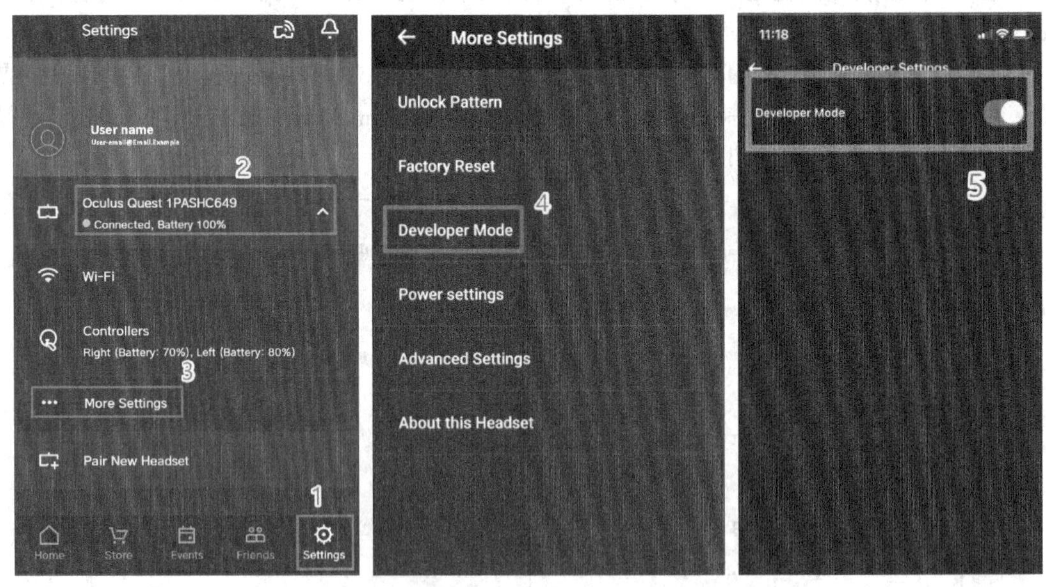

图 5-51　在手机上打开 Oculus Quest 头显的开发者模式

（6）将打开了开发者模式的 Oculus Quest 头显用数据线与计算机相连，然后单击 Unity 的菜单“File”→“Build Settings”打开设置窗口，在“Run Device”中可以看到与计算机相连的头显名称。单击“Build And Run”按钮，就能将 Unity 中编辑好的场景发布到 Oculus Quest 头显中运行并观察效果了。直接从 Unity 中发布应用 App 到 Oculus Quest 头显中，如图 5-52 所示。

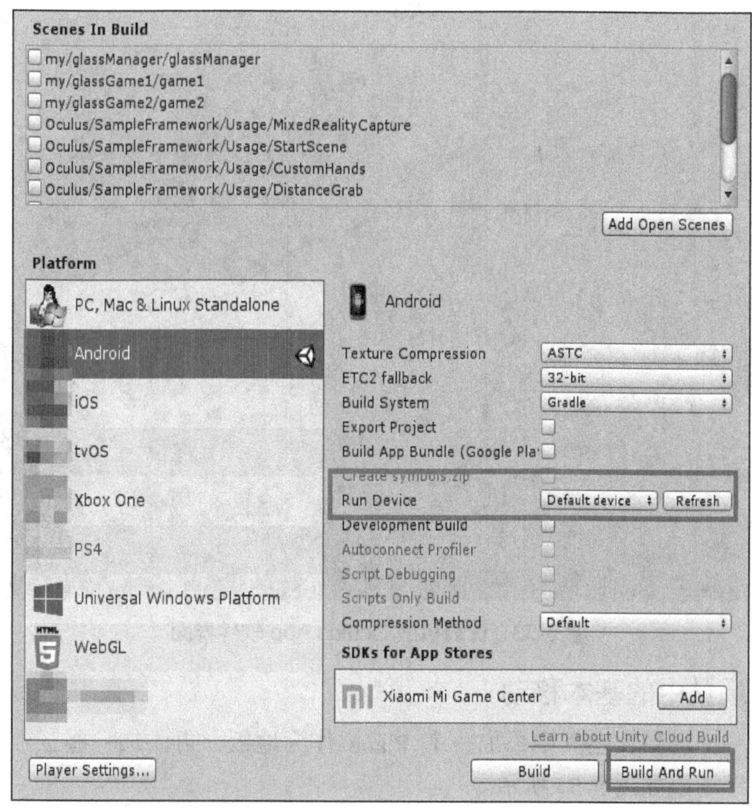

图 5-52　直接从 Unity 中发布应用 App 到 Oculus Quest 头显中

5.4.2　Oculus Link 的使用

5.4.2

直接使用前面的方法开发 Quest 应用时，会感觉很不方便，因为在 Unity 中直接运行应用是看不到任何效果的。每次都只有通过单击 Unity 中的“Build And Run”按钮对整个工程进行发布并输出、安装到 Oculus Quest 头显中才可以看到效果，相当费时费力。为了解决这种问题，同时也为了能方便用户同步计算机和 Oculus Quest 头显数据，Oculus 给出了一套解决方案——Oculus Link。

Oculus Link 需要软件和硬件的配合才能使用。在软件上，Oculus Quest 头显必须升级到最新的操作系统版本，同时和 Oculus Quest 相连的计算机上也要安装最新版本的计算机版 Oculus App 软件，以保证计算机和 Oculus Quest 头显在软件上的匹配。图 5-53 所示的是计算机版 Oculus App 软件界面。

在硬件上，首先需要一根有一端是 Type-C 端口的 USB 3.0 数据线，以连接计算机和 Oculus Quest 头显。而且，这根数据线要质量比较好，以保证能实现大量数据的传输，若为一般质量的数据线则可能会无法使用 Oculus Link 功能。另外，对计算机的硬件要求也比较高，需要显卡是 NVIDIA GTX 970 或者 NVIDIA GTX 1060 以上的配置。

当软硬件方面都满足条件后，Oculus Link 会将 Unity 的编辑窗口和头显进行数据同步，在 Unity 中可以直接观察效果，而不需要每次都发布程序到头显中。这样就很大程度地提高了开发效率。

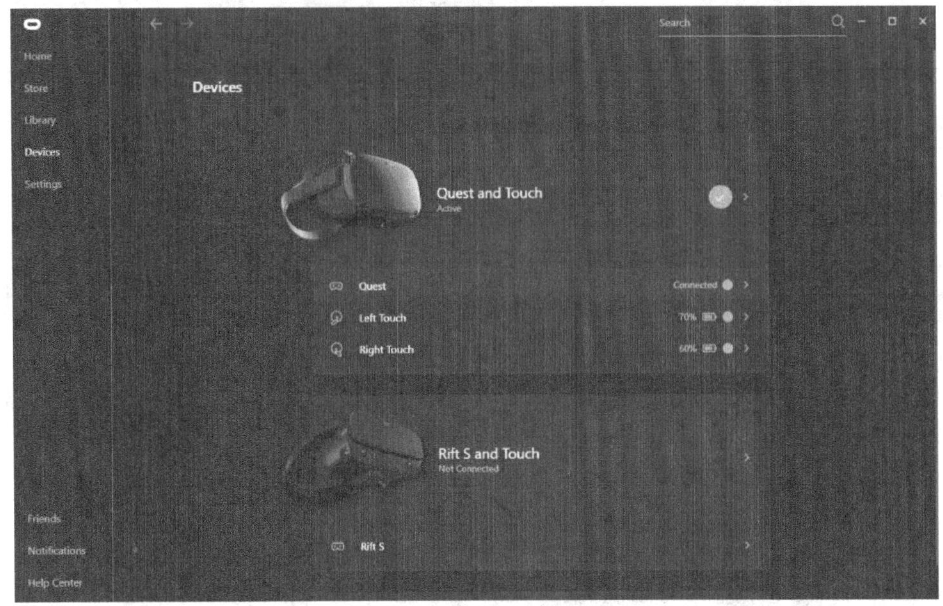

图 5-53　计算机版 Oculus App 软件界面

5.4.3　虚拟场景中的基本移动

（1）新建一个场景，在其中添加一个 Plane 作为地板，再添加一些三维物体作为参照物，简单的三维场景如图 5-54 所示。

5.4.3

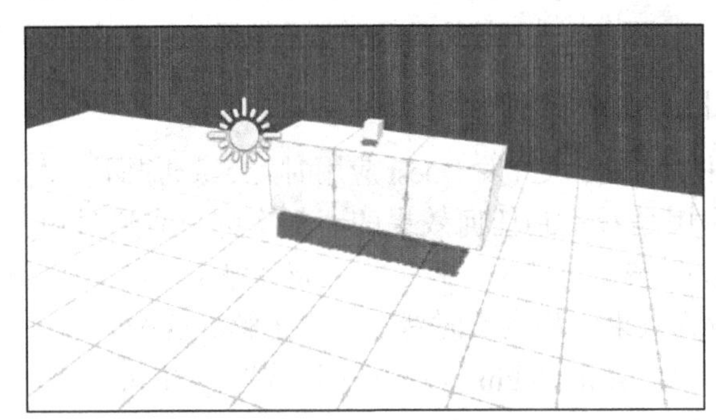

图 5-54　简单的三维场景

（2）删除场景中默认的摄像机。在 Project 面板中的 “Assets” → “Oculus” → “VR” → “Prefabs” 中，找到 OVRCameraRig 预设体，将其拖入场景并摆放在合适的位置。OVRCameraRig 预设体就是 Oculus 针对虚拟空间制作好的一个虚拟双目摄像机，它所携带的 OVR Manager 组件作为关键组件，决定了 OVRCameraRig 使用的设备种类、输入形式、渲染属性、追踪属性和混合现实属性等内容。OVRCameraRig 预设体的 OVR Manager 组件如图 5-55 所示。

（3）保持预设体的默认属性设置，这样就已经实现了基本的 Oculus 的虚拟场景，可以直接发布应用，并在头显中观看效果。这时可以实现转头观察整个场景，并且因为 Oculus 的追踪功能，用户可以在安全范围内走动，但是不能使用手柄功能，也没有任何其他可以交互的东西。下面再介绍使用另外的预设体来实现这些功能。

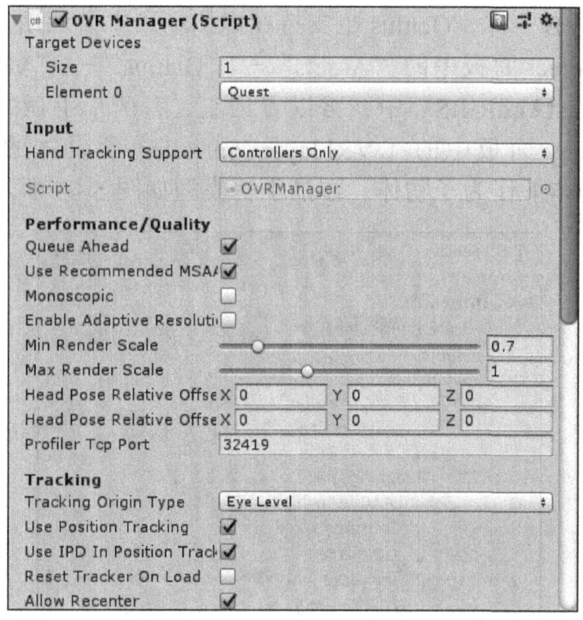

图 5-55　OVRCameraRig 预设体的 OVR Manager 组件

5.4.4　加入控制手柄或手部模型

5.4.4

（1）将 5.4.3 小节中的 OVRCameraRig 预设体删除，换成同一目录下的 OVRPlayerController 预设体。该预设体包含 OVRCameraRig（作为子物体），并因为额外添加的 Character Controller 和 OVR Player Controller 组件，获得了移动的能力。OVRPlayerController 预设体的组件如图 5-56 所示。运行场景，这时用户除了能自己走动以外，还能用左手柄的摇杆控制前后左右自由移动，这样就扩大了用户在虚拟世界的移动范围。

Character Controller

Slope Limit	45
Step Offset	0.3
Skin Width	0.01
Min Move Distance	0
Center	X 0 Y 0 Z 0
Radius	0.5
Height	2

OVR Player Controller (Script)

Script	OVRPlayerController
Acceleration	0.1
Damping	0.3
Back And Side Damp	0.5
Jump Force	0.3
Rotation Amount	1.5
Rotation Ratchet	45
Snap Rotation	✓
Fixed Speed Steps	0
Hmd Resets Y	✓
Hmd Rotates Y	✓
Gravity Modifier	1

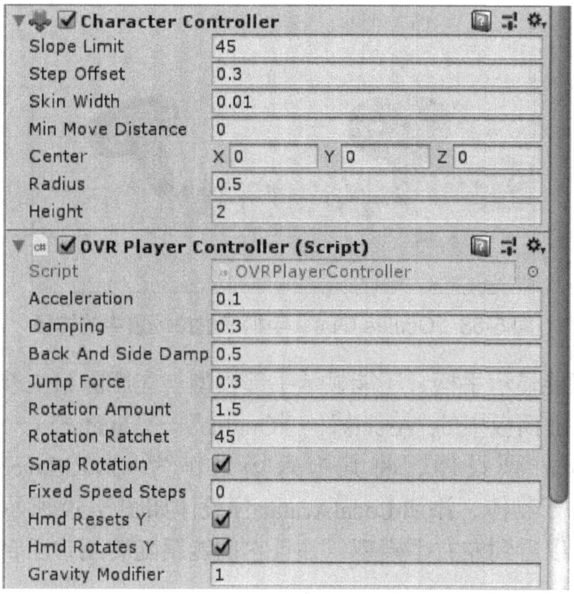

图 5-56　OVRPlayerController 预设体的组件

（2）和 HTC VIVE 一样，Oculus 也支持在虚拟场景中显示用户手上拿的手柄，以增加真实性。在 Project 面板中的 “Assets” → “Oculus” → “VR” → “Meshes” → “OculusTouchForQuestAndRiftS” 中，可以看到左、右两个手柄的模型。将这两个模型分别拖入 Hierarchy 面板中的 OVRPlayerController 预设体的 LeftHandAnchor、RightHandAnchor 物体下作为子物体，添加手柄模型如图 5-57 所示。

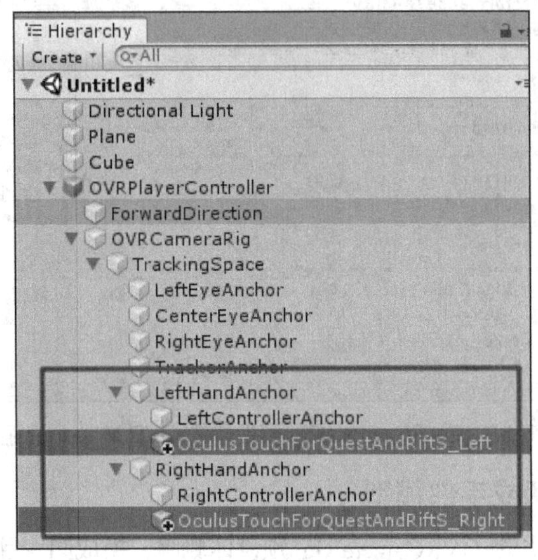

图 5-57　添加手柄模型

运行场景，就可以看到左、右两个控制器显示在虚拟空间里，并且它们能跟随着用户拿着的真实手柄的运动而运动。Oculus Quest 手柄在虚拟场景中的样子如图 5-58 所示。

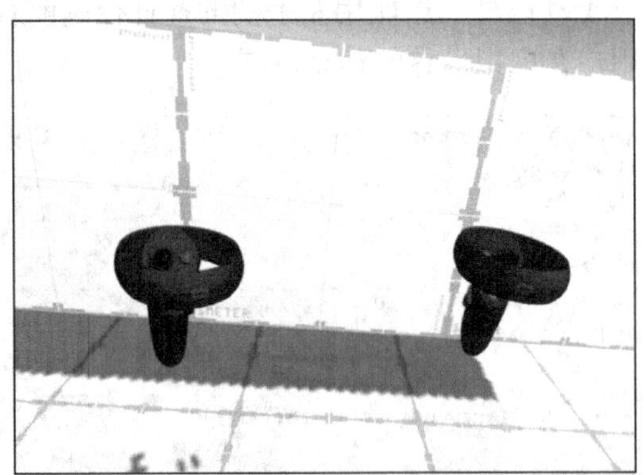

图 5-58　Oculus Quest 手柄在虚拟场景中的样子

（3）Oculus 不仅能显示手柄，还能显示手部模型。先删除第 2 步中添加到场景中的手柄模型，然后在 Project 面板中的 “Assets” → “Oculus” → “Avatar” → “Content” → “Prefabs” 下，找到 LocalAvatar 预设体，将其拖入场景作为 OVRPlayerController 预设体下 TrackingSpace 物体的子物体，添加 LocalAvatar 预设体如图 5-59 所示。

运行场景，就可以看到左右手模型，并且它们能跟随着用户手部运动而运动。显示手的模型，如图 5-60 所示。

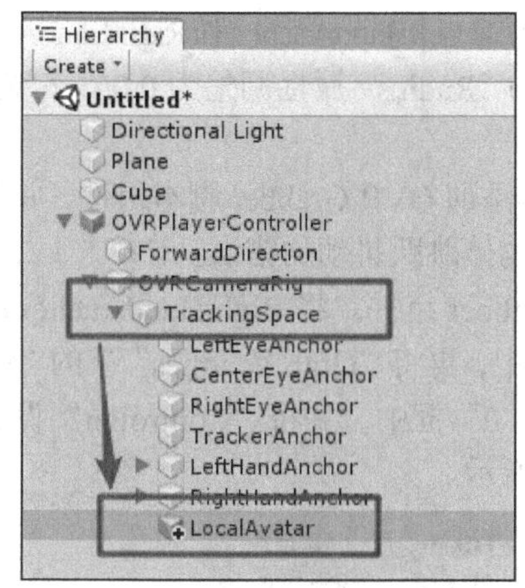

图 5-59　添加 LocalAvatar 预设体

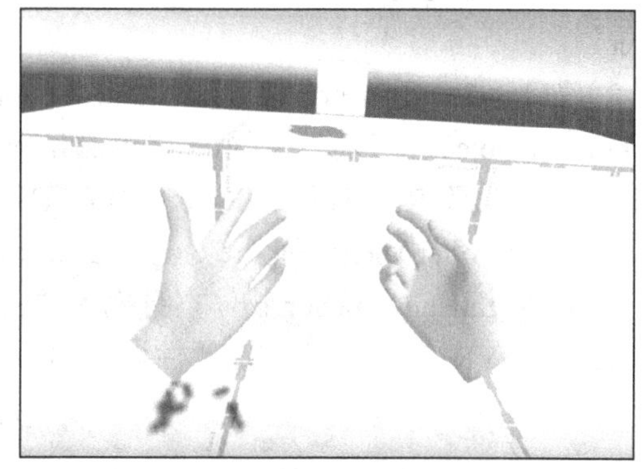
图 5-60　显示手的模型

5.4.5　加入碰撞检测

5.4.5

对于经过前面步骤制作出来的场景，用户可以在虚拟场景中自由活动，但是不会受到阻挡，会穿过任何物体。需要通过下面步骤进行修改。

（1）找到场景中 OVRPlayerController 预设体的 Character Controller 组件，减小组件中“Radius”属性的值。这是因为“Radius”属性表示的是虚拟世界中代表用户的虚拟人身躯的半径，原来的默认值是 0.5，这个值太大了，经常会使用户感觉因为“身体太胖”而离其他物体还有一段距离就被挡住，需要将该值调得小一点，增加真实感。

（2）在 Project 面板中找到 Character Camera Constraint 脚本，将其赋给场景中的 OVRPlayerController 预设体作为组件。将 OVRPlayerController 预设体的子物体 OVRCameraRig 拖入组件的“Camera Rig”框中，并勾选“Enable Collision”复选框，最后将“Collide Layers”改为“Everything”，添加摄像机碰撞组件如图 5-61 所示。

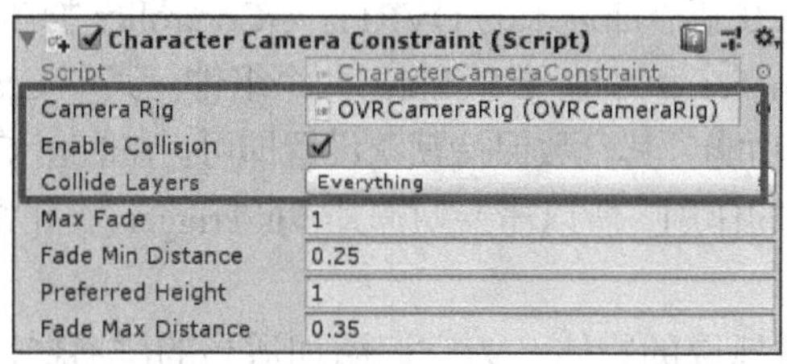

图 5-61　添加摄像机碰撞组件

经过这样的设置之后，用户在虚拟世界中运动时就会被障碍物挡住，不会“一穿而过”了。

5.4.6　抓取物体

5.4.6

在虚拟场景中基本的交互方式之一，就是把物体抓起来。要实现这种功能，需要对被抓的物体和虚拟手都进行设置。从 5.4.5 小节结束处开始制作，具体步骤如下。

（1）选取需要设置被抓功能的物体，为其添加 RigidBody 组件以及 OVR Grabbable 脚本组件，保持它们的默认属性即可。

（2）在Hierarchy面板中，找到OVRPlayerController下的LeftHandAnchor和RightHandAnchor物体，为它们添加Sphere Collider组件，并将组件中的“Radius”属性调整为0.05，勾选“Is Trigger”。

（3）为LeftHandAnchor和RightHandAnchor物体添加OVR Grabber脚本组件，并勾选“Parent Held Object”，以防止抓取物体并移动时产生物体跳跃抖动的错误。

（4）继续修改RightHandAnchor物体的OVR Grabber组件。将RightHandAnchor的子物体RightControllerAnchor拖入“Grip Transform”框中，再将“Grab Volumes”下的“Size”设为1，将RightHandAnchor物体本身拖入“Element 0”框中，并将“Controller”设置为“R Touch”，OVR Grabber组件的属性设置如图5-62所示。

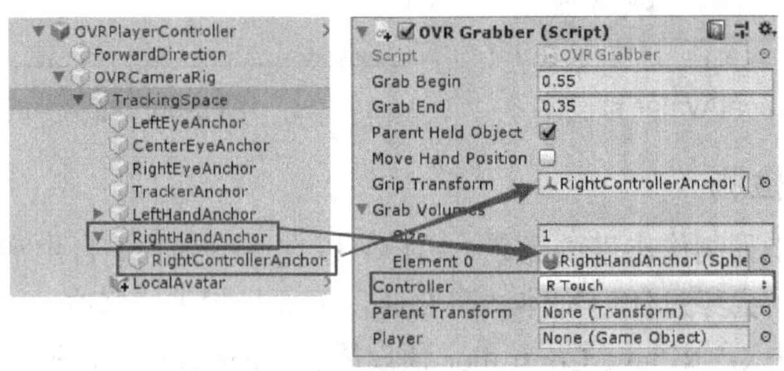

图5-62 OVR Grabber组件的属性设置

（5）对LeftHandAnchor物体按同样的方式处理。然后运行场景，以实现抓取功能。

5.4.7 隔空取物功能

5.4.7

Oculus开发工具提供了远距离隔空取物的功能，增加了操作的简便性和趣味性。实现步骤如下。

（1）将5.4.6小节中修改后的OVRPlayerController物体删除，从Project面板中将该预设体重新拖入场景，恢复到初始状态。

（2）在新添加进来的OVRPlayerController物体下创建一个空物体，并为这个空物体添加Grab Manager和Sphere Collider两个组件。其中Grab Manager组件由Oculus提供，有抓取操作的管理功能，其参数保持默认设置即可。Sphere Collider组件在这里则起到设置隔空取物的有效范围的作用，所以需要勾选其“Is Trigger”，并将“Radius”属性调整到合适的数值。

（3）新建一些可以被抓取的物体，为它们添加适当的碰撞器，并添加Rigidbody组件和Distance Grabbable（远距离抓取）组件。它们的属性都保持默认设置即可。另外，为了区别于普通物体，为这些可以被抓取的物体设置“Layer”（层）属性，设置可抓取物体的“Layer”属性如图5-63所示。

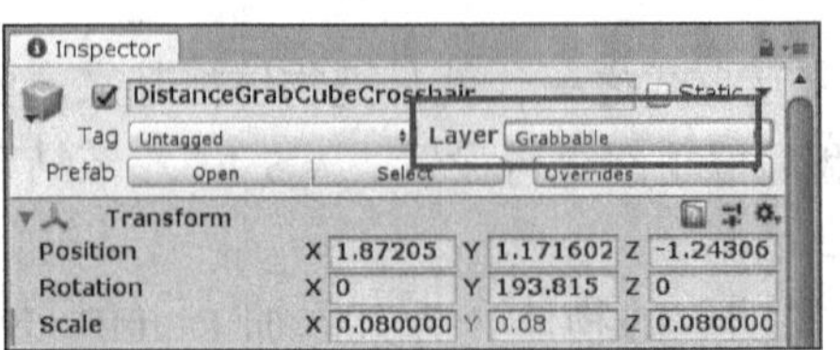

图5-63 设置可抓取物体的“Layer”属性

（4）在 Project 面板中找到 DistanceGrabHandRight 和 DistanceGrabHandLeft 两个预设体，将它们拖入场景，作为具有远距离抓取物体功能的虚拟手。先对代表左手的 DistanceGrabHandLeft 预设体做调整，找到其 Hand 组件的“Animator”属性，以及 Distance Grabber 组件的“Grip Transform”“Parent Transform”“Player”属性，远距离抓取的属性设置如图 5-64 所示，并将“Grab Objects In Layer”的值设置为被抓取物体的“Layer”属性的序号。

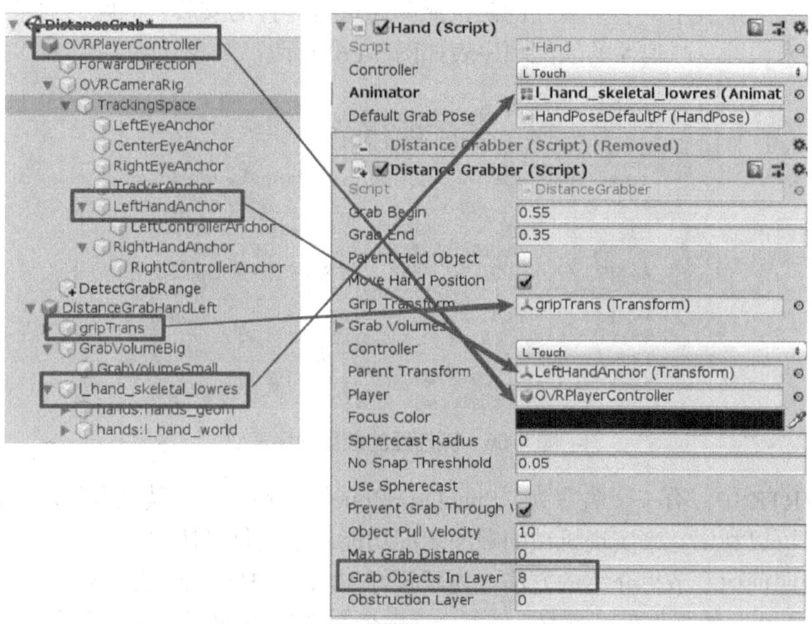

图 5-64　远距离抓取的属性设置

对于 DistanceGrabHandRight 预设体也做同样的处理。然后运行场景，将手柄对准可抓取物体，按住手柄的 Trigger 键，就可以远距离隔空抓取了。

5.5　操作实例 1：机械装配虚拟仿真实验

5.5

机械装配是机械设计相关专业的必修内容。长期以来受到场地和设备的限制，教学中存在原理讲解枯燥、内容不容易理解、设备更新缓慢、学生实操时间没有保障等很多问题。如果在机械装配的教学环节中引入 VR 元素，将在很大程度上解决上述问题。机械装配 VR 仿真平台如图 5-65 所示。

图 5-65　机械装配 VR 仿真平台

从系统开发的角度来看，VR 版的机械装配辅助教学系统有很多技术因素需要考虑。例如，机械模型的获取、教学过程的控制、学生操作的后台记录和分析等，需要有三维建模、VR 操作过程的逻辑控制、后台数据库建设等诸多技术环节的支持。其中，关于 VR 装配过程的控制是直接面向学习者的核心部分。针对这部分的具体功能，本节中使用 HTC VIVE 平台结合 VRTK 工具，通过相关的属性设置来实现。机械相关专业的教师通过不太复杂的操作即可实现基础的 VR 机械装配课件。

在机械装配过程中，非常重要的是按照顺序进行零件的安装、匹配，通常都会有一份装配顺序表来说明。减速器的装配顺序表如图 5-66 所示。

装配顺序表

大齿轮	大透盖	小透盖	大栓油环1	大栓油环2
键	箱盖	调整垫片1	调整垫片2	螺塞
大端盖	小端盖	油尺	透明孔垫片	透明盖
通气器	大螺丝	粗螺丝	螺母	封盖螺钉
弹簧垫圈				

图 5-66　减速器的装配顺序表

而在 VRTK 中，有一个名字为“SnapDropZone”的预设体，其具有限定物体到固定位置的功能，可以利用它来实现机械的顺序装配功能。下面是具体的步骤。

（1）按照前面章节里介绍的方法，先配置好 VRTK、HTC VIVE 手柄等的基本环境。

（2）导入相关的零件模型素材，例如，有一个零件叫“Cube”，另一个零件叫“Sphere”。这里假设 Cube 是要装配到 Sphere 的某个位置上。

（3）按照 5.2.6 小节中的可交互物体的设置方法，设置 Cube 和 Sphere，使它们都能被 HTC VIVE 手柄抓取。

（4）在 VRTK 中找到 SnapDropZone 预设体，将其拖入 Sphere 下作为一个子物体，机械零件和 SnapDropZone 预设体如图 5-67 所示，并在场景中，将其移动到 Cube 零件所在的空间位置处。

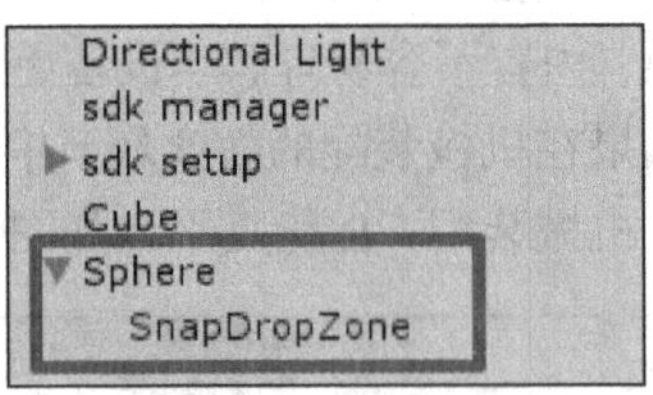

图 5-67　机械零件和 SnapDropZone 预设体

（5）单击 SnapDropZone 物体，找到它的 VRTK_Snap Drop Zone 组件，将 Cube 物体分别拖入“Highlight Object Prefab”和“Default Snapped Interactable Object”中，并修改“Snap Type”为“Use Parenting”，VRTK_Snap Drop Zone 组件的属性如图 5-68 所示。运行场景，用手柄将 Cube 拾取起来并靠近 Sphere，只要触碰到 SnapDropZone 物体的碰撞器，就会在 SnapDropZone 物体的位置即零件的目标位置处显示零件模型，起到提示的

作用。这时松开手柄的按键，Cube 零件就会被吸附到 SnapDropZone 的位置，完成这个零件的装配。

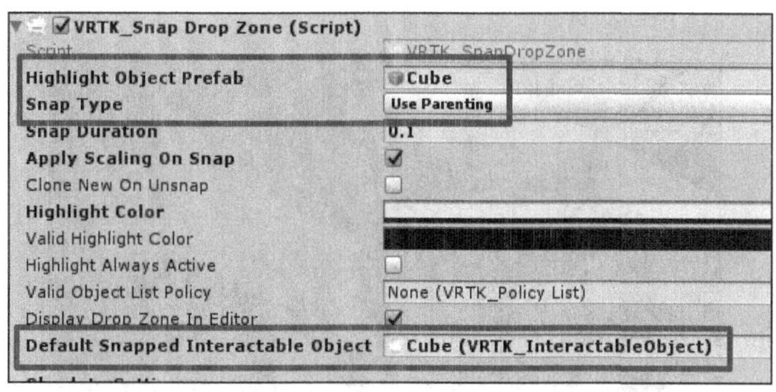

图 5-68　VRTK_Snap Drop Zone 组件的属性

（6）为了保证 Sphere 物体下只能安装 Cube 零件，需要另一个组件 VRTK_Policy List 的配合。先给 Cube 零件设置一个独立的标签，如设置为“cube”，然后给 SnapDropZone 物体添加 VRTK_Policy List 组件，VRTK_Policy List 组件的属性如图 5-69 所示。“Operation”设置为“Include”，表示其下所列出的为允许范围内的物体；“Check Types”表示检验物体的依据，如图 5-69 中的“Tag”，就是表示按照标签属性来区分和检验物体是否为所允许的；最后的“Element 0”表示手动输入的允许物体的标签名称。

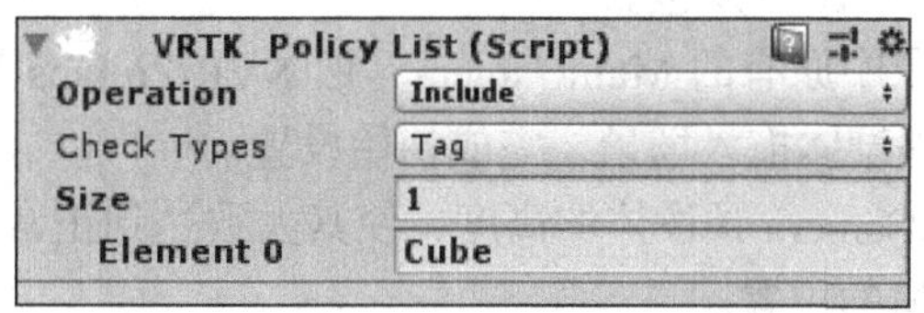

图 5-69　VRTK_Policy List 组件的属性

（7）经过上面步骤的设置，就完成了两个机械零件的组装设置，其他零件的装配可以据此来实现，但是如果要按照装配顺序表来进行安装的话，还需要进行进一步的设置。这里有很多方法可以实现，例如，可以用一个数组（Array），事先按顺序保存整个步骤的零件名称，根据当前零件名称，就可以知道下一步的零件是哪一个。这些功能读者可以根据前面的说明自行实现。

5.6　操作实例 2：地产行业应用——虚拟样板间

虚拟样板间以及类似的应用在房地产行业中广受欢迎，得到越来越多公司的青睐。利用虚拟现实技术，可以让参观者突破空间和时间限制，在原地就能全方位体验到所有房型、楼层、周边环境等各种信息，甚至可以观察白天和晚上不同时间段的房屋效果，还能在同一套房子中改变装修风格、挑选不同装修材料和家具等。

5.6

本节中选择 Nibiru VR 系统平台，实现虚拟样板间的参观和修改家具这两项功能。通过学习这两项核心功能的实现过程，读者能体会此类项目的开发特点。

具体步骤如下。

（1）选择样板间模型。本节选用 Unity 的 Asset Store 中的免费资源包 Simple Home Stuff。它里面的模型虽然简单，但是对学习来说已经足够了，Simple Home Stuff 资源如图 5-70 所示。

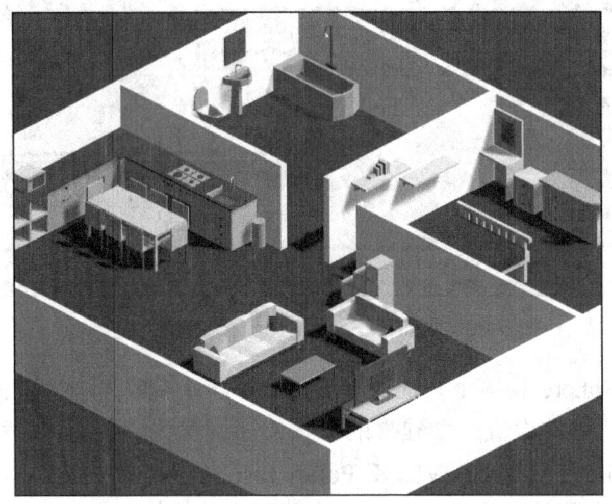

图 5-70　Simple Home Stuff 资源

（2）新建 Unity 工程，导入下载的 Simple Home Stuff 资源包，打开其中的 Demo 场景；再导入 NibiruVR_SDK_Unity 开发包。

（3）删除 Demo 场景中原有的 MainCamera，把 NVR/Prefabs 目录下的 MainCamera 和 NvrViewerMain 这两个预设体拖入场景，完成初始设置。

（4）适当提高 MainCamera 预设体的高度，使其大致达到正常身高的人的眼睛的高度，并将其摆放到房间中合适的位置。

（5）房间中的物体，有些已经有了碰撞器，而有些则没有，例如，沙发、桌椅等。需要给这些家具添加碰撞器，这样才能防止用户移动时发生“穿越”效果；同理，对 MainCamera 预设体，也需要添加一个碰撞器，这里添加的是 Capsule Collider，并添加一个刚体组件。

此处的碰撞检测效果并不是必需的，市场上有些虚拟样板间的应用就没有这种限制，允许发生“穿越”效果。这需要根据具体的客户要求来决定。

（6）实现房间内的漫游功能。这里需要注意的一点是，VR 一体机不同于 HTC VIVE，因为没有追踪头显位置的功能，所以不能感知用户在虚拟空间中的方位，只能通过在场景中移动 MainCamera 物体来模拟用户在场景中的移动。所以用 VR 一体机实现漫游功能，实际上就是移动 MainCamera。

漫游功能有两种形式，一种是按固定路径移动，一种是自由移动。本节选择第二种形式。自由移动是通过 VR 头显上的方向箭头来实现的。在 5.3.3 小节中已经介绍了一种实现 VR 头显上按键交互的方法。这里介绍另一种实现的方法。

为了能在计算机上直接运行，需要先对 Nibiru SDK 的一些脚本进行修改。这里的修改不会影响最终程序发布到 VR 一体机后使用头显按键的操作，只是方便在计算机运行而已。

具体方法是，在工程中的 NVR/Scripts 目录下找到 NvrViewer.cs 脚本并打开，在其中找到 DispatchEvents()函数，该函数负责发送各种事件，包括 VR 头显上各个按键的事件。在这个函数中可以看到下面的条件判断语句：

```
if (Application.platform == RuntimePlatform.Android && Input.anyKeyDown)
```

可以看出这条语句会判断当前程序是否运行在 Android 平台，然后进行相关事件处理。可以模仿这段代码，判断当前程序是否运行在计算机上。如果是，则使用计算机键盘模仿 VR 头显方向键的功能，即通过按下键盘上的方向键实现 MainCamera 的移动。添加下面这段代码到 DispatchEvents()函数中。

```
if ( Application.platform == RuntimePlatform.WindowsEditor &&
    Input.anyKeyDown)
{
     if(Input.GetKeyDown(KeyCode.UpArrow)){
          triggerKeyEvent(KeyCode.UpArrow);
     }
     if(Input.GetKeyDown(KeyCode.DownArrow)){
         triggerKeyEvent(KeyCode.DownArrow);
     }
}
```

这段代码实现了在 DispatchEvents()函数中分发键盘的按键事件。分发出来的事件，会通过一系列的传递，最终在一个叫作 ButtonListener.cs 的脚本里得到处理。在工程中找到这个脚本，可能会在其中找到 OnPressEnter()、OnPressRight()等类似的处理函数，这些函数能处理头显按键事件，只需把相关代码写到这些函数里面即可实现对按键事件的处理。我们使用的是上、下两个方向键，所以选择 OnPressDown()和 OnPressUp()两个函数进行修改。另外，需要添加一个变量 maincamera，并在 Start()函数中将其初始化为场景中的 Maincamera 物体。代码如下所示：

```
private Transform maincamera;  //MainCamera 物体的 Transform
void Start()
{
    maincamera = GameObject.FindGameObjectWithTag("MainCamera").transform;
}

public void OnPressDown()
{
     maincamera.Translate(0,0,-1); //按下下方向键，摄像机往后退
}

public void OnPressUp()
{
     maincamera.Translate(0,0,1);//按下上方向键，摄像机向前进
}
```

将修改完的 ButtonListener.cs 脚本拖到场景中任意一个物体上，作为一个组件使用。然后就可以运行场景，使用键盘的上、下方向键来控制摄像机的移动，实现自由漫游的功能。

（7）实现改变家具属性的功能，这里以改变沙发的颜色为例。此功能的用户操作流程是：用视线注视沙发→按 OK 键弹出颜色选项的 UI 界面→注视某个颜色选项，按 OK 键改

变沙发的颜色→再次注视沙发，按 OK 键关闭颜色选项的 UI 界面。

（8）制作 UI 界面。选择 Sofa 物体，在其下新建一个 UI 画布 Canvas，在 Canvas 下新建一个 Panel 元素，在 Panel 下再新建两个 Image 元素，分别改名为 red 和 yellow，Sofa 物体下的 UI 元素如图 5-71 所示，即将它们的颜色属性分别改为红色和黄色。修改 Canvas 下 Canvas 组件的 Render Mode 属性为 World Space，并调整整个 Canvas 以及各个 UI 元素的大小和位置，UI 元素最终的样子如图 5-72 所示，使 UI 元素处于 Sofa 物体的上方。

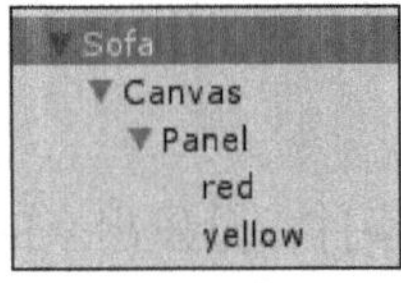

图 5-71　Sofa 物体下的 UI 元素

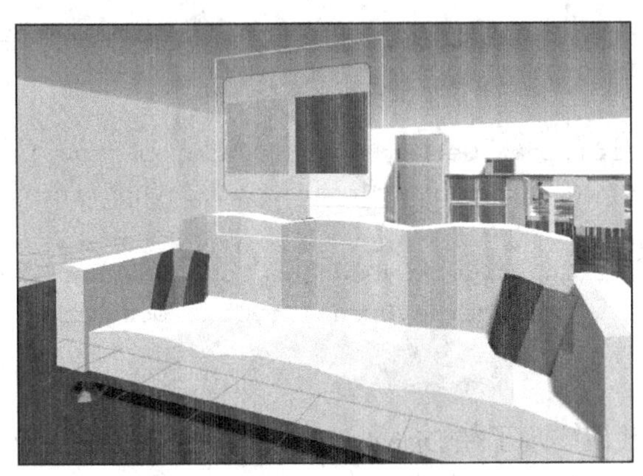

图 5-72　UI 元素最终的样子

（9）视线注视的设置方法和 5.3.3 小节中的方法类似，也是将 Gaze Input Module 组件添加到一个新建的空物体上，然后给 Sofa 物体和 red、yellow 两个 UI 元素都添加 Box Collider 碰撞器以及 Event Trigger 组件，使它们能被射线感知到。

（10）新建脚本 showUI.cs，将其作为组件赋予 Sofa 物体。

```
using System.Collections;
using System.Collections.Generic;
using UnityEngine;

public class showUI : MonoBehaviour {
      public GameObject colorUI;  //获取 UI 物体，控制其显示与否
      private bool isShow = false; //Sofa 物体的显示状态变量

      //此函数在用视线注视 Sofa 物体并按下 OK 键时调用
      public void showAndHide_UI(){
            //每次按下 OK 键，都将 Sofa 物体的显示状态翻转
            isShow = ! isShow;
      }

      voidUpdate() {
            //对于每一帧，都根据 Sofa 物体的显示状态变量，决定 Sofa 物体是否显示
            colorUI.SetActive(isShow);
      }
}
```

（11）将 Canvas 物体赋予公共变量 Color UI，如图 5-73 所示。

图 5-73　将 Canvas 物体赋予公共变量 Color UI

（12）在 Sofa 物体的 EventTrigger 组件中，单击“Add New Event Type”按钮添加 PointerDown 事件，选择其处理函数为 showUI.cs 脚本中的 showAndHide_UI()函数，EventTrigger 中的 showAndHide_UI()事件处理函数如图 5-74 所示。至此，用视线控制 UI 元素的显示就完成了。

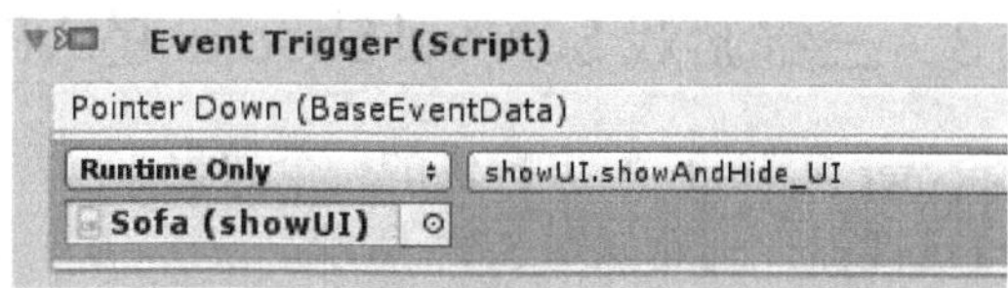

图 5-74　EventTrigger 中的 showAndHide_UI 事件处理函数

（13）新建脚本 setColor.cs，将其作为组件赋予 red 和 yellow 两个 Image UI 元素。

```
using System.Collections;
using System.Collections.Generic;
using UnityEngine;
using UnityEngine.UI;  //导入 UI 库

public class setColor : MonoBehaviour {

    public GameObject target; //要改变颜色的目标物体，这里就是 Sofa 物体

    public void Set_Color(){
    //获取目标物体的材质、颜色属性，按照当前 Image 元素的颜色修改
    target.GetComponent<MeshRenderer>().material.color = GetComponent
                                                    <Image>().color;
    }
}
```

（14）在 red 和 yellow 两个 UI 元素的 Set Color 组件上，将 Sofa 物体赋予 Target 变量，Target 公共变量的赋值如图 5-75 所示。

图 5-75　Target 公共变量的赋值

（15）在 red 和 yellow 两个 UI 元素的 Event Trigger 组件中，添加 PointerDown 事件，选择其处理函数为 setColor 脚本中的 Set_Color()函数，EventTrigger 中的 Set_Color()事件处理函数如图 5-76 所示。

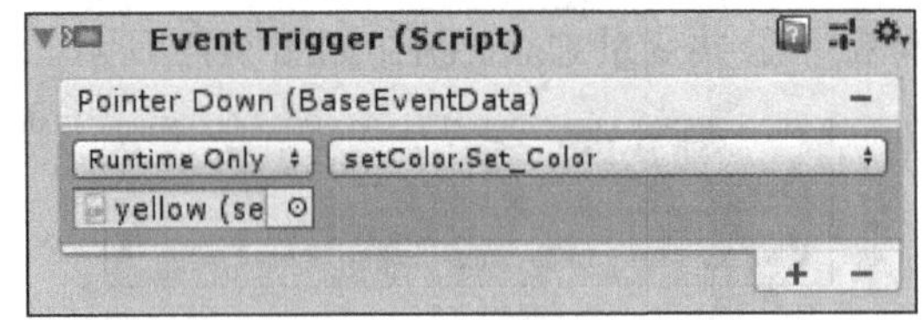

图 5-76　EventTrigger 中的 Set_Color()事件处理函数

（16）至此全部功能实现完毕，运行场景观察效果。然后可以配置 Unity 的 Android 环境，将工程发布成 APK 形式的 Android 安装包，通过 USB 将 VR 一体机和计算机连接，安装 APK 后，即可通过 VR 一体机观察效果了。

5.7　操作实例 3：三维游戏 Survival Shooter 的 VR 改造

三维游戏 Survival Shooter 是 Unity 官方提供的一个教程实例，采用“上帝视角”，游戏画面精致，操作方便，可玩性强，画面如图 5-77 所示。

5.7

图 5-77　三维游戏 Survival Shooter

相信很多读者在学习 Unity 的时候都接触过它。在本例中，我们使用 HTC VIVE 平台，将这款游戏改造成 VR 的形式。通过这样的方式，介绍虚拟现实在游戏中的应用特点。实现步骤如下。

（1）新建一个 Unity 工程项目，在其中导入 Survival Shooter、VRTK 和 SteamVR 的 UnityPackage 素材包。

（2）在 PlayerSettings 里的“XR Settings”里勾选“Virtual Reality Supported”，然后单击“+”按钮，添加“OpenVR”选项，设置项目对 VR 的支持如图 5-78 所示。

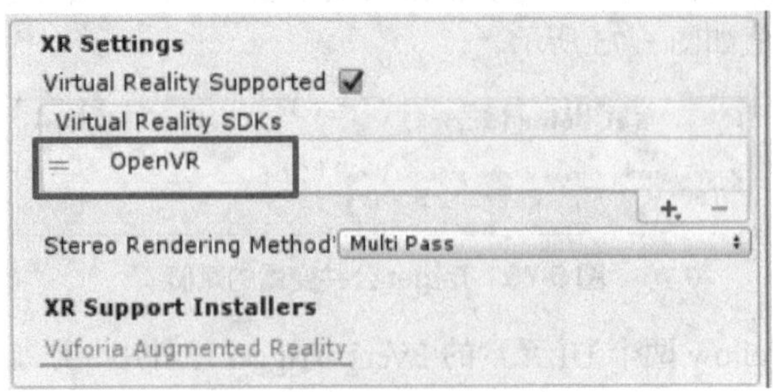

图 5-78　设置项目对 VR 的支持

（3）打开 Survival Shooter 包中的 Complete-Game 场景。这是 Unity 官方已经做好的具有完整功能的场景，我们就在此基础之上修改。

（4）删除场景中原有的主摄像机 MainCamera。因为 VR 中需要使用 VR 摄像机。

（5）删除 Player 物体上所挂载的 PlayerMovement 和动画组件。因为原来的游戏中是使用第三人称视角，玩家可以看到主角本身的形象和动作，而 VR 中玩家本身就是主角，游戏使用第一人称视角，所以就不需要 Player 物体的移动和动画功能。

（6）新建空物体并命名为 sdk manager，在其上添加 VRTK_SDK Manager 组件，开始 HTC VIVE 的 VRTK 配置。

（7）新建空物体并命名为 sdk setup，为其添加 VRTK_SDK Setup 组件。并将 SteamVR 中的 CameraRig 和 SteamVR 预设体从 Project 面板拖入场景，作为 sdk setup 的子物体。在 VRTK_SDK Setup 组件中的“Quick Select”中，选择 SteamVR 平台，如图 5-79 所示。

（8）回到 sdk manager 物体，在其 VRTK_SDK Manager 组件中单击“Auto Populate”按钮，将 SteamVR 的 SDK 加入 VRTK_SDK Manager 组件。在 VRTK_SDK Manager 组件中添加 SteamVR 的 SDK，如图 5-80 所示。

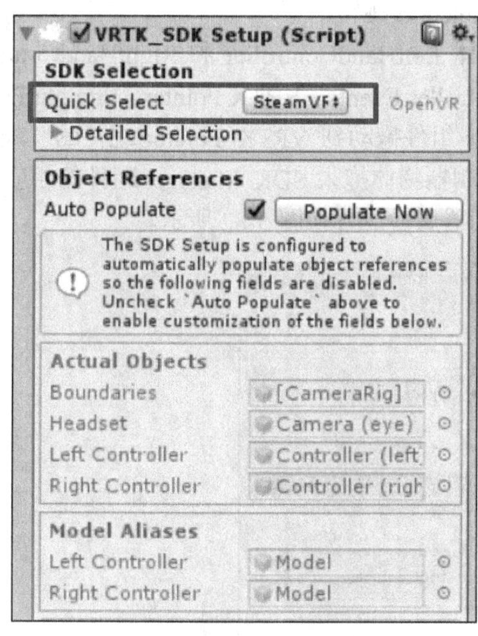

图 5-79　选择 SteamVR 平台

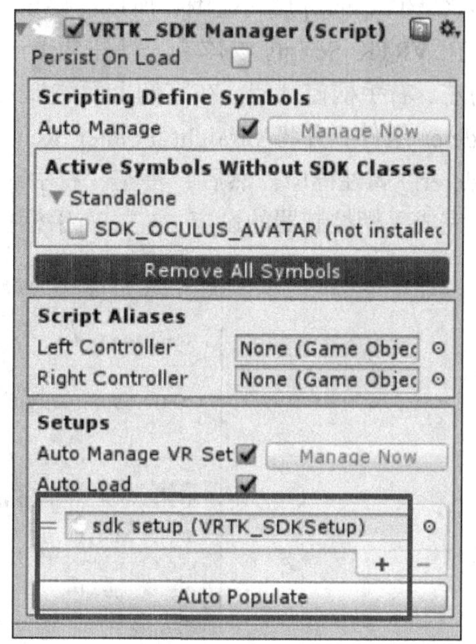

图 5-80　在 Manager 中添加 SteamVR 的 SDK

（9）试运行场景，可以看到 HTC VIVE 头显正常运作。但是，游戏中的敌人会直接走到玩家的位置，感觉像走到玩家身体里去了，在视角上有点不太对。应该是敌人走到玩家的面前就停下来，不能再靠近。

（10）解决上面的问题可以新建一个 VRTK Scripts 空物体，命名为 headset alias，作为头显替代物。其上放置 VRTK_SDKObjectAlias 脚本，设置“SDK Object”属性的值为“Headset”，这样场景中的其他物体就会感知到用户的头显，产生碰撞阻挡效果。同时，找到场景中的 Player 物体，为其加上一个 VRTK_Transform Follow 组件，设置“Game Object To Follow”为“headset alias”，设置头显替代物追随 Player 物体而移动如图 5-81

所示。这样，头显替代物就会跟着 Player 物体的移动而移动，从而保证不会再出现敌人走到玩家身体里的现象。

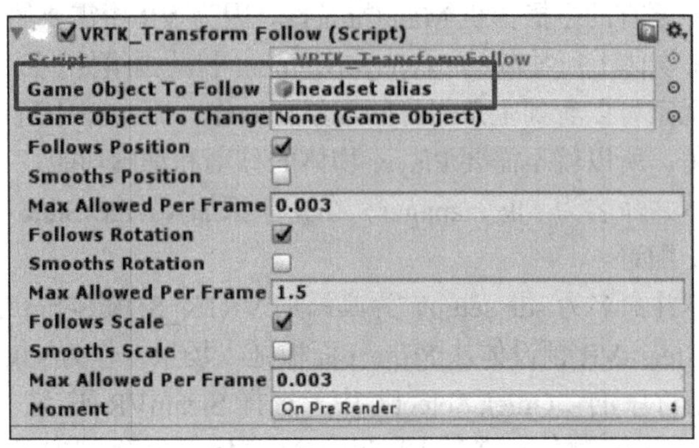

图 5-81　设置头显替代物追随 Player 物体而移动

（11）现在运行场景，玩家可以在一定范围内走动。但是由于游戏中场景比较大，超出了 HTC VIVE 的可移动范围，所以需要设置 Teleport 跳转。

在 VRTK Scripts 物体下，新建两个子物体 LeftHandController 和 RightHandController 作为左、右手柄控制器，在它们上面添加 Controller Events、VRTK Pointer、Straight Pointer Renderer 组件，并将 Straight Pointer Renderer 组件拖动到 VRTK Pointer 组件的“Pointer Renderer”属性框中。然后，将左、右手柄控制器物体拖入 SDK Manager 组件的相应属性框，完成手柄控制器的设定，左、右手柄控制器属性设置如图 5-82 所示。

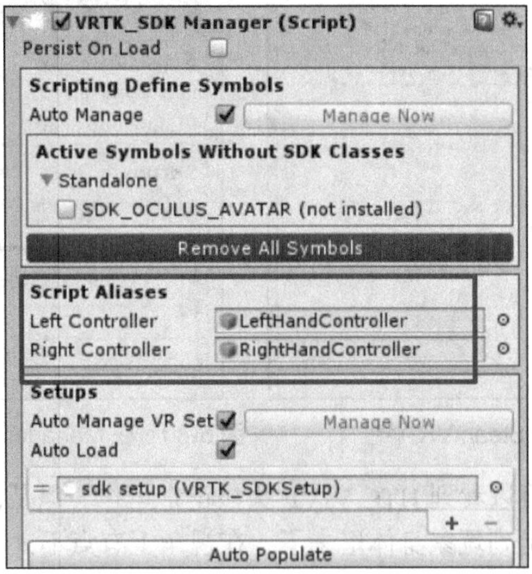

图 5-82　左、右手柄控制器属性设置

最后，再建立一个空物体，命名为 PlayArea，其上放置 Basic Teleport 脚本，保持默认属性设置不修改。这样就完成了 Teleport 跳转功能。

（12）这时玩家还只能走动和跳转位置，不能攻击敌人。下面将原来游戏中玩家的枪绑定到手柄控制器上。在 RightHandController 右手柄控制器物体上，添加 VRTK_Interact

Touch、VRTK_Interact Grab、VRTK_Object Auto Grab 这 3 个组件，使右手柄控制器具备一直自动抓取物体的能力。

然后新建一个物体，命名为 Gun Holder。将 Player 物体下的 Gun 物体拖过来，作为 Gun Holder 的子物体。单击"Window"→"VRTK"→"Setup Interactable Object"，将 Gun Holder 物体转变为可交互物体，并修改其 VRTK_Interactable Object 组件的"Valid Drop"为"No Drop"，也就是抓到之后不丢弃如图 5-83 所示。

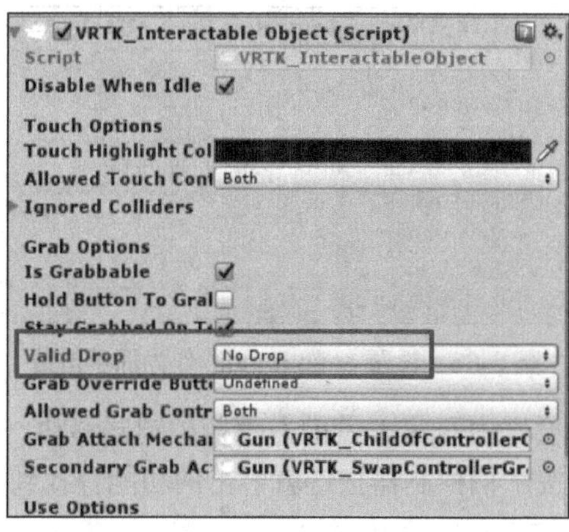

图 5-83　修改"Valid Drop"为"No Drop"

再将 Gun 物体拖入右手柄控制器的 VRTK_Object Auto Grab 组件的"Object To Grab"中。自动抓取物体设置如图 5-84 所示。这样，Gun 物体就将一直跟随右手手柄移动，就像玩家拿着它一样。

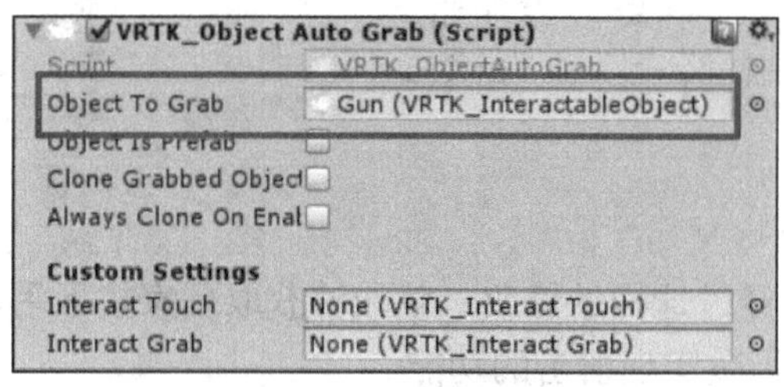

图 5-84　自动抓取物体设置

（13）把 Gun 物体原来的 Skinned Mesh Renderer 组件删掉，因为这个组件不支持 VR 渲染。改为添加 Mesh Filter 和 Mesh Renderer 组件，并将原来 Gun 物体的 Mesh 和 Material 拖入相应的属性框，使用 Mesh Filter 和 Mesh Renderer 组件如图 5-85 所示。

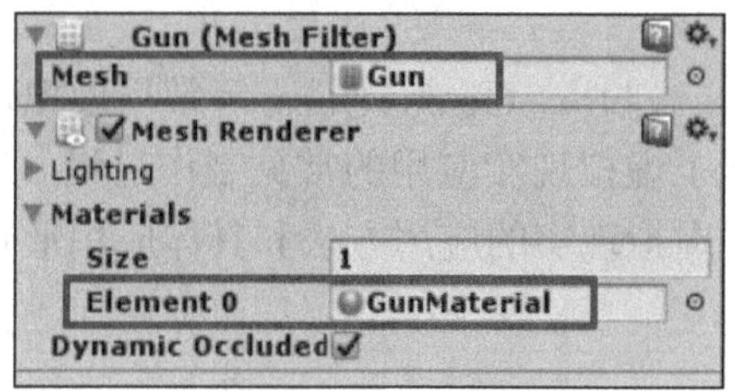

图 5-85　使用 Mesh Filter 和 Mesh Renderer 组件

（14）修改 Gun 物体的位置属性和旋转属性，将它们都归零。并添加一个 Box Collider 在 Gun Holder 物体上，从而使枪物体形成物理碰撞的阻挡效果。

（15）在 Gun Holder 物体下再创建一个子物体，命名为 snap handle，将其放置在合适的位置。此物体作为一个标识，标识出右手柄控制器抓在 Gun Holder 的哪个位置上。在 Gun Holder 物体的 VRTK_Child of Controller Grab Attach 组件中，设置“Right Snap Handle”属性为刚刚创建的 snap handle 物体，设置 snap handle 作为抓手位置如图 5-86 所示。

VRTK_Child Of Controller Grab Attach (Sc	
Script	VRTK_ChildOfControllerGrabAt
Base Options	
Precision Grab	☐
Right Snap Handle	snap handle (Transform)
Left Snap Handle	None (Transform)
Throw Velocity With	☐
Throw Multiplier	1
On Grab Collision De	0

图 5-86　设置 snap handle 作为抓手位置

（16）现在 Gun 物体会随着玩家拿着的右手柄控制器移动，好像玩家将它拿在手里一样。下面继续修改，实现按手柄控制器按键就射击的功能。找到 PlayerShooting 脚本，添加一个 VRTK 的控制器事件类型的公共变量：

```
VRTK.VRTK_ControllerEvents  vrtkCtrlEvents
```

在 Update()函数中，找到判断用户输入实现射击的 if 语句，添加“或”条件，具体脚本如下：

```
if ( (Input.GetButton ("Fire1") || vrtkCtrlEvents.triggerPressed)
        && timer >= timeBetweenBullets
        && Time.timeScale != 0  )
{
        Shoot ();
}
```

PlayerShooting 脚本经过这样的修改，就能够获取玩家按下手柄控制器上的 Trigger 键的事件，并调用 Shoot()函数实现射击的功能。

至此，全部修改工作已经完成，整个游戏从一个使用键盘、鼠标进行操作的传统游戏，转变为一个使用 HTC VIVE 进行操作的虚拟现实游戏。可以看到，使用 VRTK 工具后，只需要编写少量必要的代码，其他工作都只是进行一些属性配置。

5.8 小结

本章通过对 HTC VIVE、Nibiru、Oculus Quest 等常用虚拟现实硬件平台以及 VRTK 工具的使用方法的介绍，展现了虚拟现实应用的常见制作过程。通过本章的学习，读者能够了解并掌握各个相关行业中虚拟现实的应用方法和具体应用形式。

第 6 章 AR 开发

第 6 章

AR 技术，是将虚拟的场景或物体、信息等内容，叠加显示到真实环境上，从而在视觉效果上或者信息的丰富程度上，对现实环境进行增强。目前 AR 技术所承载的平台主要有 AR 眼镜和手机等移动端平台。AR 眼镜中，早期有 2012 年谷歌推出的 AR 眼镜，现在应用最多的则是微软的 HoloLens 眼镜，国内比较出名的有影创 AR 眼镜等。移动端的 AR 平台，则是各种 iOS 或 Android 系统的手机和平板电脑。AR 眼镜因为其价格昂贵、应用软件稀缺、硬件还存在一定缺陷等，并没有大规模地进入日常生活，目前常见的主要是在仓储物流、工业管理、医疗、展览、教育培训等行业中的应用。而手机和平板电脑等移动端设备，因为其更具普及性，不久将是主要的 AR 应用平台。2016 年的 AR 游戏《Pokémon GO》成为现象级的游戏，席卷全球，也极大地刺激了移动端 AR 应用的投资开发和应用。

移动端 AR 应用的开发有很多工具可供选择。有些工具具有平台性，例如，ARKit 工具由苹果推出，专门针对 iOS 系统的 AR 开发；ARCore 由谷歌推出，专门针对 Android 系统的 AR 开发。而有些工具则可以在各个平台通用，如高通的 Vuforia。国产 AR 开发工具也有几款，其中使用比较广泛的是 EasyAR，本章就以 EasyAR 为工具介绍 AR 的开发制作。

学习目标

- 了解 AR 技术的基本概念和使用领域。
- 掌握 AR 的基本技术要点。
- 掌握常用 AR 开发平台 EasyAR 的基本使用方法。
- 了解和掌握常见 AR 应用在开发上的技术要点。

6.1 EasyAR 的版本选择和下载安装

6.1

之所以选择 EasyAR，主要是从跨平台性和易用性两个方面来考虑的。虽然 ARKit 和 ARCore 分别由苹果和谷歌自主推出，但它们都只支持其自家的硬件平台。对开发者来讲，制作同一款应用，需要分别制作两次才能全平台发布，非常不方便。而 EasyAR 支持各种主流 AR 平台，属于平台通用型 AR 工具。一次开发，全平台发布，这是一个重要的优势。并且 EasyAR 的识别技术先进，开发文档较为齐全，开发社区也比较活跃，特别是其本身做了很多的优化整合，在使用上非常方便，很多基本功能不用编写代码就可以实现，对开发者和学习者都非常友好。

EasyAR 能实现目前几乎所有的 AR 功能，可实现的主要功能如下。

- 图像目标的识别与跟踪。
- 三维实际物体的识别与跟踪。
- 多目标，包括多类型目标的同时识别和跟踪。
- 通过视觉惯性同步定位和地图构建技术，感知 AR 设备的六自由度空间位置和姿态，实现运动追踪。
- 对周围环境进行三维重建，建立稀疏或稠密的空间地图，实现真实物体和虚拟物体的正确遮挡、碰撞等效果。
- 云识别，无限扩展识别范围，并减少客户端压力。

EasyAR SDK 可以在其官网上免费下载，2020 年的版本是 4.0.0，官方将其改名为 EasyAR Sense。EasyAR Sense 有免费的个人版和收费的专业版。个人版中也包含所有功能，但是有水印以及使用次数的限制。专业版没有水印和使用次数的限制，并且包含云识别服务（Cloud Recognition Service，CRS）的功能。对于普通的学习者，建议使用个人版即可。

本书中使用 EasyAR Sense 4.0.0 个人版，并结合 Unity 2018 来介绍 AR 应用的基本开发方法。在 Unity 中使用 EasyAR，需要使用相应的插件，在官网上 EasyAR Unity 插件的下载页面如图 6-1 所示。在此插件中已经包含所有在 Unity 中使用 EasyAR 开发所需的内容。如果需要查看官方示例，则可以从选项卡“EasyAR Sense Unity Plugin Samples”中另外下载，其中包含一些常见的在 Unity 中使用 EasyAR 的方法实例。

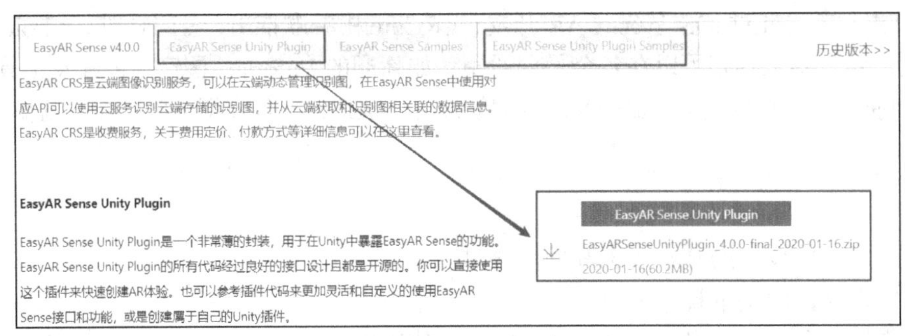

图 6-1　EasyAR Unity 插件的下载页面

6.2

6.2 Unity 中使用 EasyAR 开发的准备工作

下载了 EasyAR 的开发包之后，还需要先进行一些准备工作，才能进行具体的开发制作。

6.2.1

6.2.1 License Key 的获取

在使用 EasyAR 开发之前，首先需要在其官网注册为会员，并对每个要开发的应用获取相应的 License Key，具体步骤如下。

（1）登录 EasyAR 官网填写基本信息并注册成为开发者会员后，在其“开发者中心”页面中，单击“Sense 授权管理”选项卡，然后单击“我需要一个新的 Sense 许可证密钥”按钮。准备添加 SDK License Key，如图 6-2 所示。

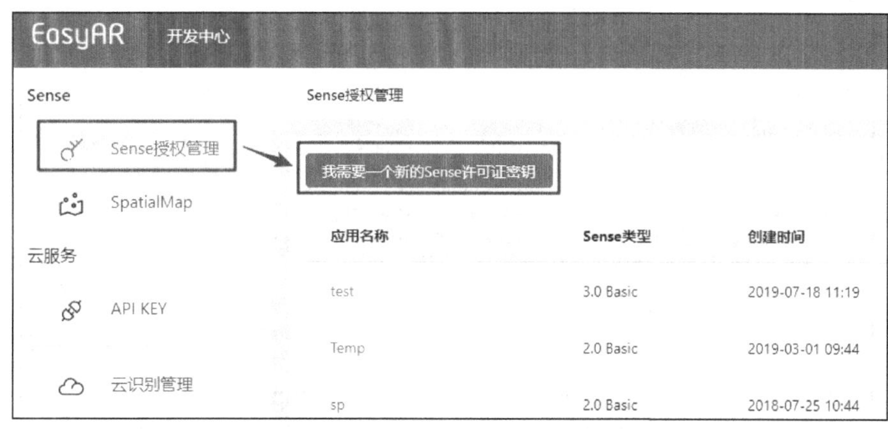

图 6-2 准备添加 SDK License Key

（2）在新打开的页面中，选择“EasyAR Sense 4.0 个人版”，设置应用名称为“Test”，并设置 Android 的 Package Name 信息，假设公司名称为 Company，那么填入“com.Company.Test”。如果要开发 iOS 平台上的应用，则需要另外设置 iOS 的 Bundle ID 信息。应用详情设置，如图 6-3 所示。

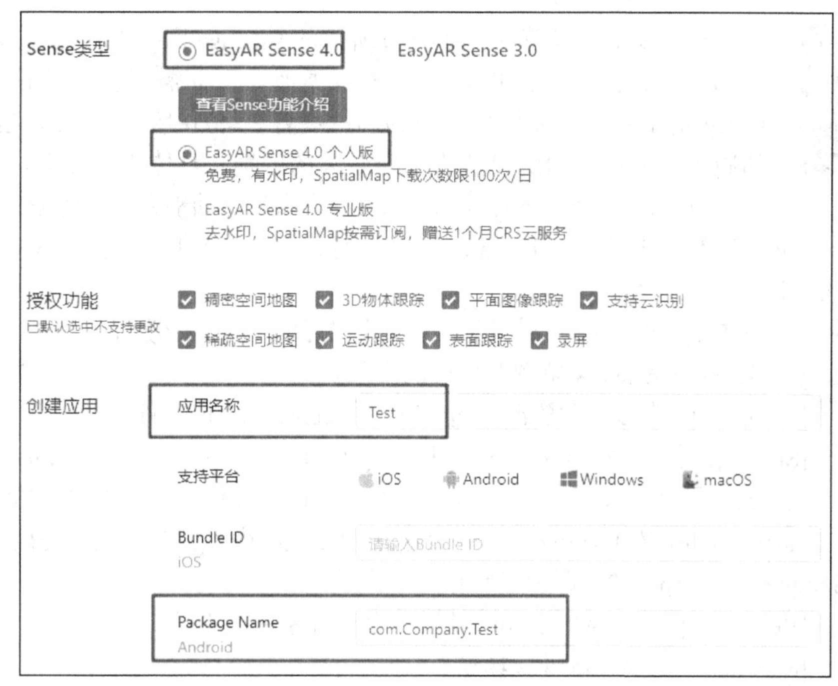

图 6-3 应用详情设置

（3）单击页面下方的“确认”按钮创建完成之后，回到图 6-2 所示的页面，在列表里就可以看到刚才创建的应用，单击应用名称进入查看页面，即可看到 License Key 的详情。针对 Test 应用生成的 License Key 信息，如图 6-4 所示。

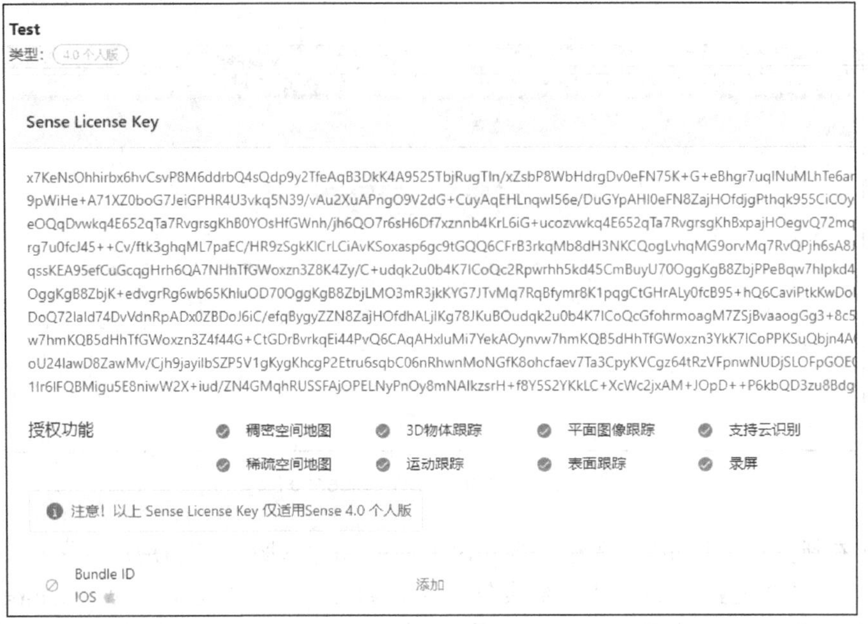

图 6-4　针对 Test 应用生成的 License Key 信息

6.2.2　Unity 工程中针对 EasyAR 的设置

6.2.2

经过以上步骤就获取了开发所需的 License Key 和 Android 移动端发布的相关信息，iOS 的信息设置也类似。下面需要将这些信息整合到 Unity 的工程里，并做出对应的属性设置。4.0.0 版本的 EasyAR 和以前的版本，在这方面的设置方式有较大的区别，具体步骤如下。

（1）新建一个 Unity 工程。如果要发布到移动平台，例如 Android 系统，还需要从 Unity 的菜单“File”→“Build Settings”打开发布设置窗口，按第 5 章的图 5-32 所示的方式，将工程转为 Android 版。

（2）将下载的 EasyAR Unity 插件导入工程，导入后的目录结构如下。

- [EasyAR]：存放 EasyAR 资源和代码的目录。
  - [Common]：存放公共资源，包含存放 License Key 的文件。
  - [Scripts]：包含 EasyAR sample 重要代码，以及原始 API 文件 csapi.cs。
  - [Shaders]：公共 shader，画相机画面背景，以及进行透明视频相关的渲染操作。
- [Plugins]：Android/iOS/Windows/macOS 平台二进制库和相关交互代码存放的目录。
- [Samples]：Sample 的资源和代码存放的目录。
  - [Resources]：EasyAR sample 场景资源，与 Scenes 对应。
  - [Scenes]：EasyAR sample 场景。
- [StreamingAssets]：Unity 不会编译的资源文件，然后 EasyAR 可以上传这些文件作为 target 数据。

（3）在 Project 面板中找到“Assets”→“EasyAR”→“Resources”→“EasyAR”下面的 Settings 文件，单击之后在 Inspector 面板中，将前面申请到的 License Key 复制到对应的输入框中。填入 License Key 如图 6-5 所示。

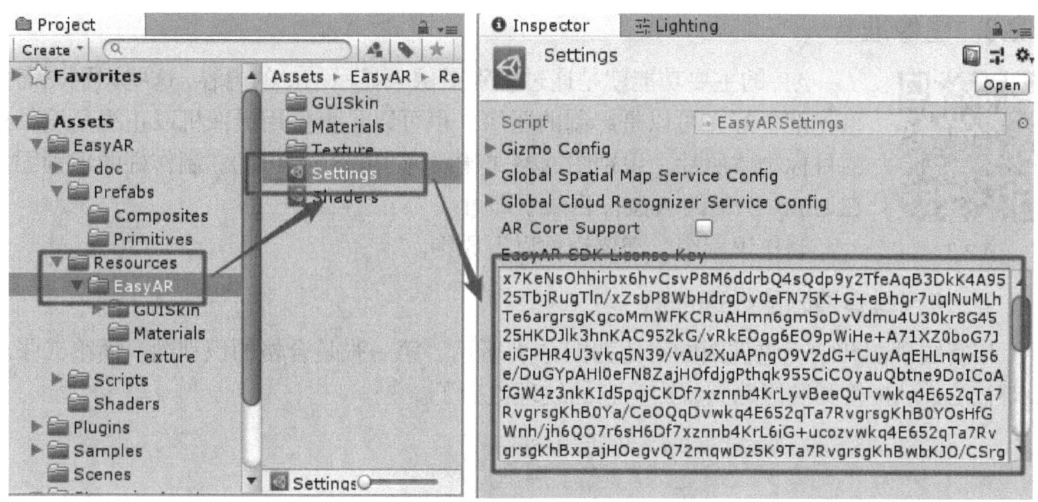

图 6-5　填入 License Key

可以看到，这样设置的 License Key 是针对整个工程的，一个工程只需要做一次设置即可。这是 4.0.0 版本的 EasyAR 中做出的改进。在以前的旧版本中，每个 Unity 场景都需要单独设置一次。

（4）绝大多数 AR 应用是要发布到移动平台上的，这里以 Unity 中设置 Android 系统为例。首先在“PlayerSettings”里面，将“Package Name”和“Product Name”设置成在官网申请的对应的名称，如图 6-6 中所示的“PlayerSettings”的相关设置和图 6-3 中填写的信息保持一致。并且需要将 Android 的 API level 设置为 17 以上，图中设置的是 API level 19。

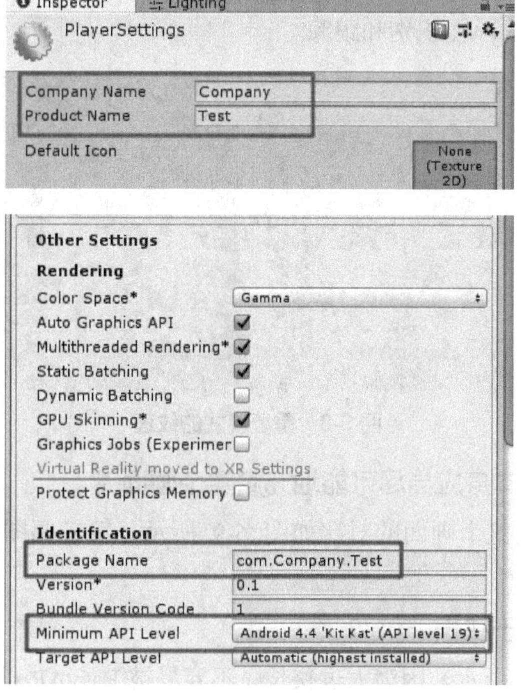

图 6-6　PlayerSettings 的相关设置

6.2.3 图像准备

6.2.3

AR 的主要功能就是通过识别图像来显示 AR 的内容，这些识别图需要事先准备好，可以是绘制的图像，也可以是直接用摄像机以正视角度拍摄的目标物体照片。识别图的格式建议为 JPEG 或 PNG。制作好的识别图放在 Unity 工程的 Assets 目录下即可。

制作识别图，需要遵循以下原则。

1. 应当具有清晰的纹理细节

丰富纹理图和缺乏纹理图的对比如图 6-7 所示，第一张是合格的识别图，而第二张就很难被 EasyAR 检测和跟踪到，因为它的纹理太少了。

图 6-7 丰富纹理图和缺乏纹理图的对比

2. 识别图的纹理不应该具有某种重复模式

重复模式的纹理如图 6-8 所示，重复模式图不可以用来作为识别图，因为它的纹理是重复铺展的，无法被 EasyAR 识别和跟踪。

图 6-8 重复模式的纹理

3. 识别图的内容本身应当尽可能地充满整个画面

图像内容是否充满整个画面的对比如图 6-9 所示，第一幅图会比第二幅图更容易被 EasyAR 检测和跟踪到。

4. 识别图不能过于狭长

狭长的图如图 6-10 所示，因为太过狭长，不容易被 EasyAR 检测和跟踪，建议图短边的长度至少达到长边长度的 20%。

图 6-9 图像内容是否充满整个画面的对比

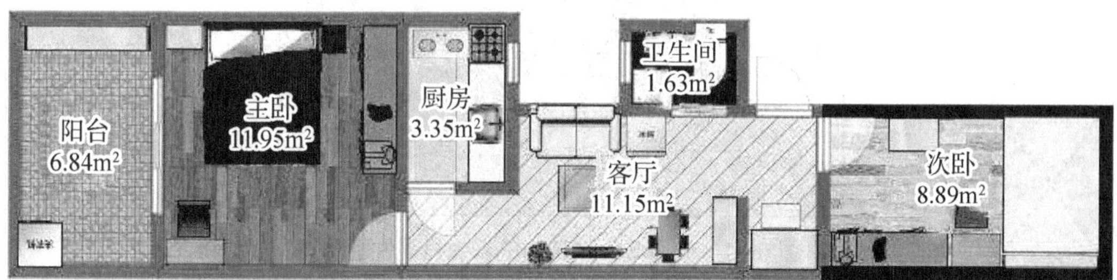

图 6-10 狭长的图

5. 识别图的尺寸不能过小，也不能过大

如果识别图的尺寸过小，则不能够保证能有足够多的特征点；如果识别图的尺寸过大，则会给识别和跟踪带来不必要的内存开销增长及计算时间增多。官方建议图的分辨率介于 SQCIF（128×96）和 QVGA（1280×960）之间。

申请好 License Key，配置好 Unity 工程的属性，并准备好识别图之后，下面就可以进行各项功能的制作了。

6.3 EasyAR SDK 的基本使用方法

6.3

AR 效果是通过实时、准确地跟踪现实环境中的目标，并将虚拟物体叠加到目标上最终获得的。在 EasyAR 中，目标跟踪涉及目标和跟踪器的设置。目标可以是单个也可以是多个，可以是静态图像，或者是通过摄像头动态生成的图像，又或者是一个真实的物体；跟踪器可以跟踪单个目标，也可以跟踪多个目标，又或者直接扫描感知周围的真实环境。这些功能在 EasyAR 的 Unity 插件中已经封装成工具，我们只需要做一些属性的配置，或者是仅仅编写少量的代码，甚至不用编写任何代码，就能实现各种复杂的 AR 功能。下面选取一些常用的 AR 功能分别进行介绍：图像目标跟踪、三维实体目标跟踪、多目标跟踪、动态图像目标生成和跟踪。

6.3.1

6.3.1 图像目标跟踪

图像目标跟踪是 AR 应用的基本模式，必须先按照 6.2.3 小节中介绍的方法准备好识别图，然后开始下面的制作步骤。

（1）新建场景，按图 6-11 所示的方法进行使用 EasyAR 时的摄像机属性配置。

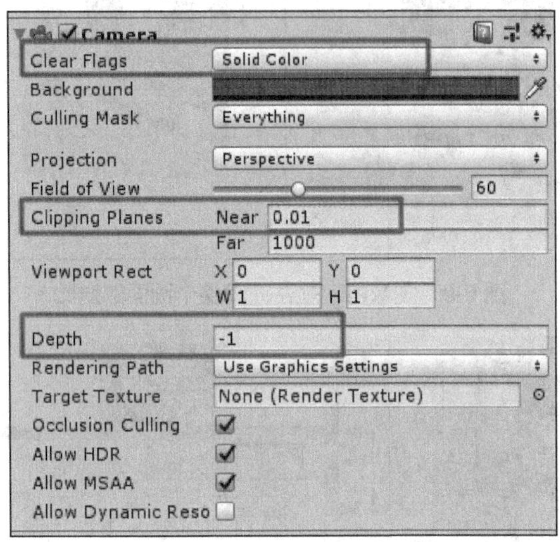

图 6-11 使用 EasyAR 时的摄像机属性配置

其中，“Clear Flags”属性设置为“Solid Color”，也就是固定颜色，这样当运行场景的时候，EasyAR 才会在画面中呈现出摄像头拍摄的画面，而不是原来默认的天空盒子。

“Clipping Planes”属性是控制摄像机渲染的最近和最远范围。将最近范围“Near”属性从默认的 0.3 改为 0.01，而这也是该属性所能设置的最小值。三维物体会因为离摄像机太近而产生破面，如图 6-12 所示。这样就可以保证所有在摄像机前的物体都能被渲染呈现出来，从而避免了图 6-12 中因为模型的一部分离摄像机太近而产生破面的情况。

图 6-12 三维物体会因为离摄像机太近而产生破面

“Depth”属性控制的是多个摄像机画面的叠加层次，这里将其修改为-1，是为了保证摄像机拍摄的画面处于底层，不会覆盖场景中其他的内容。如果没有其他摄像机，这个属性也可以保持原来的默认值 0。

（2）在 Project 面板的“Assets”→“EasyAR”→“Prefabs”→“Composites”文件夹中找到“EasyAR_ImageTracker-1”预设体，将其拖入场景。该预设体就是 EasyAR 已经配置好的图像追踪器。将该预设体的层级结构打开，可以看到 EasyAR_ImageTracker-1 预设体的 3 个子物体如图 6-13 所示。其中第二个子物体 VideoCameraDevice 可设置 AR 设备中实际的摄像镜头，并将摄像镜头中拍摄的画面通过第一个子物体 RenderCamera 所指定的 Unity 摄像机渲染出来，而这个指定的摄像机就是在第一步中设置好的场景中默认的摄像机。第三个子物体 ImageTracker 则进行具体的图像识别工作。

EasyAR_ImageTracker-1
RenderCamera
VideoCameraDevice
ImageTracker

图 6-13　EasyAR_ImageTracker-1 预设体的 3 个子物体

在本例中，无须对该预设体做任何修改即可发挥作用。

（3）在 Project 面板的“Assets”→“EasyAR”→“Prefabs”→“Primitives”文件夹中找到“ImageTarget”预设体，将其拖入场景。该预设体是个空物体，它通过携带的脚本组件“ImageTargetController”，起到设置目标图像的功能，图像目标的属性配置如图 6-14 所示。

Image Target Controller (Script)	
Script	ImageTargetController
Active Control	Hide When Not Tracking
Horizontal Flip	
Source Type	Image File
Image File Source	
Path Type	Streaming Assets
Path	namecard.jpg
Name	
Scale	0.1
Tracker	ImageTracker (ImageTra

图 6-14　图像目标的属性配置

其中“Path Type”属性指目标图像的存储位置，可以是绝对路径，也可以是 Unity 工程中的 StreamingAssets 目录。图中设置为“Streaming Assets”，就是表示存储位置为 StreamingAssets 目录。

“Path”属性指目标图像的文件名，而且是携带具体扩展名的文件名。EasyAR 中需要使用 JPG 或者 PNG 格式的目标图像。

“Tracker”属性不需要手动设置，是运行中程序自动获取的。

（4）在 ImageTarget 预设体下放置一个三维物体模型作为子物体。这个三维物体模型就是要叠加到现实世界的虚拟物体。空物体 ImageTarget 下的小黄鸭物体如图 6-15 所示，本例中放入了一个小黄鸭模型，并根据模型的实际情况调整好它的大小和摆放角度。除了一般的模型，读者在这里也可以自行尝试加入带动画或者其他特效的模型。

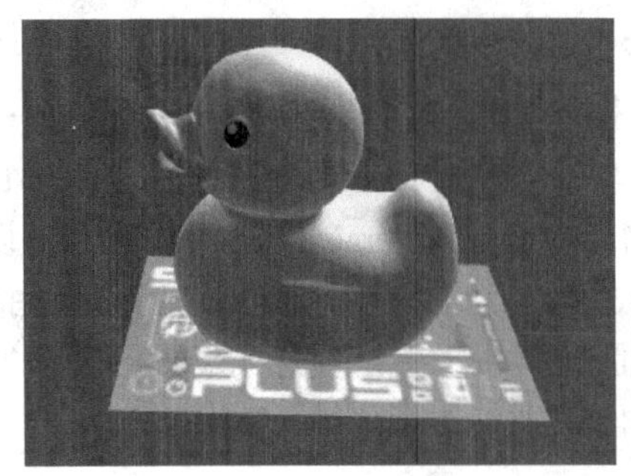

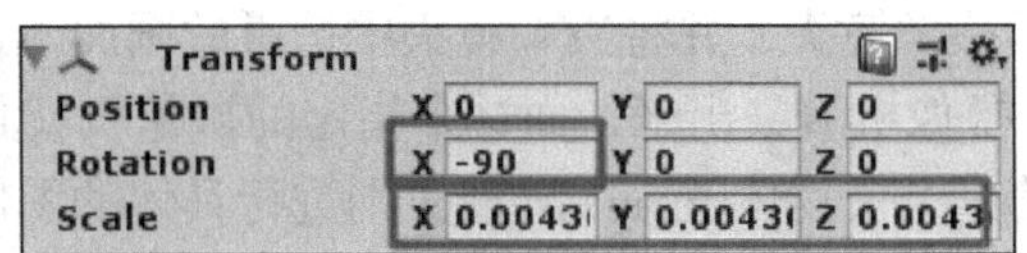

图 6-15　空物体 ImageTarget 下的小黄鸭物体

（5）在 Unity 中运行场景，将摄像头对准目标图像，小黄鸭就会出现并叠加到摄像头拍摄的现实世界目标图像上了。摄像头还可以前后左右任意移动，只要不是晃动得特别厉害，模型就会跟踪目标图像，一直显示在目标图像上。小黄鸭模型叠加显示到目标图像上，如图 6-16 所示。

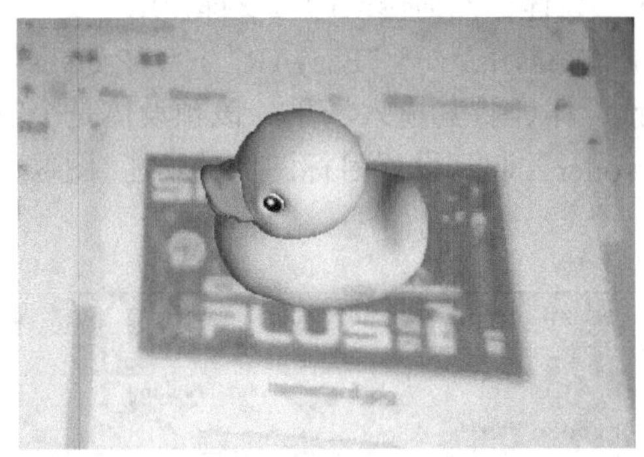

图 6-16　小黄鸭模型叠加显示到目标图像上

6.3.2　三维实体目标跟踪

6.3.2

所谓三维实体目标跟踪，是指检测和跟踪自然场景中的三维物体，如图 6-17 所示。EasyAR 目前可以检测和跟踪具有丰富纹理的三维物体，仅需要准备好待跟踪物体的三维模型文件，不需要事先进行复杂的配置或配准工作，也不需要将模型或任何数据上传到 EasyAR 或其他网站上。所以，三维实体目标跟踪的 AR 应用特别适合现在三维打印产业。

图 6-17　三维实体目标检测和跟踪

具体的制作步骤如下。

（1）使用三维实体目标跟踪的第一步是准备好待跟踪物体的三维模型文件。模型文件必须是 OBJ 格式，且必须包含相应的材质文件以及至少一张纹理贴图文件。纹理贴图文件必须是 JPEG（JPG 的全名）或 PNG 格式。模型应当具有丰富的纹理细节，如图 6-18 所示，饼干模型就因缺乏纹理细节而不能被识别和跟踪到。

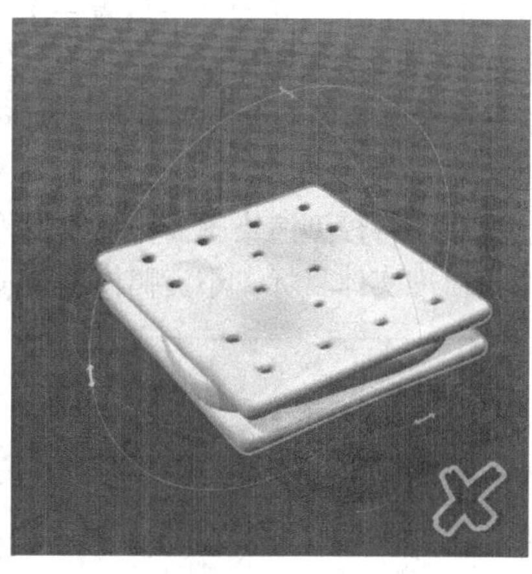

图 6-18 模型应具有丰富的纹理细节

（2）新建场景，并按 6.3.1 小节的方式设置默认摄像机的属性。

（3）在 Project 面板的“Assets”→“EasyAR”→“Prefabs”→“Composites”文件夹中找到 EasyAR_ObjectTracker-1 预设体，将其拖入场景。该预设体就是 EasyAR 已经配置好的三维实体追踪器，它与图像追踪器的区别在于，该物体的第三个子物体所携带的脚本组件是 Object Tracker Frame Filter。

（4）在 Project 面板的“Assets”→“EasyAR”→“Prefabs”→“Primitives”文件夹中找到 ObjectTarget 预设体，将其拖入场景。该预设体是个空物体，它通过携带的脚本组件 Object Target Controller，起到设置目标三维物体的功能。三维实体目标的属性配置如图 6-19 所示。

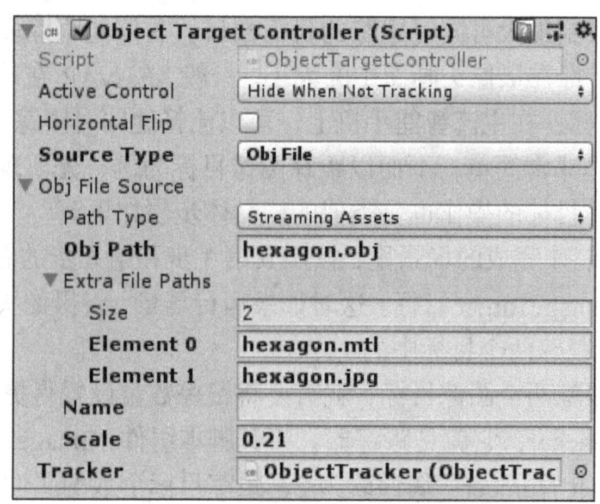

图 6-19 三维实体目标的属性配置

属性中关于“Path”的部分，和 6.3.1 小节里“Path”的设置是一样的，但是这里的目标是三维物体，所以使用的文件包含 3 个：“hexagon.obj”物体模型文件、“hexagon.mtl”材质文件、“hexagon.jpg”纹理贴图文件。本例中，用作追踪目标的三维物体的样子如图 6-20 所示。只要摄像头拍摄到和这里指定的模型外观一致、纹理贴图一致的真实物体，EasyAR 就能识别并开始跟踪。

（5）在 ObjectTarget 预设体下放置一个三维物体模型作为子物体，这个三维物体就是要叠加到现实世界的虚拟物体。这里对于三维物体模型并没有具体要求，可以是和目标图像外形一样的模型，也可以是任何其他的模型。本例中还是和 6.3.1 小节一样，放入了一个小黄鸭模型。

（6）这里我们将模型渲染图当作真实世界里的实体目标来做试验。在 Unity 中运行场景，将摄像头对准实体目标，小黄鸭模型叠加显示到实体目标上，如图 6-21 所示。

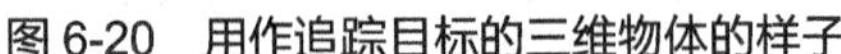

图 6-20　用作追踪目标的三维物体的样子

图 6-21　小黄鸭模型叠加显示到实体目标上

6.3.3　多目标跟踪

6.3.3

EasyAR 中有两种方式实现多目标跟踪。一种是单个跟踪器同时跟踪多个目标，另一种是多个跟踪器同时跟踪多个目标。如果是专业版的 EasyAR，还能够实现同时跟踪图像和三维实体等不同类别的目标。理论上，EasyAR 没有限制最大可同时跟踪的目标数目，具体能跟踪多少，取决于硬件性能以及目标在摄像头画面中的大小。一般，EasyAR 在计算机上可以流畅地同时跟踪 10 个以上的目标；在主流智能手机上，可以流畅地同时跟踪 4～6 个目标。

多目标跟踪的制作非常简单，下面以跟踪图像目标为例，先实现单个跟踪器跟踪多个目标的功能。跟踪实体目标的操作也是类似的。具体步骤如下。

（1）在 6.3.1 小节制作完成的场景里，按照其第 3 步和第 4 步的做法，使用不同的图像和模型制作出第二个 ImageTarget 目标。这时如果运行场景，将摄像头同时对准两个图像目标，EasyAR 就会随机跟踪两个目标中的一个。

（2）如果要同时跟踪两个图像目标，就需要将跟踪数量设置得更高。找到图 6-13 中的第三个子物体 ImageTracker，它就是跟踪器。将其脚本组件“Image Tracker Frame Filter”的“Simultaneous Target Number”属性改为 2，跟踪目标个数的属性调整如图 6-22 所示。这样 EasyAR 就能够同时跟踪两个目标了。

图 6-22　跟踪目标个数的属性调整

以上是以单个跟踪器跟踪多个目标的方法。如果使用多个跟踪器，则能更加灵活地处理多目标的问题。具体步骤如下。

（1）在 6.3.1 小节制作完成的场景里，找到图 6-13 中的第三个子物体 ImageTracker，也就是跟踪器物体，按 Ctrl+D 快捷键将其复制一份，两个跟踪器如图 6-23 所示。如果要更多的跟踪器，可以继续复制该子物体。每个跟踪器的 Simultaneous Target Number 属性的值，也就是可以跟踪的目标的个数，都可以单独设置。

（2）按照 6.3.1 小节里第 3 步和第 4 步的做法，重复制作第二个 ImageTarget 目标，图像文件和模型可以另外选择。并且将 Image Target Controller 组件的 Tracker 属性，设置为之前新建的跟踪器 ImageTracker_2，设置图像跟踪器如图 6-24 所示。

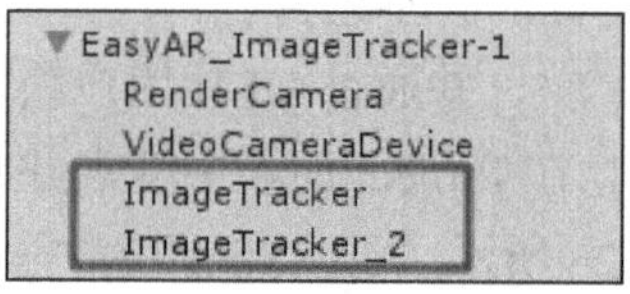

EasyAR_ImageTracker-1
RenderCamera
VideoCameraDevice
ImageTracker
ImageTracker_2

图 6-23　两个跟踪器

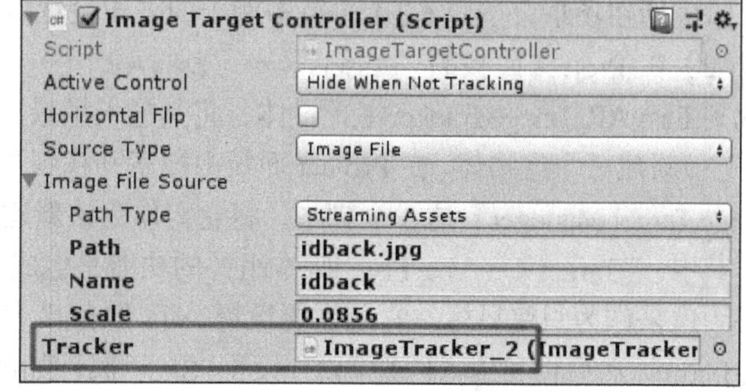

图 6-24　设置图像跟踪器

这样制作并设置之后，EasyAR 就实现了多个跟踪器来跟踪不同的目标的任务。

（3）假设两个 ImageTarget 下放置的都是小黄鸭三维模型。这时运行场景，将摄像头同时对准两个目标图像，在两个目标图像上就会同时出现小黄鸭模型，如图 6-25 所示。

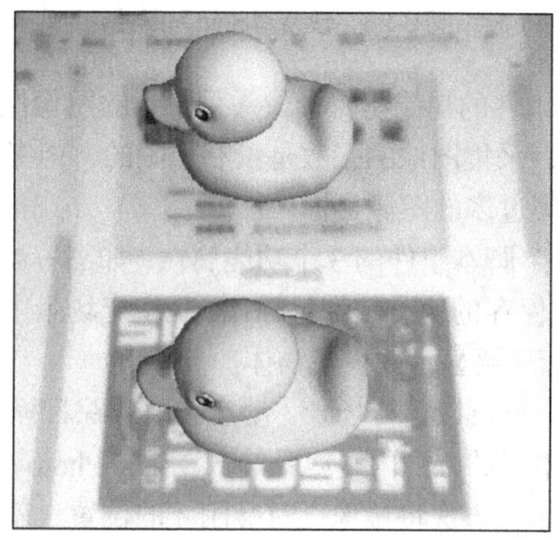

图 6-25　两个目标图像上同时出现小黄鸭模型

最后有一点需要说明，用一个跟踪器和多个跟踪器实现多目标跟踪这两种方案，在效果上是类似的，但也有区别。单个跟踪器能同时跟踪预先设置数量的多个目标，但不能控制哪个目标永远可以被跟踪。因为对于目标的检测顺序是随机的，所以无法保证某个目标一定会被检测到并被跟踪。而多个跟踪器可以做到这一点，将一个目标分配给某个只跟踪一个目标的跟踪器来跟踪，那么只要这个目标出现在场景中，它就一定会被检测到并被跟踪。相对于单跟踪器方案，多跟踪器方案并不会影响性能，跟踪性能主要取决于所有跟踪器同时跟踪的目标数目之和。

6.3.4 动态图像目标生成和跟踪

6.3.4

除了跟踪设置好的图像目标之外，EasyAR 也支持通过保存摄像头所采集的图像来达到动态创建跟踪目标的目的。可以在官网下载 EasyARSense-UnityPlugin_4.0.0-final_Samples 包，其中的 ImageTracking_TargetOnTheFly 就是关于动态目标的例子。下面通过使用该例子中用到的官方脚本，实现动态创建跟踪目标的场景，具体步骤如下。

（1）新建场景，按照 6.3.1 小节中例子的方式设置默认摄像机的属性。

（2）在 Project 面板的“Assets”→“EasyAR”→“Prefabs”→“Composites”文件夹中找到 EasyAR_ImageTracker-1 预设体，将其拖入场景，作为图像跟踪器。

（3）新建一个空物体，在 Project 面板中搜索并找到“Target On The Fly”“Files Manager”“Image Target Manager”这 3 个脚本，将它们作为该新建空物体的脚本组件。

其中，“Target On The Fly”脚本组件的功能是生成一个 UI，并通过 UI 让用户获取摄像头图像来作为跟踪目标。它还需要设置一个“Skin”属性，在 Project 面板中搜索并找到“GUISkin”，然后将其拖入属性框中，设置“Skin”属性如图 6-26 所示。“GUISkin”是 EasyAR 已经配置好的 UI 皮肤属性。

图 6-26 设置“Skin”属性

“Files Manager”脚本组件的功能是将摄像头采集到的图像保存成文件，从而形成动态创建的图像目标。理论上，采集图像的张数是没有上限的，但考虑到设备的运算能力和存储空间限制，建议不要采集过多的图像目标。

“Image Target Manager”脚本组件的 3 个功能属性，如图 6-27 所示数字。1 是遍历读取“Files Manager”脚本组件保存的所有图像目标，2 是指定场景中的图像跟踪器来跟踪所有目标，3 是指定跟踪到目标后要显示的虚拟物体。

（4）做完以上步骤后，就可以运行场景，动态获取跟踪目标的界面如图 6-28 所示，将摄像头摆好，把目标置于中间的方框内，然后单击“Take Photo”按钮，就会通过摄像头拍摄的图像形成一个跟踪目标。再次将摄像头对准刚才的位置，就会有一个三维模型显示到画面中，跟踪到目标后显示叠加三维物体如图 6-29 所示。

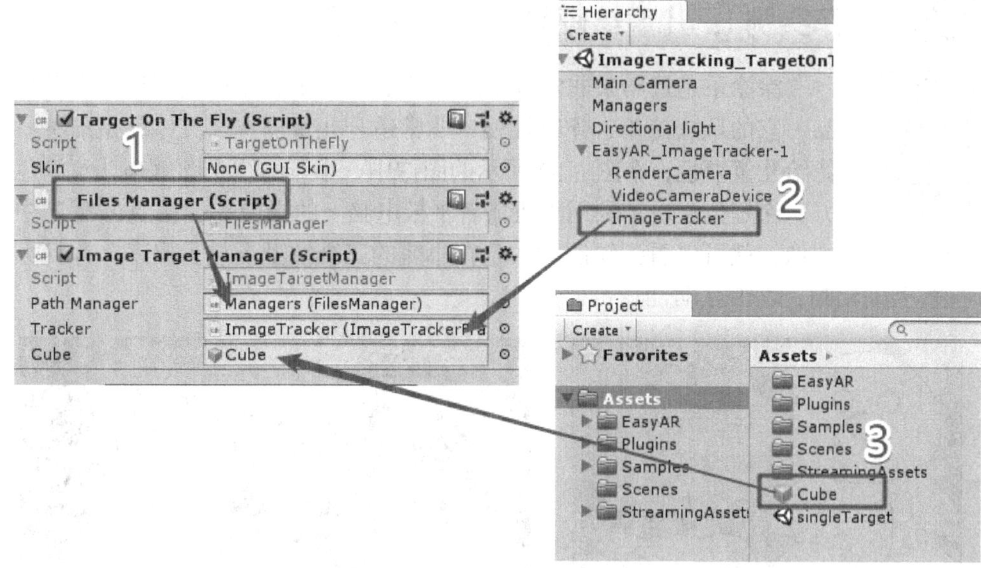

图 6-27　Image Target Manager 脚本组件的 3 个功能属性

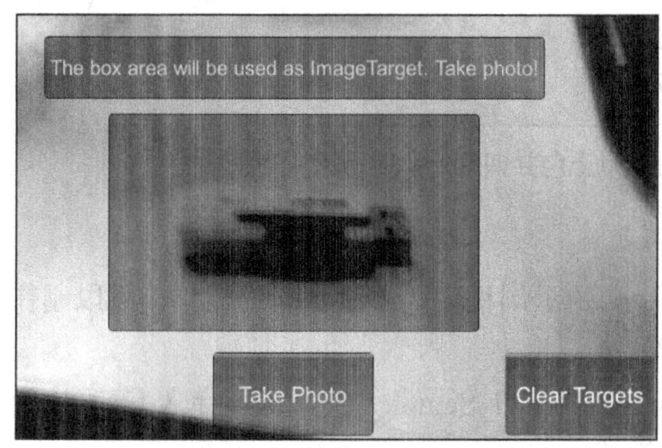

图 6-28　动态获取跟踪目标的界面

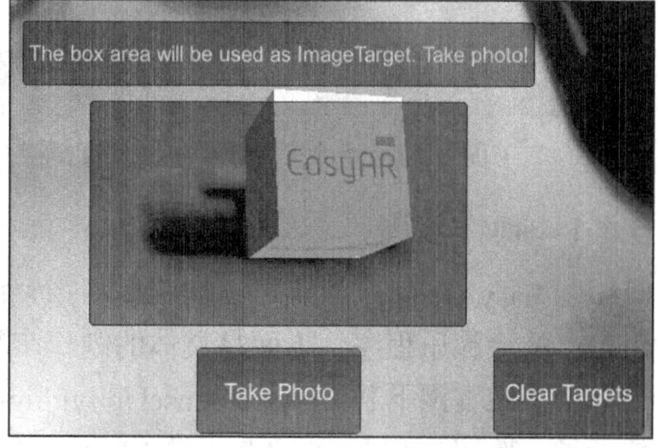

图 6-29　跟踪到目标后显示叠加三维物体

（5）每次单击“Take Photo”按钮后，都会在场景中动态创建一个图像目标，如图 6-30 所示。该目标上会自动挂载“Image Target Controller”脚本，这个脚本是继承于“ImageTargetBehaviour”的，如图 6-31 所示。

图 6-30　动态创建的图像目标

图 6-31　自动挂载“Image Target Controller”脚本

6.4 操作实例 1：儿童绘画教育应用——涂涂乐

6.4

涂涂乐是近年来非常成功的一种基于 AR 技术的儿童绘画启蒙教育产品，它的玩法简单，趣味性强，非常适合儿童群体。具体就是准备一些图像给儿童填色，在图 6-32 所示的图像中，小熊的线条图就是儿童涂色的地方。涂好色之后，利用手机或者平板电脑上的摄像头，在 AR 程序中识别图像，就可以看到绘制的颜色在小熊的三维模型上显示出来，并且可以制作小熊模型的动画，增加互动性。

图 6-32　涂涂乐游戏中的线条图纸部分以及上色并识别后呈现出来的小熊模型

6.4.1 制作步骤

在 EasyAR 官方 SDK 中也附带了一个涂涂乐的示例程序。通过对它的模仿，可以制作出自己的涂涂乐程序。下面是具体的制作步骤。

（1）在官网下载 EasyARSenseUnityPlugin_4.0.0-final_Samples 包，将其导入 Unity。新建场景，按照 6.3.1 小节的方式设置默认摄像机的属性。

（2）在 Project 面板的“Assets”→“EasyAR”→“Prefabs”→“Composites”文件夹中找到“EasyAR_ImageTracker-1”预设体，将其拖入场景，作为图像跟踪器。

（3）制作识别图和模型。这个步骤应该是由美工来完成的，制作上需要注意两点。第一，识别图在满足儿童绘画的基础上，对比尽量强烈一点，以提高后期的识别率和识别速度。第二，三维模型制作好之后，在制作模型的 UV 展开时，需要对照识别图上模型的外形来进行，否则会在图像匹配模型时发生错位。关于模型和 UV 展开，在后面的内容中会有详细介绍。

（4）将制作好的识别图和模型导入工程。在 Project 面板中新建 Resources 和 StreamingAssets 两个文件夹，将识别图命名为“bear.jpg”后放入 StreamingAssets 文件夹，而模型文件则放入 Resources 文件夹。这里要注意的是，这两个文件夹是 Unity 中特殊的文件夹，名称必须对，包括大小写都不能有错，否则 Unity 会找不到路径。

（5）在 Project 面板的“Assets”→“EasyAR”→“Prefabs”→“Primitives”文件夹中找到“ImageTarget”预设体，将其拖入场景，来指定图像目标属性，修改其“Path”属性为“bear.jpg”，设置识别图如图 6-33 所示。

图 6-33　设置识别图

（6）将制作好的模型拖入场景，作为 ImageTarget 的子物体。运行场景，通过摄像头识别图像，显示出模型。根据显示出来的情况，可以适当调整模型的初始角度，使模型可以正确地面向使用者。

（7）在 Project 面板中搜索并找到“Coloring3DBehaviour”脚本，将其赋给第 6 步中拖入场景的模型物体作为脚本组件。重新运行场景，就可以看到在识别图中绘制的颜色显示到模型上了。

至此，通过以上步骤实现了使用 EasyAR 来制作涂涂乐的例子。

6.4.2　实现原理和代码分析

从 6.4.1 小节的内容可以看出，EasyAR 中模仿官方示例实现涂涂乐程序的步骤是比较简单的。但是如果要使用自定义的识别图和模型制作自己的涂涂乐应用，则需要了解其背后的实现原理，按照一定的方法，才能正常显示模型和贴图。

6.4.2

下面针对 6.4.1 小节中用到的一些关键技术原理和代码进行分析，以说明其背后的运作机制。

1．三维模型和识别图的关系

识别图中填色的部分，是如何正确显示到模型上的呢？这里涉及三维模型的 UV 展开和识别图的关系问题。

（1）UV 展开

三维模型表面凹凸不平，需要先将其展开成平面，然后才能方便地绘制或制作纹理贴图。这个展平的过程，叫作 UV 展开。三维模型的 UV 展开如图 6-34 所示，一个人物头像经过 UV 展开后变为平面的形式，在此平面上绘制的贴图，就会根据其坐标正确显示到头像模型的相应位置上。

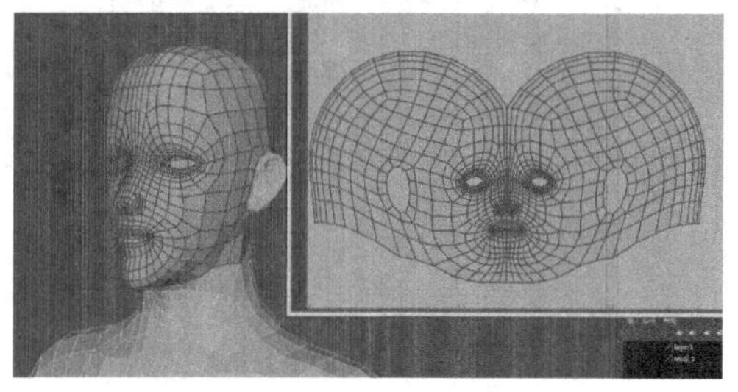

图 6-34　三维模型的 UV 展开

（2）UV 展开和识别图的关系

因为要把识别图中涂色的部分显示到模型表面的正确位置上，所以模型的 UV 展开必须和识别图是匹配的。小熊模型的 UV 展开和识别图的匹配如图 6-35 所示，以识别图作为小熊模型的材质贴图，而 UV 展开则是根据识别图上的图案，按小熊的前后两部分进行划分，覆盖在识别图上的绘图区域。

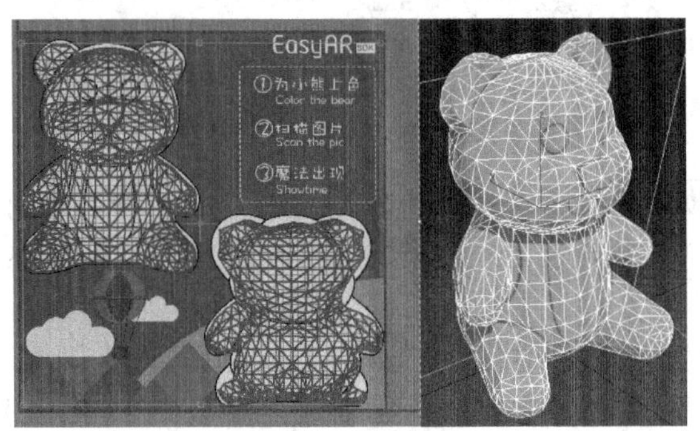

图 6-35　小熊模型的 UV 展开和识别图的匹配

按照这种方法制作出来的识别图和三维模型，就能够用来作为自定义的素材，实现自己的涂涂乐应用。

2. 代码分析

将模型的 UV 展开和识别图进行匹配以后，剩下的工作主要还有两个步骤。

步骤一：从摄像头拍摄的动态画面中实时识别出识别图。

步骤二：定位识别图在画面中的位置，并将其作为纹理贴图赋予三维模型的材质。

其中，步骤一由 EasyAR 的核心功能自动完成，不需要额外的干预。步骤二则需要结合 Unity 的着色器来编写控制脚本。官方示例中提供了一个名为 Coloring3D 的材质，TextureSample 材质的 Shader 属性如图 6-36 所示，其中 point1 到 point4 这 4 个属性分别代表识别图的 4 个顶点。这 4 个顶点属性可以通过脚本来动态地赋值，从而界定识别图范围，这样才能正确地将涂色部分动态显示到模型上。官方示例中已经提供了控制脚本 Coloring3DBehaviour.cs，具体代码如下：

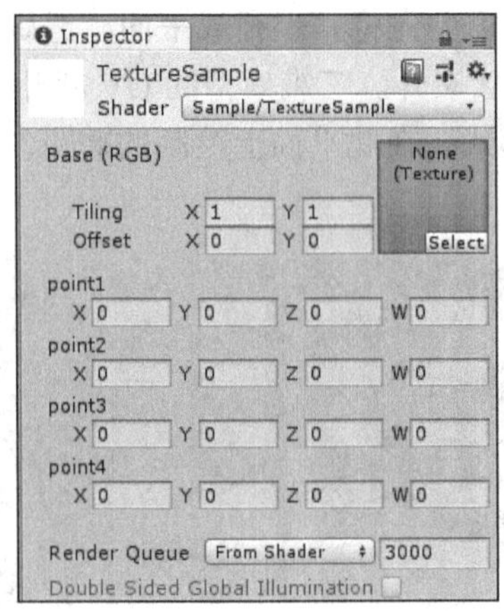

图 6-36　TextureSample 材质的 Shader 属性

```
//=========================================================================
//此脚本用于从摄像机拍摄画面中，定位出识别图的 4 个顶点，然后将识别图作为
//材质，并赋予模型物体。
//=========================================================================
public class Coloring3DBehaviour : MonoBehaviour
    {
        Camera cam;
        RenderTexture renderTexture;
        ImageTargetBaseBehaviour targetBehaviour;

        void Start()
        {
            targetBehaviour = GetComponentInParent
                                    <ImageTargetBaseBehaviour>();
            gameObject.layer = 31;
        }

        //该函数将获取摄像机画面，并将画面作为纹理贴图赋予三维物体的材质
        void Renderprepare()
        {
            if (!cam)
            {
                GameObject go = new GameObject("__cam");
                cam = go.AddComponent<Camera>();
                go.transform.parent = transform.parent;
                cam.hideFlags = HideFlags.HideAndDontSave;
            }
            cam.CopyFrom(Camera.main);
            cam.depth = 0;
            cam.cullingMask = 31;

            if (!renderTexture)
            {
                renderTexture = new RenderTexture(Screen.width,
                                            Screen.height, -50);
            }
            cam.targetTexture = renderTexture;
            cam.Render();
            GetComponent<Renderer>().material.SetTexture("_MainTex",
                                                renderTexture);
        }

        //该函数根据识别图的比例尺寸计算出识别图的 4 个顶点在摄像机拍摄画面中的
        //位置，然后在材质的 Shader 中设置这 4 个顶点属性，从而完成从摄像机画面到
        //识别图，再到三维物体材质的转换过程
        void OnWillRenderObject()
```

```
        {
            if (!targetBehaviour || targetBehaviour.Target == null)
                return;
            Vector2 halfSize = targetBehaviour.Target.Size * 0.5f;
            Vector3 targetAnglePoint1 = transform.parent.TransformPoint (
                        new Vector3(-halfSize.x, 0, halfSize.y)
                        );
            Vector3 targetAnglePoint2 = transform.parent.TransformPoint (
                        new Vector3(-halfSize.x, 0, -halfSize.y)
                        );
        Vector3 targetAnglePoint3 = transform.parent.TransformPoint (
                        new Vector3(halfSize.x, 0, halfSize.y)
                        );
        Vector3 targetAnglePoint4 = transform.parent.TransformPoint (
                        new Vector3(halfSize.x, 0, -halfSize.y)
                        );
        Renderprepare();
        GetComponent<Renderer>().material.SetVector ( "_Uvpoint1",
                            new Vector4 ( targetAnglePoint1.x,
                                          targetAnglePoint1.y,
                                          targetAnglePoint1.z,
                                          1f ) );
        GetComponent<Renderer>().material.SetVector ( "_Uvpoint2",
                            new Vector4 ( targetAnglePoint2.x,
                                         targetAnglePoint2.y,
                                         targetAnglePoint2.z,
                                         1f ) );
        GetComponent<Renderer>().material.SetVector ( "_Uvpoint3",
                             new Vector4(targetAnglePoint3.x,
                                        targetAnglePoint3.y,
                                        targetAnglePoint3.z,
                                        1f ) );
        GetComponent<Renderer>().material.SetVector("_Uvpoint4",
                             new Vector4(targetAnglePoint4.x,
                                        targetAnglePoint4.y,
                                        targetAnglePoint4.z,
                                        1f ) );
    }
    //该函数的作用是在程序退出时做资源回收的工作
    void OnDestroy()
    {
        if (renderTexture)
            DestroyImmediate(renderTexture);
        if (cam)
            DestroyImmediate(cam.gameObject);
    }
}
```

这段代码中，有两个关键函数：Renderprepare()和 OnWillRenderObject()。其中，Renderprepare()函数负责获取摄像机画面，OnWillRenderObject()函数则根据获取的画面计算 Shader 中的 4 个顶点属性，定位出识别图的位置，并将其作为材质贴图赋予模型。

总的来看，按照以上介绍的原理制作识别图和三维模型，并利用官方提供的 TextureSample 材质以及控制脚本 Coloring3DBehaviour.cs，就可以按照官方示例的制作步骤完成自己的涂涂乐了。

6.5 操作实例 2：展览场馆导览

在博物馆、展览馆等场馆类别的环境中，无论是场馆布局，还是具体的展品信息，对参观者来说可能都是陌生的，需要一定的指引才能得到更好的参观体验。所以很多类似的场所都配置了专门的讲解员，并且做了很多的指示牌。除这些传统的方式之外，如果能充分利用 AR 技术来进行辅助，则可以在很大程度上提高参观灵活性，增加参观者与场馆和展品的互动，提升参观者的体验。

6.5

在这一类的 AR 应用中，有很多不同的技术解决方案。本例针对小型绘画艺术展览的应用进行设计，以 EasyAR 作为基础，使用到的技术要点如下。

- 二维码识别。
- 视频内容的呈现。
- 脱卡模式。
- AR 物体的交互设计。

6.5.1 实例概述

在本例中，根据小型绘画艺术展览中以绘画作品（简称画作）为主要展品的特性，设计了两个层次的 AR 内容。一个层次是画作信息介绍，这是基本的功能需求；另一个层次是将画作以动画等其他方式呈现出来，将静态的画作以一种新颖、不一样的方式进行表达，可以加深参观者对画作的印象。其中，第一个层次可以用二维码识别来实现，第二个层次则需要使用视频内容呈现、脱卡模式或者模型交互等技术手段来实现。EasyAR 工具是从官网下载的 EasyARSenseUnityPlugin_4.0.0-final_Samples 包。

6.5.2 二维码识别呈现画作信息

二维码制作简单，特别适合将其放在画作旁边。参观者使用手机扫描二维码后可呈现画作的作者、背景介绍等各种相关信息。

EasyAR 中使用二维码的步骤如下。

（1）新建场景，按照 6.3.1 小节的方式设置默认摄像机的属性。

（2）找到导入的 SDK 包中的 EasyAR_ImageTracker-1_QRCode-1 预设体，将其拖入场景，并把在官网注册的 License Key 复制到预设体的 EasyAR Behaviour 组件中，完成应用的注册。

上面的步骤和一般的 EasyAR 设置步骤基本一样。但是 EasyAR_ImageTracker-1_QRCode-1 预设体里面有一个特殊的子物体 BarCodeScanner，它上面挂载了一个脚本 QR Code Scanner Behaviour，如图 6-37 所示。观察该脚本内容可以发现，它是继承于 QRCodeScannerBaseBehaviour

类的，通过重载调用 EasyAR 的核心动态链接库实现二维码的发现、扫描与识别功能。

如果在 Project 面板中找不到 EasyAR_ImageTracker-1_QRCode-1 预设体，也可以用 EasyAR_Startup 预设体替代，然后按照图 6-37 中的内容，添加子物体和相关的脚本文件。

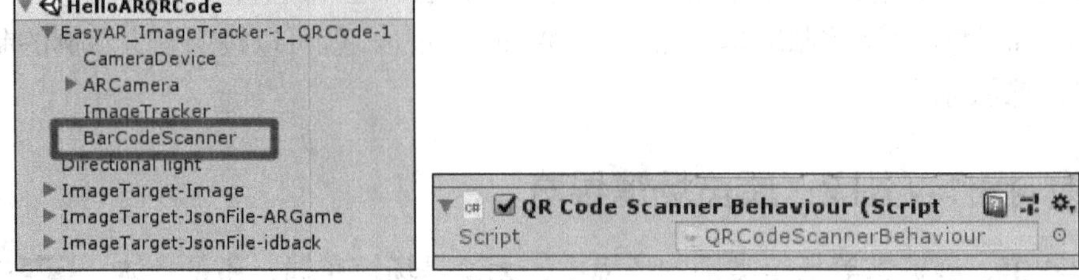

图 6-37　BarCodeScanner 子物体和它的 QR Code Scanner Behaviour 脚本组件

（3）制作二维码。使用搜索引擎搜索一下，会找到很多提供二维码生成服务的网站，在网页上输入信息，就可以免费生成静态的二维码图像，并将图像下载下来使用。

例如，一段文字“作者：凡·高 作品名称：星空 绘制时间：19 世纪”，生成出来的携带信息的静态二维码图像如图 6-38 所示。

图 6-38　携带信息的静态二维码图像

如果要显示的信息非常多，二维码会变得很复杂，影响识别速度。这时可以将信息以网页的形式表现，而二维码中只存储网址，用户扫描后自动跳转到网页查看信息。但是这样的方式需要用户的设备处于联网状态。

（4）扫描并识别出二维码中包含的信息之后，将这些信息通过 UI 显示出来。

在场景中新建一个 Canvas，在其下新建一个 Text 类型的 UI 元素作为显示二维码信息的载体。再新建一个脚本 ARQRInfoShow，并将其添加到场景中的 EasyAR_ImageTracker-1_QRCode-1 物体上作为组件使用。脚本内容如下：

```
using System.Collections;
using EasyAR;
using UnityEngine;
using UnityEngine.UI;

public class ARQRInfoShow : MonoBehaviour {

    //下面两个布尔类型的变量可共同控制信息的显示和关闭
    private bool startShowMessage;
    private bool isShowing;
    private string textMessage;  //存储从二维码中识别出的信息文本
```

```
    public GameObject UIObject; //显示二维码信息的 UI 画布物体
    public Text QRText; //具体显示二维码信息的 Text 元素

    private void Awake()
    {
        var EasyARBehaviour = FindObjectOfType<EasyARBehaviour>();
        EasyARBehaviour.Initialize();

        foreach (var behaviour in ARBuilder.Instance.ARCameraBehaviours)
        {
            behaviour.TextMessage += OnTextMessage;
        }
    }

    //OnTextMessage()函数：识别出二维码的信息后调用，二维码信息通过参数传递进来
    private void OnTextMessage(ARCameraBaseBehaviour arcameraBehaviour,
                                                          string text)
    {
        textMessage = text; //二维码文本信息赋值给 textMessage 变量
        startShowMessage = true; //打开显示信息的开关
    }

    //使用协程函数控制信息显示的时间。当超过时间限制后，关闭显示信息的开关
    IEnumerator ShowMessage()
    {
        isShowing = true;
        yield return new WaitForSeconds(2f);
        isShowing = false;
    }

    void Update()
    {
        if (startShowMessage)
        {
            if (!isShowing)
                StartCoroutine(ShowMessage());
            startShowMessage = false;
        }

        UIObject.SetActive(isShowing);
        QRText.text = textMessage;
    }
}
```

这段脚本的功能是，通过控制布尔变量 isShowing，在平时把 UI 元素隐藏，当识别出二维码信息后，将 UI 显示出来，并将二维码的文本信息赋值给 Text 元素。这段脚本中有

两个关键的地方。一个是 OnTextMessage()函数，它用于识别出二维码信息后的自定义处理过程。本例中只是简单地存储二维码信息并打开显示 UI 元素的开关。另一个是本例中使用了协程函数 ShowMessage()。在该函数中通过“yield return new WaitForSeconds(2f);”语句实现了停止 2s 之后，才将控制 UI 元素是否显示的布尔变量 isShowing 进行反转。之所以这样处理，是因为在使用手机等设备对二维码进行扫描时，由于手的抖动等原因，可能会频繁触发发现和丢失扫描目标的情况。如果一丢失目标，立刻就关闭 UI 显示，发现后又立刻打开显示，就会造成画面的不稳定闪烁。而使用协程函数停止 2s 才进行反转操作，就可以避免这种情况的发生，使画面更稳定，用户体验也更好。扫描二维码显示出信息，如图 6-39 所示。

图 6-39　扫描二维码显示出信息

6.5.3　视频内容呈现

6.5.3

视频内容的信息量更大，表现方式也更加直观，是更深入解读绘画作品内涵的一种方式。EasyAR 支持普通视频、透明视频和流媒体视频的播放，这 3 种视频形式的制作步骤类似。下面将采用两种不同的方法来介绍它们的制作过程，其中，普通视频和透明视频采用手动配置创建，流媒体视频采用动态配置创建，3 种视频形式都在同一个场景中实现，步骤如下。

（1）接着 6.5.2 小节中的制作步骤，继续在场景中新建 3 个空物体，分别命名为 ImageTarget-Video、ImageTarget-TransparentVideo 和 ImageTarget-StreamingVideo，调整它们的大小和位置，分别作为普通视频、透明视频和网络流媒体视频的播放载体。

（2）为 ImageTarget-Video 和 ImageTarget-TransparentVideo 两个物体都添加 Image Target Behaviour 脚本组件，修改识别图属性如图 6-40 所示。其中“Path”和“Name”属性，应该根据选择的识别图的名称来设置。

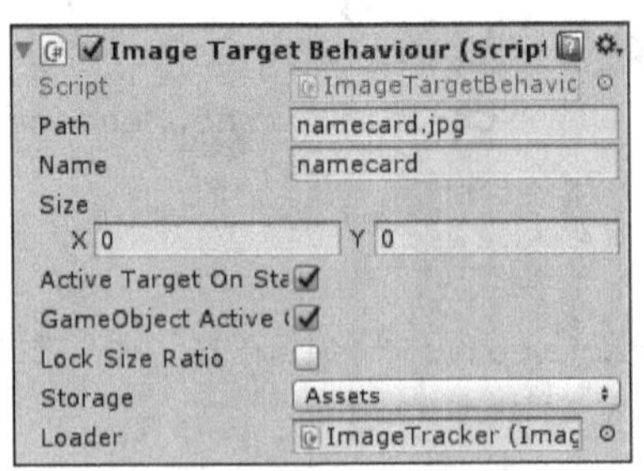

图 6-40　修改识别图属性

（3）为 ImageTarget-Video 和 ImageTarget-TransparentVideo 两个物体都添加一个 Plane 子物体来作为播放视频的平面，并为这两个 Plane 子物体都添加 Video Player Behaviour 脚

本组件。两个 Video Player Behaviour 组件的属性设置如图 6-41 所示。其中，“Path”属性指明了要播放的视频文件名称，视频文件需要放在项目中的 StreamingAssets 文件夹下。“Type”属性则指明了视频播放的模式，“Normal”为普通视频播放模式，“Transparent Side By Side”为透明视频播放模式。

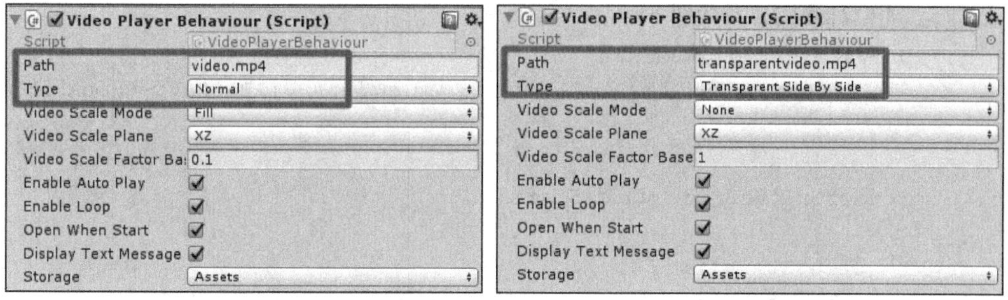

图 6-41　两个 Video Player Behaviour 组件的属性设置

（4）针对透明视频，还需使用 EasyAR 提供的一个特殊的材质。在工程中新建一个材质 Material，选择其着色器为“EasyAR/TransparentVideo”，播放透明视频所需的材质如图 6-42 所示，并将该材质赋予 ImageTarget-TransparentVideo 物体下的 Plane 子物体，作为播放透明视频的材质属性。

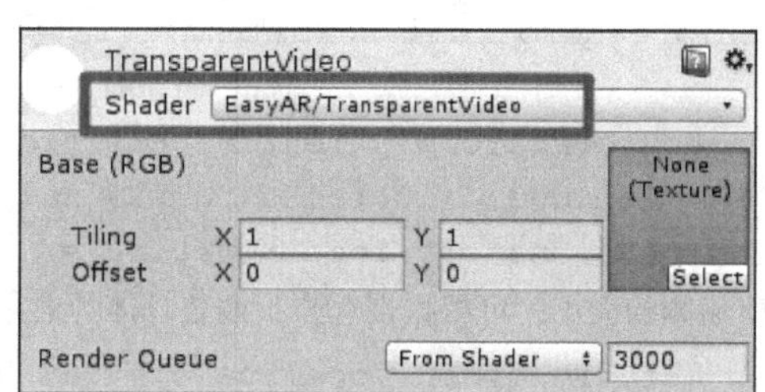

图 6-42　播放透明视频所需的材质

（5）经过以上步骤的准备和设置之后，已经可以扫描相应的图像进行普通视频和透明视频的播放了。但是 EasyAR 不支持在 Unity 编辑器的环境下进行视频的识别和播放，必须将项目发布成 App 后才能预览。关于使用 Unity 发布 App 的方法，请参阅 5.3.1 小节中的相关内容。

前面步骤中采用手动配置的方式实现了普通视频和透明视频的识别和播放功能。下面采用动态配置的方式来实现流媒体视频的相应功能。

（6）在场景中新建一个 Plane 物体，重命名为 VideoPlayer，并为其添加 VideoPlayerBehaviour 脚本组件。然后将 VideoPlayer 物体拖入 Project 面板形成一个预设体，以供后续使用。场景中的 VideoPlayer 物体可以删除。

（7）在场景中新建一个空的游戏对象，命名为 ImageTarget-StreamingVideo，并新建一个脚本 ImageTarget_DynamicLoad，将该脚本赋予刚才新建的物体作为组件。然后编辑脚本内容如下：

```
using UnityEngine;
using EasyAR;
```

```
///<summary>
///此类继承于 EasyAR 的 ImageTargetBehaviour，可实现流媒体视频的识别和播放功能
///</summary>
public class ImageTarget_DynamicLoad : ImageTargetBehaviour
{
    //流媒体视频文件的网络地址
    private string video =
        @"http://9214193.s21v.faiusr.com/58/ABUIABA6GAAg-6HmuAUohLj_
                                                              vwc.mp4";

    protected override void Start()
    {
        base.Start();
        LoadVideo();
    }

    public void LoadVideo()
    {
        //复制并生成 VideoPlayer 预设体，并将其作为本物体的子物体
        GameObject subGameObject =
          Instantiate(Resources.Load("VideoPlayer", typeof
                                         (GameObject))) as GameObject;
        subGameObject.transform.parent = this.transform;
        subGameObject.transform.localPosition = new Vector3(0, 0.225f, 0);
        subGameObject.transform.localRotation = new Quaternion();
        //此处调整物体的大小，可根据情况自行调整具体的数字
        subGameObject.transform.localScale = new Vector3(0.8f, 0.45f,
                                                              0.45f);

        //得到新物体上的 VideoPlayerBehaviour 组件，并设置组件的各项属性
        VideoPlayerBaseBehaviour videoPlayer =
              subGameObject.GetComponent<VideoPlayerBaseBehaviour>();
        if (videoPlayer)
        {
            //设置 VideoPlayerBehaviour 组件的各项属性
            videoPlayer.Storage = StorageType.Absolute;
            videoPlayer.Path = video;  //要播放视频的路径（网络路径）
            videoPlayer.EnableAutoPlay = true;
            videoPlayer.EnableLoop = true;
            videoPlayer.Open();
        }
    }
}
```

这个脚本是继承于 ImageTargetBehaviour 的，它的作用主要有两个：一是指定识别图；二是指定流媒体视频文件的网络地址，动态生成携带 Video Player Behaviour 组件的预设体，

同时设置 Video Player Behaviour 组件的各项属性。

至此，经过以上步骤的制作并将项目发布为 App 后，就能够通过摄像头识别图像来播放相应的视频了。在停止识别图像后，视频就会消失。当再次识别图像时，视频从上次停止的地方开始播放。视频播放完毕后会自动重新开始。这个过程是自动的，如果要添加视频播放控制的功能，需要进行进一步的制作。

（8）下面介绍实现视频暂停功能的方法。该方法对 3 种视频都有效，此处以普通视频为例，其他两种视频的情形可以此类推。

（9）找到（1）中的 ImageTarget-Video 物体，为其 Plane 子物体添加一个 Box Collider，并勾选“Is Trigger”复选框，使 Box Collider 变为一个触发器。

（10）新建一个脚本 VideoCtrl，赋予 Plane 子物体，并编辑脚本内容如下：

```
using UnityEngine;
using EasyAR;

public class VideoCtrl : MonoBehaviour
{
    //是否点击开关
    private bool isClick = false;

    //获取被点击的开关状态，并据此对视频进行暂停或者播放操作
    //此处用的是 OnMouseDown()，可以获取鼠标或者触摸屏的点击操作
    void OnMouseDown()
    {
        if (!isClick)
        {
                this.GetComponent<VideoPlayerBehaviour>().Pause();
                isClick = true;
        }
        else
        {
              this.GetComponent<VideoPlayerBehaviour>().Play();
              isClick = false;
        }
    }
}
```

该脚本的作用就是获取对 Plane 物体的点击操作，然后根据被点击的开关状态对视频进行暂停或者播放操作。

6.5.4 脱卡模式

6.5.4

所谓脱卡，是指通过扫描识别图显示出 AR 内容后，当摄像头从识别图上移开，即停止识别后，原先的 AR 内容不会消失，而是继续显示在屏幕上。脱卡的好处是不需要用户将摄像头一直对着识别图，增加了灵活性。

脱卡模式的实现方式有很多种，本例采用最简洁的方式。思路就是把要实现脱卡显示的 AR 物体复制一份，在脱卡的时候显示出来，替代因为脱卡而被隐藏掉的原 AR 物体。在本小节中将 6.5.3 小节中制作的 AR 视频功能修改为能支持脱卡模式。具体制作步骤如下。

（1）打开 6.5.3 小节中制作的场景，找到 ImageTarget-Video 物体的子物体 Plane 并将其复制一份。这个复制出来的 Plane 物体就是用来脱卡显示的 AR 物体。

（2）在 Hierarchy 面板中找到 ARCamera 物体，将复制出来的 Plane 作为其子物体，并调整比例，使其在屏幕上的大小适中。

（3）新建脚本 LostCard，编辑脚本内容如下：

```
using UnityEngine;

public class LostCard : MonoBehaviour {

    public GameObject target;  //ImageTarget 物体
    public GameObject thing;  //要显示的 AR 物体
    public GameObject thing_1; //替代显示的 AR 物体
    bool firstFound = false;    //是否第一次识别到目标

    void Start () {
        //开始的时候，将所有的 AR 物体都隐藏
        thing.SetActive(false);
        thing_1.SetActive(false);
    }

    void Update () {
        //如果 ImageTarget 物体显现，说明识别到目标图
        if(target.activeSelf == true)
        {
            thing.SetActive(true);
            thing_1.SetActive(false);
            firstFound = true;
        }
        //如果 ImageTarget 物体是隐藏的，但是 firstFound 为真，代表是脱卡状态
        if (target.activeSelf == false && firstFound == true)
        {
            thing.SetActive(false);
            thing_1.SetActive(true);
        }
    }
}
```

（4）将 LostCard 脚本赋予场景中的任意一个物体作为脚本组件，如图 6-43 所示，进行 LostCard 脚本的属性赋值。

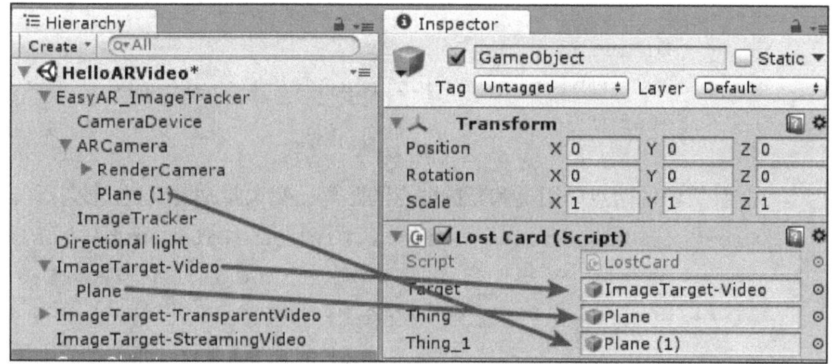

图 6-43　LostCard 脚本的属性赋值

（5）保存场景并将项目发布为 App，即可通过扫描识别图后再停止扫描，实现脱卡观看视频的效果。

6.5.5　交互设计

6.5.5

如果呈现出来的 AR 物体只能观看，而不能与用户进行交互，效果上无疑会大打折扣。在前面制作视频内容呈现的章节中，我们实现了点击屏幕改变视频播放状态的功能。在本小节中我们继续增加交互的形式，实现单指拖动视频播放平面改变位置以及双指缩放视频播放平面大小这两项交互功能。所用的方法同样适用于其他 AR 物体的交互。实现步骤如下。

（1）打开在 6.5.4 小节中制作的场景，找到 ImageTarget-Video 物体的子物体 Plane，为其添加 Box Collider 组件，并勾选“Is Trigger”复选框。

（2）新建脚本 Gesture，赋予 Plane 物体以作为脚本组件。脚本内容如下：

```
using UnityEngine;
using System.Collections;

public class Gesture : MonoBehaviour
{
    private Touch oldTouch1;  //上次触摸点 1（手指 1）
    private Touch oldTouch2;  //上次触摸点 2（手指 2）
    void Update()
    {
        //没有触摸，就是触摸点为 0
        if (Input.touchCount <= 0)
        {
            return;
        }
        //多点触摸，放大/缩小
        Touch newTouch1 = Input.GetTouch(0);
        Touch newTouch2 = Input.GetTouch(1);
        //第 2 点刚开始接触屏幕，只记录，不做处理
        if (newTouch2.phase == TouchPhase.Began)
```

```
            {
                oldTouch2 = newTouch2;
                oldTouch1 = newTouch1;
                return;
            }
            //计算旧的两点间距离和新的两点间距离，变大要放大模型，变小要缩小模型
            float oldDistance = Vector2.Distance(oldTouch1.position,
                                                 oldTouch2.position);
            float newDistance = Vector2.Distance(newTouch1.position,
                                                 newTouch2.position);
            //两个距离之差，为正表示放大手势， 为负表示缩小手势
            float offset = newDistance - oldDistance;
            //放大因子， 一个像素按 0.01 倍来算（100 可调整）
            float scaleFactor = offset / 100f;
            Vector3 localScale = transform.localScale;
            Vector3 scale = new Vector3(localScale.x + scaleFactor,
               localScale.y + scaleFactor,
               localScale.z + scaleFactor);
            //在什么情况下进行缩放
            if (scale.x >= 0.05f && scale.y >= 0.05f && scale.z >= 0.05f)
            {
                transform.localScale = scale;
            }
            //记住最新的触摸点，下次使用
            oldTouch1 = newTouch1;
            oldTouch2 = newTouch2;
        }
    }
```

（3）新建脚本 Drag，赋予 Plane 物体以作为脚本组件。脚本内容如下：

```
using System.Collections;
using System.Collections.Generic;
using UnityEngine;

public class Drag : MonoBehaviour
{
    private Vector3 _vec3TargetScreenSpace;//目标物体的屏幕空间坐标
    private Vector3 _vec3TargetWorldSpace;//目标物体的世界空间坐标
    private Transform _trans;//目标物体的空间变换组件
    private Vector3 _vec3MouseScreenSpace;//鼠标的屏幕空间坐标
    private Vector3 _vec3Offset;//偏移

    void Awake()
    {
        _trans = transform;
```

```
    }

    IEnumerator OnMouseDown()
    {
        //把目标物体的世界空间坐标转换为它自身的屏幕空间坐标
        _vec3TargetScreenSpace = Camera.main.WorldToScreenPoint
                                                    (_trans.position);
        //存储鼠标的屏幕空间坐标（z 值使用目标物体的屏幕空间坐标）
        _vec3MouseScreenSpace = new Vector3(Input.mousePosition.x,
                    Input.mousePosition.y, _vec3TargetScreenSpace.z);

        //计算目标物体与鼠标在世界空间中的偏移量
        _vec3Offset =
            _trans.position - Camera.main.ScreenToWorldPoint
                                            (_vec3MouseScreenSpace);

        //按下鼠标左键（在 App 中就是手指按住触摸屏）
        while (Input.GetMouseButton(0))
        {
            //存储鼠标（手指）的屏幕空间坐标（z 值使用目标物体的屏幕空间坐标）
            _vec3MouseScreenSpace = new Vector3(
                                Input.mousePosition.x ,
                                Input.mousePosition.y ,
                                _vec3TargetScreenSpace.z
                                );

            //把鼠标（手指）的屏幕空间坐标转换到世界空间坐标
            //加上偏移量
            //以此作为目标物体的世界空间坐标
            _vec3TargetWorldSpace =
                Camera.main.ScreenToWorldPoint(_vec3MouseScreenSpace) +
                                                            _vec3Offset;

            //更新目标物体的世界空间坐标
            _trans.position = _vec3TargetWorldSpace;
            //等待固定更新
            yield return new WaitForFixedUpdate();
        }
    }
}
```

（4）保存场景并将项目发布为 App，通过扫描识别图后显示视频，然后可以单指按住视频播放平面拖拉以改变其在屏幕上的位置，双指对视频播放平面进行缩放。手势操作的示意如图 6-44 所示。

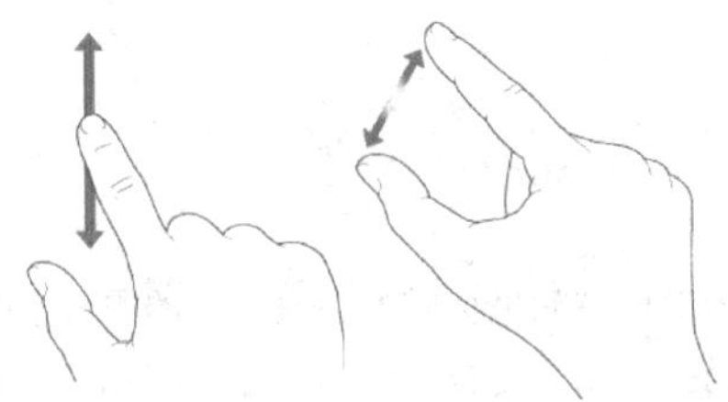

图 6-44　手势操作的示意

至此，我们实现了展览场馆 AR 导览应用中常用的二维码识别、视频内容呈现、脱卡模式和 AR 交互等功能。

6.6　小结

本章详细介绍了 AR 开发的技术特点，重点介绍了 EasyAR 结合 Unity 实现各种 AR 功能的开发方法。通过本章的学习，读者能够掌握常用 AR 功能的实现途径和开发技巧。

第7章 虚拟现实技术与创新创业

虚拟现实为创造力打开新的世界，为培养创造力提供沃土，为发挥创造力提供虚拟仿真环境，开辟了虚拟评估的新空间。虚拟现实重新审视创造力，降低创新、创业门槛，为创造力教育提供条件，让任何人都可以成为创新者，创造虚拟的创新条件。

学习目标

- 理解虚拟现实技术的创新特质，掌握虚拟现实技术的创新实践的方法论，了解虚拟现实技术的创客理念。
- 了解虚拟现实技术的创新实践方向。
- 了解国内的虚拟现实技术创新大赛。

7.1 虚拟现实技术的创新机制

虚拟现实技术是一种多源信息融合的交互式的三维动态视景和实体行为的系统仿真，利用计算机生成一种模拟环境，使用户沉浸到该环境中。利用这种技术，可以打破现实中人们对现实实物观念的界限，创建从未有过的体验，创造促进发展的产品。因此，有必要对虚拟现实技术的创新机制进行分析和说明。

7.1.1 虚拟现实技术的创新特质

第一，提供身临其境和极具吸引力的用户体验。越来越多的证据表明，虚拟现实对学习者更有吸引力并且有效地支持学习和在线协作。在交流方式方面，虚拟现实可以提供除 IM（即时消息）、VoIP（互联网电话）和屏幕共享以外的第 4 种方式。

7.1.1

第二，可以大幅降低运营成本。与传统的面对面会议或工作室相比，特别是当参加者来自分布式场所，必须前往一个固定地点进行会议时，虚拟现实技术可以为组织方和参会者节省场地租赁、空间装饰、物流和差旅等费用成本，也可以节省旅行等所消耗的时间成本。虚拟现实技术还为用户访问和连接提供了灵活性，因为可以通过任何设备连接到虚拟现实环境，如笔记本电脑、平板电脑或手机等。

第三，高度可定制性和可扩展性。随着 3D 建模技术的成熟，虚拟现实环境中的数字化组件更易于创建、维护和处理。由于可以预先设计和构建模型结构和块，所以玩家可以像玩积木一样轻松上手。此外，所有用户生成的内容（User Generated Content，UGC）可以集中存储并可用于后期处理。

7.1.2 虚拟现实技术创新的方法论

7.1.2

虚拟现实技术创新是跨界型的创新思维方式。虚拟现实技术创新的方法论有哪些？关键词有两个：洞悉和发散。“洞悉”，就是要不断挖掘本质，找到现象背后真正起决定作用的东西；而“发散”，则是要忘记一切常识和条条框框，借助虚拟现实技术的虚拟仿真便捷、低成本优势，用开创性的方案解决洞悉中发现的本质问题。洞悉是要提出正确的问题，而发散是不考虑任何已知正确结论去思考答案。以下提出几种方法供借鉴。

1. 仿真推演法

通过虚拟现实的虚拟仿真去推演和分析，挖掘现象背后的问题本质，去找背后构成这一功能应用的特性，同时更要找其他未被应用的特性，发现现象背后隐藏的需要更多实践和推演的特性。

2. 用随机关联法把虚拟现实与行业应用结合

针对已经发现的问题和特性，该如何发散思维找到创新点？虚拟现实为人们提供了很多途径，通过虚拟现实可以把现实不具备可能性的思维和实践在虚拟世界里实现，去发现正常情况下看不到、想不到、碰不到的创新点；通过虚拟演变得到各种随机的可能性和可行性，从中寻找有价值的东西，这也是一种创新的途径；虚拟现实与热门的应用和热点问题结合，就能碰撞出新的闪光点；虚拟现实与其他行业的专家连接，可以将其他行业的成功方案对接；用随机关联法提出一些绕弯儿的问题，用虚拟现实技术把问题放大或者推导到极度夸张的情况下或模拟仿真出极度抽离、矛盾的概念，从中找到正常思维和行为下没有的创新点。

3. 积木结构调整法

一个产品或者实践活动，可以把它用虚拟现实技术由表及里拆解为应用场景、视觉交互、功能特性、媒体介质、逻辑模式等层面，每一层又分别对应不同专业和人群的需求、心理习惯，以及环境态势有差异的变化空间，那么人们可以用虚拟现实手法把以上几个要素当作积木模块进行结构拼接和调整，形成不同的组合从而产生完全不同的产品。

4. 反思维定式法

很多“不假思索的常识”只是某段时间内人们通用的做法，而不是权威的真理。如果人们通过虚拟仿真去假设，会发现这些“常识”并不成立或者有更多的可能，人们甚至可以反其道而行，并发现新的机会。

5. 分类概念突破法

与突破思维定式相同，人们往往要突破各种各样的产品概念和归类概念。分类有时是先入为主的，事物一旦被归类，就会被按部就班地用条条框框执行。好的创新就是概念的创新，无中生有、有中找优、优中找无，从已有的概念中突破，产生新的概念、应用和产品。

需要强调的是，不能为了创新而创新，创新不是任务，也不是吸引眼球制造噱头、炒作概念忽悠融资的手段。创新的核心往小一点说是帮助企业、产品或者一个实践活动找到差异化的竞争策略，从而脱颖而出或者生存下去，往大一点说是用开创性的方案解决某个领域深层的问题，并且这个方案比其他方案好很多，可以创造巨大的用户价值和商业利润。创新就是提出正确的问题，找到关键的问题，并用巧妙的办法解决问题。

7.1.3　虚拟现实带来全新的创客理念

7.1.3

目前，创客教育的重要性越来越高，各学校机构也在积极探索新理念、新方式，加强教育装备发展趋势的研究，持续关注创客教育和 STEM 教育等对教育、课程发展的影响，开展移动学习、虚拟现实、3D 打印等技术在教育教学中的实践应用研究。虚拟现实如何与创客教育融合也成为新型信息化教育的重点发展方向。随着 STEM 教育概念在国内的走红，重视学生创客能力培养已经成为绝大多数学校的共识。经过各地几年来的推进和发展，创客教育已进入爆发期。而随着虚拟现实时代的到来，虚拟现实与创客教育会迸发更多的火花。

1. 虚拟现实创新科普创客教育的体验方式

越来越多的虚拟现实创新教育模式涌现，走进校园。虚拟现实技术对创客教育有很大作用，在科普教育中也应用广泛。虚拟现实技术、增强现实技术让本来繁杂、平面化的自然科学、社会科学知识，以场景化的形式立体展现，让学生在身临其境中增强同理心，加深印象，在互动中激发学习兴趣。

以创客教育为出发点的表演赛和创客挑战赛内容，也正是一个非常好的展示创客教育成果的窗口。通过创客挑战赛带来的全新比赛项目，从教师到学生都会进行深度创客教育培养，打造具有创客精神的新一代人群。通过人人可以参与并且鼓励将创意变成行动的普及性创新竞赛行动，创客教育弥补了传统教育忽略兴趣和动手能力的缺陷。

虚拟现实技术恰到好处地利用艺术和科技融合的创新方式来推动文化和社会发展。

2. 创客教育将学生从知识的消费者转换为创造者

在教育领域，创客意味着知识传播方式的转变，具有一定的颠覆性质。在未来，高校学生将从知识的消费者转换为创造者，而创客教育在这个转变中将起到重要的作用。

在国内，“创客教育”这个词代表的是一系列让学生可以利用智能硬件进行创作的教育实践。这项工作与过去的“科技发明”不同，不是集中在少数精英学生身上，而是一个普及的过程，让任何有兴趣的学生都能参与。通过提供开源硬件、数字生产等工具，让学生发挥创意的课程成为一种全新的教育实践。过去，教师只是“传授”知识，而如今要和学生一起学习如何创造知识，让创意成型、落地，这面临很大挑战。

随着社会发展的需要，基于生活、兴趣而非唯书本论的自主学习，将越来越重要。创客教育满足了这种时代需求，教师不是向学生讲解事实性知识、解释概念性知识或原理，而是激发学生创造的激情，培养学生的设计思维、原型制作与测试能力。

虚拟现实促进一个新的教育的创新，需要有一大批教师作为教育创客来撬动。如果每位教师都可以成为教育创客，以创客空间为基点来培育创客文化，开展创客教育，这样整个教育创新就可以运转起来。创客运动的开展，与教师成为教育创客是相辅相成、同步发展的。

3. 创客教育建设任务

创客教育在新兴科技和互联网的发展大背景下，以信息技术的融合为基础，传承体验教育、项目学习法、创新教育、DIY（自己动手制作）理念思想的创新教育，为学校提供一个适应未来的开放式的创新人才培养方式。以下重点从几方面概括创新创客教学法。

（1）创意：培养学生的想象力、创造精神。

（2）设计：学生把创意转化为具体项目的设计。

（3）制作：学生从学习和使用工具到小组协作，动手将设计制作成产品。

（4）分享：从个体认知到集体认知、集体智慧形成。

（5）评价：过程性评价，关注学习过程、创新精神和科学方法论。

开展创客教育，学生通过跨学科、跨专业的综合学习，由浅入深参与不同难度的创客学习项目，创造性地运用各种技术和非技术手段，实现在团队协作、创新问题解决能力和专业技能等多方面的成长。

创客运动与教育的融合正在慢慢改变传统的教育理念、模式与方法，创客教育应运而生。在创客教育中，学生将被看作知识的创作者而不是消费者，学校正从知识传投的中心转变成以实践应用和创造为中心的场所。学生将在学校的创客空间设计制作，发挥创造才能。从这个意义上看，创客运动将成为学习变革的下一个支点。

7.2 虚拟现实技术的创新实践

虚拟现实技术本身可以用于训练人的创造力，其本身提供了创新动机和创造动力，为创新提供了表现方法和创造力的形式。虚拟现实技术给群体创造的协作过程提供帮助，降低创造力培训、创造力技术和练习成本，为创意、创造力案例提供虚拟实现和演练的条件，为说故事和宣讲提供创新性解决方案。虚拟现实技术拓展了创新过程中解决问题的能力和创建新模型的能力，在操作性问题、数学问题、逻辑问题、创意和灵感等方面提供了更直观的创新环境。虚拟现实技术为创新及演变缩短了时间周期，摆脱了对自然界中现实条件的依赖性，突破了许多物理现实的创造力的约束因素和局限性。因此，虚拟现实技术的创新实践大有可为。

7.2.1 虚拟现实创新创业实践方向

7.2.1

虚拟现实技术已经迈出了成长的第一步，未来 5～10 年对虚拟现实创新创业的意义重大。虚拟现实拉近了人们的距离，让地理位置不再那么重要，并让人们有能力体验前所未有的全新感受。那么，未来几年中虚拟现实技术的应用将有哪些改变？可以从中找到哪些创新创业的机会和方向呢？

1. 虚拟现实提供沉浸式学习体验

可以利用虚拟现实技术促进学习。例如，可以面对虚拟观众练习公开演讲的技巧；通过在虚拟办公室中工作，学习其他公司的运营方式；还能通过虚拟形象与老板面对面远程交流。没有了时间和空间上的限制，相信学习起来会更加得心应手。

2. 虚拟现实给房地产行业带来体验提升

人们都不愿意奔波看房，更不想只看图买房。借助虚拟现实技术就可以让购房者亲自进入虚拟样板房中自由行走，省时省力。与此同时，还能帮助房地产公司增加营业收入，提供更有效率和安全的经营方式。

3. 虚拟现实为人们提供“无处不在”的体验

对商店和消费者来说，电子商务中最大的问题就是买家秀和卖家秀的差别。现在，虚拟现实技术不仅可以让顾客随时随地体验产品，还能更好地让顾客深入了解产品。同理，预订酒店、汽车、旅行与探险也是这样。

4. 虚拟现实将会改变教育市场

虚拟现实技术可以让学习过程更丰富、更有趣，还能通过一些不同的方式，解决人们在现有课程中存在一定危险性实验的问题。例如，化学实验中，各个化学物品都可能产生反应，稍有不慎，就可能会发生爆炸，虚拟现实技术能让学生在虚拟环境中进行实验，即使发生爆炸，也是“虚惊一场”。

5. 虚拟现实有助于提高客户忠诚度

品牌与虚拟现实是相辅相成的。对品牌来说，最困难的部分在于让客户获得真正的感觉，而沉浸与互动式的虚拟现实体验则能让客户获得更深刻的体验。这种做法将会为品牌与客户打造全新的关系，让客户成为积极的参与者，而不是被动的旁观者。

6. 虚拟现实有助于提高电子商务的交易量

人们在购买衣服或者家具时都希望提前看到效果，这就需要试衣服或者把家具放到家里面。但是这些实在是太麻烦了，试衣服还好，搬家具就太不方便了。虚拟现实技术与增强现实技术将为这一需求提供方便，可以让顾客“看到”这些东西是否合适，从而消除购买者的顾虑，推动在线购物的发展，提高电子商务的交易量。

7. 虚拟现实加快产品的设计过程

通过虚拟现实技术，人们无须待在同一间屋子里就能进行用户测试，而且反馈速度越快，修改的速度就能越快，从而降低总生产成本。所以说，虚拟现实技术会增强设计产品的能力。

8. 虚拟现实技术提升娱乐体验

娱乐可以说是虚拟现实技术颠覆的第一个行业。可以想象，人们只需要坐在起居室里，就能看到精彩的篮球赛，虚拟现实会让人们如同置身体育场现场。在电影和游戏方面的影响也是类似的。

9. 虚拟现实打破时间和空间的限制

当前人们可以利用 QQ 或微信等社交工具与朋友或者家人交流，随着虚拟现实的发展，未来地理位置也不再那么重要，相隔数千千米的人，都可能“面对面”地进行交流，感觉对方就在身边。

7.2.2 存在的问题也是创新创业的机会

7.2.2

虚拟现实还存在着一些问题，但是这些问题其实正好也是创新创业的机会，如果创业者能够围绕这些问题开展工作，甚至解决问题，就能打造一片创业空间。具体的问题有以下几方面。

（1）移动性不高，还存在一些技术上的漏洞，如某些消费者下载完插件、在等待载入产品的过程中跑出去喝了一杯咖啡，然后回来可能发现计算机出现蓝屏。

（2）虚拟现实和虚拟现实技术还很难说服人们在台式计算机、笔记本电脑、平板电脑和智能手机之外，再购买额外的头显。

（3）存在延迟、显示、安全、医疗隐私和其他方面的挑战。

（4）无线连接与头显的普及程度。头显要想真正腾飞，必须解决无线连接问题。更快的 Wi-Fi 或蜂窝技术连接能满足头显所需的大量数据传输，将成为确保头显大规模普及的重要保障。另外，新的压缩技术也能加快无线连接传输速度。

（5）晕屏（看屏幕时有恶心、眩晕的感觉）是一直最需要解决的问题，虽然在过去已经改进了很多，但还是没有彻底解决。

（6）电池技术是确保头显移动性的关键。快速充电是一个中长期解决方案。

（7）价格降低是硬件普及的关键因素。

（8）虚拟现实内容不够丰富，而且浏览量极低。一个重要原因是，消费者浏览时需要下载 Java 虚拟机插件。

（9）消费者反映网速不畅导致操作体验很差。每个产品展示的文件包容量大概在几十兆字节甚至数百兆字节，4G 网络很难保证流畅的操作体验，5G 网络应该可以解决这个问题。

（10）做内容可能是虚拟现实创业团队更合适的选择。

虚拟现实的沉浸感的需求不只是潮流，更是用户的痛点。如何让原始的内容便捷地进入人们的视野里，是一个很好的创业机会和主题。

虚拟现实行业的内容当中，游戏是整个虚拟现实行业中最重要的细分领域，其次便是视频。虚拟现实视频还处于基础阶段，但随着技术进步，全景 3D 必将成为视频的主流。上述痛点都是虚拟现实创新创业的重要机会和突破口。

7.3 虚拟现实技术创新大赛

大赛是创新实践的重要形式，有利于检测学习者的认知程度、从业者的技能水平、创业者的创新能力。目前国内在虚拟现实方面的大赛主要有以下几类。

- 教育部主办的全国职业院校技能大赛的“虚拟现实（VR）设计与制作”。
- 中华人民共和国人力资源和社会保障部（简称人社部）主办的新职业技术技能大赛的“虚拟现实工程技术人员”项目竞赛。
- 中国虚拟现实技术与产业创新平台（CVRVT）举办的“虚拟现实技术及应用创新大赛”（IVRTC）。
- 南昌市人民政府、江西省工业和信息化厅、虚拟现实产业联盟、江西省科学技术协会举办的“虚拟现实产业创新大赛”。
- 中国计算机学会等举办的“中国虚拟现实大赛”。
- 人社部举办的 VR/AR/MR 相关行业赛。
- 企业主办的 VR/AR/MR 相关赛事。

其中，虚拟现实+创新创业并冠名的大赛，主要有“虚拟现实技术及应用创新大赛”和“虚拟现实产业创新大赛”，下面做相应介绍。

7.3.1　虚拟现实技术及应用创新大赛

7.3.1

虚拟现实技术及应用创新大赛，是由中国虚拟现实技术与产业创新平台首任理事长赵沁平院士在 2018 年倡议发起的，迄今已成功举办了 4 届，决赛分别在青岛、深圳、北京和线上举行。大赛每年收到高校及企业优秀参赛作品二百余件，有力促进了虚拟现实领域各高校及企业的交流和学习，具有产学研用结合的纽带作用，同时汇聚各种创新资源，推动赛事成果转化，服务经济提质增效升级。

1. 大赛简介

大赛立足国际视野，营造虚拟现实创新创造氛围，促进产业、科研、教育、资本、人才等创新要素融合发展，激发创新潜力，推进新技术、新产品、新模式和新业态创新发展。

大赛目标及宗旨如下。

- 提升人才培养：结合新工科人才培养目标，推动企业及高校人才发展与培养，提升利用虚拟现实技术结合所学专业知识，探索分析问题、解决问题的能力，展现产品设计创新能力、团队协同合作能力，进一步培养产业转型升级和创新驱动发展所需要的技术应用及创新型本科/专科人才、拔尖创新型研究生人才。
- 推进技术创新：推进虚拟现实技术升级迭代，推进虚拟现实技术与相关领域技术的融合创新，推进虚拟现实技术根本性创新和技术系统的变革，推进虚拟现实技术与产业融合、创新发展。
- 推进应用创新：结合产业技术和应用场景，推进与智能制造、5G、公共安全、医疗健康、教育、商务、文旅、社交等数字经济领域的融合，促进培育产业新动能，助力产业升级。
- 促进技术转化：推动虚拟现实领域各高校及企业的相互交流和学习，推动产学研深度融合创新，助推关键技术应用与成果落地转化。
- 推动产融对接：促进投资机构与先进技术产品的对接，挖掘富有创新活力、具备发展潜力的创新企业，促进创新链、产业链、资本链的有效整合。
- 促进企业成长：促进创新创业企业的交流学习，推动优秀项目的专业深度孵化及发展，鼓励优秀企业与投资机构对接，与众创空间、孵化器、加速器对接，与产业龙头企业及行业应用机构对接，与产业服务机构对接，助力企业落地产业集聚发展，快速做大做强。

2. 首届大赛

第一届虚拟现实技术及应用创新大赛于 2018 年 10 月 20 日至 23 日在山东省青岛市举办。

大赛以“融合发展、创新动能”为主题，倡导参赛者关注虚拟现实核心技术自主创新，投身产业人才培养、技术应用及熟化、市场示范应用、产业协同创新、社会发展等，构建虚拟现实战略性新兴产业蓬勃发展的现代产业新体系新业态。大赛促进参赛者结合社会发展、创新理念、前沿科技和新动能，完成具有新时代特征的技术方案、产品等大赛作品。

大赛大力推动虚拟现实技术产业实现自主创新，打造企业及高校人才培养体系，培养行业人才利用虚拟现实技术探究所学专业领域知识以及分析问题、解决问题的能力，展现产品设计创新能力、团队协同合作能力，进一步培养产业转型升级和创新驱动发展所需要的高素质技术技能型人才。

大赛聚焦虚拟现实产业关键性技术、市场示范应用，探究产业关键技术突破口和应用场景，在制造、娱乐、教育、医疗健康、文化艺术、旅游等行业打造高端应用，发掘、培养一批锐意创新型企业和团队，培育虚拟现实技术创新动能，助力产业升级。

大赛内容征集方面，企业组侧重产业关键技术、市场示范应用的技术、产品、解决方案和应用创新，作品强调关键技术创新、行业创新应用、技术熟化、知识产权应用创新及形成市场示范应用，要求提交完整的技术解决方案、产品、应用案例等，并说明作品交付相关的硬件、软件及知识产权；高校组侧重利用虚拟现实技术结合所学专业知识，探索分析问题、解决问题的能力，作品要求用产品（内容）的原型设计及应用场景，完成技术可行性报告或者方案建议书的内容阐述，合理阐述技术依据、技术可行性及解决的问题，作品呈现为技术可行性报告或者方案建议书及（产品、方案）原型。

7.3.2 虚拟现实产业创新大赛

7.3.2

1. 大赛简介

为了全面贯彻落实规划纲要要求，进一步推进实施工信部《关于加快推进虚拟现实产业发展的指导意见》，南昌市人民政府、江西省工业和信息化厅、虚拟现实产业联盟、江西省科学技术协会联合举办虚拟现实产业创新大赛（原名“虚拟现实创新创业大赛”），旨在推动技术攻关、标准制定、人才对接、应用推广、投资促进、品牌宣传，凝聚社会力量支持虚拟现实产业创新发展。

大赛瞄准虚拟现实领域中小企业缺乏展示平台与创业扶持政策的痛点，广泛聚集政策、技术、金融、市场等创新创业资源，旨在搭建虚拟现实产业共享平台，建立健全虚拟现实标准体系，支持虚拟现实领域中小企业和团队的创新发展。

2. 首届大赛

首届中国虚拟现实创新创业大赛全国总决赛在 2018 年 3 月 23 日圆满落幕，在中国创新创业大赛组委会办公室的指导下，由中国电子信息产业发展研究院、虚拟现实产业联盟、南昌市红谷滩新区、国科创新创业投资有限公司主办的首届中国虚拟现实创新创业大赛全国总决赛颁奖仪式暨 2018 年中国（南昌）虚拟现实产融对接会在南昌市举行。

7.4 小结

创新是发展的第一动力。能不能以技术进步打造创新驱动的引擎，能不能推动新技术、新产品、新业态、新模式在各个领域广泛应用，是发展虚拟现实技术的意义所在。如何推动虚拟现实技术创新与实体经济相互融合，也是世界虚拟现实产业讨论的焦点。一方面，虚拟现实技术还处于起步阶段，打造更高交互水平的人机互动系统需要攻克不少技术难题；另一方面，虚拟现实技术只有赋能各个领域的创新，才能提升全要素生产效率，如何把看似“虚”的技术变成“实”的产业，需要各地在实践中加以探索。